Mehr als Marketing

Anouk Ellen Susan

# Mehr als Marketing

Menschen erreichen und begeistern

1. Auflage

Haufe Group
Freiburg · München · Stuttgart

**Bibliografische Information der Deutschen Nationalbibliothek**

Die Deutsche Nationalbibliothek verzeichnet diese Publikation in der Deutschen Nationalbibliografie; detaillierte bibliografische Daten sind im Internet über http://dnb.dnb.de/ abrufbar.

| | | |
|---|---|---|
| **Print:** | ISBN 978-3-648-14687-3 | Bestell-Nr. 10581-0001 |
| **ePub:** | ISBN 978-3-648-14688-0 | Bestell-Nr. 10581-0100 |
| **ePDF:** | ISBN 978-3-648-14686-6 | Bestell-Nr. 10581-0150 |

Anouk Ellen Susan
**Mehr als Marketing**
1. Auflage, Mai 2021

© 2021 Haufe-Lexware GmbH & Co. KG, Freiburg
www.haufe.de
info@haufe.de

Bildnachweis (Cover): © CesareFerrari, Adobe Stock

Produktmanagement: Judith Banse
Lektorat: Juliane Sowah

# Inhaltsverzeichnis

# Zu Beginn – Ein paar Worte vorab

*Gute Marketer erkennen, dass Marketing kein Kostenfaktor ist,*
*sondern ein Investment.*
Seth Godin

Zunächst einmal: Ich freue mich sehr darüber, dass du dieses Buch in der Hand hältst. Es ist mein viertes Buch und ich habe es mit viel Liebe und Begeisterung geschrieben, denn es dreht sich um ein großes Thema, das mich seit 30 Jahren immer wieder beschäftigt: Wie erreiche und begeistere ich Menschen? Dieser Frage gehe ich seit meinem ersten Arbeitstag nach und nach drei Jahrzehnten kann ich sagen: Ich habe einige Antworten darauf gefunden.

Mir ist es in meinen Jobs gelungen, Menschen im Gedächtnis zu bleiben – seien es Geschäftspartner, Kunden oder Mitarbeiter. Durch meine Arbeit, mein Handeln und meine Dienstleistung. Mir ist es als Marketingexpertin, Coachin und Consultant gelungen, Erfolge und höhere Absätze zu erzielen, beruflich weiterzukommen, Teamspirit zu erzeugen und starke Marken aufzubauen.

Angefangen habe ich bescheiden. Als 16-jähriges Mädchen hatte ich einen Ferienjob am Informationscounter im Phantasialand, dem großen Freizeitpark in Brühl bei Köln. Ich war wahnsinnig stolz damals und ging jeden Morgen hoch erhobenen Hauptes in mein kleines Infohäuschen. Dort half ich den Menschen bei Fragen, die sie hatten, und ich sage dir, dass konnten die wildesten Themen sein. Manche wollten Siegfried & Roy und die weißen Tiger dort treffen oder von mir wissen, wann Michael Jackson kommt. Ich bin immer geduldig und freundlich geblieben. Ich habe ihnen immer noch einen extra Tipp mit auf den Weg gegeben und mir die Zeit für ein persönliches Wort genommen – ob auf Deutsch, Niederländisch, Englisch oder Survival-Spanisch. Die Geschäftsleitung nahm mein Engagement wahr und drei Monate später wurde aus einem Ferienjob am Infocounter meine erste Aushilfsstelle in der Marketingabteilung. Ich habe dort sechs Jahre neben der Schule und dem Studium gearbeitet und lernen dürfen, wie (Erlebnis-)Marketing funktioniert. Wie ich etwa beim Geschäftspartner oder Journalisten Eindruck hinterlassen kann, indem ich ihm genügend Aufmerksamkeit schenke. Und wie die persönliche Note, das etwas andere, und auch der Erfolgsfaktor Herz hervorstechen können – wertschätzend, persönlich, außergewöhnlich.

Das hat sich in meinem weiteren Berufsleben fortgesetzt. In diesem Buch will ich davon berichten. Ich möchte Themen aufgreifen, Beispiele aufzeigen, Handlungsstränge erläutern und auch die dahinterliegenden Theorien beleuchten.

Eine der wichtigsten Fragen ist: Wie kann ich Kunden beeindrucken, begeistern und dauerhaft für mich gewinnen?

Die Zeiten, in denen der Kunde so loyal war, dass er dir immer treu blieb, sind lange vorbei. Auch Geschäftspartner kommen nicht mehr jedes Mal automatisch zu dir, sondern schauen, was die Mitbewerber anbieten und ob sie preisgünstigere Angebote machen.

> **! Komprimiert!**
>
> Du solltest dafür sorgen, dass du herausstichst, überraschst, berührst und beeindruckst. Das ist der Schlüssel, wenn du eine dauerhaft gute Beziehung zwischen dir und deiner Zielgruppe prägen willst.

Wir erleben, dass in Zeiten der Digitalisierung die persönliche Beziehung, das Marketing und die Kundenerlebnisse immer wichtiger werden. Die Digitalisierung ist in fast allen Fasern unseres Lebens angekommen. Das ist seit 2020 noch intensiver durch Covid-19, das die Wirtschaft, die Arbeitskulturen, die persönlichen Beziehungen, ja die ganze Welt auf den Kopf gestellt hat. Gerade jetzt ist es ganz besonders von Bedeutung, dass du »den Unterschied« machst, dich von anderen abhebst, auffällst und somit in den Köpfen der Kunden und Geschäftspartner hängen bleibst. Denn das sorgt dafür, dass du, dein Business und dein Unternehmen bestehen bleiben, du erfolgreich bist und vielleicht sogar expandieren kannst.

### Wie ist das Buch thematisch eingeteilt?
Dieses Buch besteht aus drei essenziellen Themenblöcken:
1. BASIC – Das Marketingfundament
2. PREMIUM – Mehr als Marketing
3. ›Meine‹ VIPS – Von den Erfolgreichen lernen

Zudem geht es um viele Themen rund um Persönlichkeit, Authentizität, Herzlichkeit – im Umgang mit Geschäftspartnern, Kunden und Kollegen. Letztendlich dreht sich nämlich alles um eins: die Arbeit mit Menschen. Es geht darum, Menschen zu erreichen und zu begeistern.

Im Vorwort und zum Einstieg ins erste Kapitel bespreche ich die Problematik, die wir oft im Hinblick auf Aufmerksamkeit, Loyalität, Qualität, Sinnstiftung etc. sehen (Kapitel 1.1).

Im weiteren Verlauf der BASICS behandele ich das Thema Marketing und dessen Fundament und lege den Fokus auf die Zielgruppe. Zudem setze ich mich mit digitalem Marketing, Prozessen und Handeln auseinander.

Im PREMIUM-Teil gehe ich auf das Thema »Mehr als Marketing« ein. Das MEHR in all seinen Facetten von A bis Z und die notwendige Kommunikation (verbal und nonverbal), den persönlichen Approach (Human Touch) und die Extras, die für deinen ganz besonderen Effekt sorgen. Das Erfolgs-ABC sozusagen, bestehend aus 26 Elementen.

Zu jedem der 26 Elemente gibt dir eine erfolgreiche Person (VIP) aus spannenden Firmen persönliche Einsichten in ihr Verständnis von Marketing und dem jeweiligen ABC-Element.

**Abb. 1:** Anouks Erfolgs-ABC

Du hältst also kein theoretisches Buch in Händen, sondern eines für die Praxis. Es ist leicht verständlich geschrieben, weil ich die einfache Sprache liebe und möchte, dass mich jeder versteht. Ich habe es für Berufseinsteiger geschrieben und für diejenigen, die bereits erste Erfahrungen gesammelt haben und jetzt durchstarten wollen. Aber auch als alter Hase kannst du sicher noch neue Anregungen finden.

Wie funktioniert Marketing? Was braucht es, um Menschen zu begeistern – vor allem auch in der digitalen Welt? All das erläutere ich in diesem Buch.

Ich nutze dafür meine persönlichen Ressourcen und was mich als Mensch ausmacht – meine Herzlichkeit, Kommunikationsstärke und Kreativität sowie meine drei Lebenselemente: Klarheit, Leidenschaft und Mut. Hinter dem Inhalt dieses Buches stecken meine 20-jährige Erfahrung als Führungskraft und Marketingexpertin, 30 Jahre Erfahrung in der Marketing-Arbeitswelt und die wertvollen Erfahrungen, die ich mit Freunden, Geschäftspartnern und Kunden teilen durfte.

Ich wünsche dir viel Vergnügen beim Lesen, interessante Impulse, schöne Aha- und Oho-Momente und dass du an der einen oder anderen Stelle auch ein wenig schmunzeln kannst.

Herzlich
Anouk Ellen Susan

PS: Ich verwende in diesem Buch das Du. Sollten wir uns im wahren Leben treffen und du möchtest lieber gesiezt werden, dann werde ich das gerne beachten. Für jetzt ist es einfacher, effizienter und ehrlicher, wenn wir uns duzen. Denn auch beim Marketing geht es ja nicht zuletzt um persönliche Beziehungen. In den Niederlanden, wo ich herkomme, ist es üblich, dass man sich duzt und gleichzeitig viel Respekt voreinander hat.

PPS: Wenn dir mein Buch gefallen und dir richtige und wichtige Impulse mitgegeben hat, freue ich mich sehr über eine positive Rezension auf Amazon. Gerne können wir uns auch vernetzen über meine Social-Media-Kanäle. Ich freue mich über jede Form des Austauschs!

# 1 BASIC – MARKETING UND ZIELGRUPPE

In diesem Teil des Buches (BASIC) behandele ich das Thema Marketing und dessen Fundament und lege Fokus auf die Zielgruppe. Zudem wirst du einiges über digitales Marketing, Prozesse und Handeln erfahren.

## 1.1   Attention please!

*Sagt den Leuten nicht, wie gut ihr die Güter macht,*
*sagt ihnen, wie gut eure Güter sie machen.*
Leo Burnett

Die Zeiten sind und werden immer noch komplexer, digitaler und globaler. Immer mehr (Kauf-)Impulse strömen auf uns ein, vieles wird oberflächlicher, distanzierter und es ist nicht mehr möglich, allem und jedem seine Aufmerksamkeit zu schenken. Das gilt auch für das Marketing. Betrachten wir einmal einige zentrale Aspekte – die in keiner Weise Anspruch auf Vollständigkeit haben.

### 1.1.1   Aufmerksamkeit – Sei wachsam

In den 1980er-Jahren, in denen ich aufgewachsen bin, gab es jeden Tag 650 bis 850 Werbebotschaften für diejenigen, die wie ich mit einer kleinen Schale Süßigkeiten vor dem Fernseher saßen und die Wahl zwischen exakt drei Programmen hatten: ARD, ZDF und WDR. Heutzutage werden wir mit bis zu 13.000 Werbebotschaften täglich konfrontiert. Täglich! Und die Zahlen steigen stetig. Natürlich kann niemand diese Unmenge an Werbung aufnehmen. In gleichem Maß sinkt also die Aufmerksamkeit. Das ist für die Marketingbranche eines der größten Probleme. Experten sprechen von Werbeblindheit beim Kunden. Der Verbraucher sieht nicht mehr hin beziehungsweise sein Gehirn nimmt nicht mehr wahr, was er sieht. Das passiert übrigens schon bei 3.000 bis 5.000 Botschaften pro Tag. Marktforschungen haben gezeigt, dass vier Prozent der Werbekampagnen positiv erinnert werden, sieben Prozent negativ, dass aber 89 Prozent der Werbung überhaupt nicht wahrgenommen werden. Und was macht die Branche? Sie schaltet noch mehr (Online-)Werbung.

Wir befinden uns bereits seit 1995 im Zeitalter des Internets. Nach mehr als 25 Jahren zeigt sich die digitale Welt mittlerweile in (fast) allen Facetten unseres Lebens. Und es wird noch digitaler, auch im Marketing. Bei der Menge an Informationen, die sofort verfügbar sind, muss der User binnen Sekunden über prägnante und multisensorische Inhalte angesprochen werden.

Wie erreicht man die Menschen also? Und wenn man ihre Aufmerksamkeit hat, wie begeistert man sie?

### 1.1.2   Kundenerlebnis – Schaffe Begeisterung

Im Jahr 2020 habe ich eine kleine, nicht repräsentative Umfrage mit 165 Teilnehmern zwischen 20 und 80 Jahren durchgeführt. Auf diese Studie werde ich im Buch noch öfter zurückkommen. Einige spannende Ergebnisse an dieser Stelle: 70 Prozent haben angegeben, dass ihnen die persönliche Ansprache, sei es vor Ort oder im digitalen Kontakt, wichtig bis sehr wichtig ist. Mehr als 81 Prozent gaben an, dass extra (Kauf-)Erlebnisse für extra (Kunden-)Zufriedenheit sorgen. Allerdings werden 86 Prozent der Befragten bei ihren individuellen Kaufprozessen nie, selten oder nur manchmal positiv überrascht. Und genau hier liegt das Problem.

Dazu ein Beispiel aus der Praxis: Ein guter Freund hatte sich vor einigen Jahren einen neuen Firmenwagen im Netz ausgesucht, den er testen wollte. Er buchte bei einem großen Automobilhersteller einen Vorführwagen. Als er nach der Arbeit, also kurz vor Ladenschluss, zum Termin erschien, begrüßte ihn der Berater kurz, übergab ihm den Autoschlüssel und kopierte noch eben die Papiere. Er wirkte so, als würde er jeden Tag 200 Autos verkaufen. Auch machte der Berater deutlich, dass es schnell gehen muss. Er zeigte sich nicht weiter an seinem Kunden interessiert und stellte ihm keine einzige Frage. Auf dem Weg zum Wagen, der im Regen auf der Wiese stand, sagte er sinngemäß: »Sie kennen sich ja sicher aus mit dem Auto. Hier ist der Schlüssel!« Und mein Freund stieg in das dreckige Auto ein. Kein Beratungsgespräch, keine nettes Wort, nichts – und das bei einem Auto für damals 70.000 Euro – mal eben so abends über die Theke geworfen. »So macht das keinen Spaß. So kriegen die ihre PS nicht auf die Straße!« Das war die Reaktion meines Freundes.

»Es ist doch verwunderlich und irgendwie bemerkenswert«, sagt er heute, wenn er an die Situation von damals denkt. »Alle machen sich Gedanken. Der Hersteller überlegt sich, wie die Fahrzeuge ausgestattet und präsentiert werden sollen. Der Händler macht sich Gedanken, welche Modelle in der Halle stehen, und dass alles sauber und einheitlich ist. Die Marketingleute machen sich Gedanken, dass das Werbematerial klasse aussieht. Die Autos werden teilweise im fernen Ausland abgelichtet, um sie schön aussehen zu lassen. Und dann gibt es einen Einzigen, der all diese Maßnahmen zunichtemacht.« Ergebnis: Dieser Wagen wurde damals nicht der nächste Firmenwagen meines guten Freundes. Und bis heute verbindet er dieses negative Erlebnis mit der Automarke.

Die Geschichte steht exemplarisch für viele Negativbeispiele, in denen es um das (verpasste) Begeistern von Menschen geht. Doch wo genau liegen dort die Probleme? Und wo ist die Schmerzgrenze für den Verbraucher?

Da ist zum einen die Flut an Werbung, die dafür sorgt, dass Kunden abstumpfen und sie einzelne Angebote gar nicht mehr wahrnehmen können. Auf der anderen Seite vermasseln Verkäufer, Marketingleute und Vertriebler es, wenn es ihnen nicht gelingt, den (potenziellen) Kunden für ein Produkt zu begeistern. Die Menschen sind kritischer geworden und suchen nach Werten und einem Sinn – den sie oft nicht finden. Da funktioniert es nicht, wenn Firmen und Anbieter keine Geberqualitäten zeigen, sondern sich kommunikativ in einer Einbahnstraße befinden und ausschließlich profitorientiert denken und agieren. Ein weiteres Problem kommt hinzu: Die Kunden sind heutzutage einer bestimmten Marke gegenüber weniger loyal, weil es schlicht ein Überangebot gibt.

Allein die deutsche Textil- und Modeindustrie umfasst laut textil-mode.de 1.400 Unternehmen – von den ausländischen Modemarken ganz zu schweigen! Zu vielen Produkten und Dienstleistungen gibt es somit kein emotionales Band mehr. Es findet keine Identifikation statt, es fehlt der Austausch mit den Konsumenten, die Wertschätzung den Kunden gegenüber. Und gerade der Wunsch der Menschen nach mehr Tiefgang mit Fokus auf die (für sie!) wesentlichen Dinge nimmt zu. Man könnte auch sagen: Wir sind auf der Sinnsuche – und die drückt sich auch in der Wahl unserer Produkte aus. Auf dem Markt gibt es allerdings viele sogenannte 08/15-Angebote: Standardprodukte, Standardleistungen, Standardmarketing. Da fehlt es an persönlicher Identifikation und Erfüllung und beim Verbraucher stellt sich Unzufriedenheit ein. Auch und gerade, weil der persönliche Kontakt fehlt und es somit (oft) gar nicht erst zu einem besonderen Kundenerlebnis kommen kann. Viele Prozesse und Kauferlebnisse sind digital orientiert. Damit erreicht man aber beispielsweise viele ältere Kunden nur selten oder gar nicht. »20 Millionen ältere Menschen in Deutschland bleiben bei der Digitalisierung auf der Strecke«, sagt Informatik-Professor Herbert Kubicek vom Institut für Informationsmanagement Bremen (ifib). (dzw.de, 2018)

Noch einmal zurück zu meinem guten Freund. Er wollte sich zur gleichen Zeit, als er den neuen Firmenwagen brauchte, auch ein neues Privatauto kaufen. Da hatte er allerdings ein ganz anderes Modell vor Augen: einen Luxuswagen, allerdings gebraucht. Trotzdem kostete er ähnlich viel wie der Firmenwagen. Und er kann sich noch heute an den Namen des Beraters erinnern. Warum? Weil der Service einfach perfekt war. Der Berater hatte ihm damals das Modell gezeigt, das er sich vorher im Internet ausgesucht hatte. Allerdings konnten Ausstattung und Preis meinen Freund nicht überzeugen. Der Berater nahm daraufhin sämtliche Wunschvorstellungen auf und versicherte meinem Freund, sich bei ihm zu melden, sobald er ein passendes Fahrzeug habe. Und das tat er. Die Modelle, die er in den folgenden Wochen im Angebot hatte, passten zwar noch nicht, aber schließlich meldete er sich erneut und bot meinem Freund das erste Modell noch einmal mit einer deutlichen Preisreduktion an. Mein Freund kaufte den Wagen und fühlte sich bei der Übergabe so gut behandelt, als würde er einen Neuwagen im Werk abholen. In den Folgejahren brachte er den Wagen immer mal wieder zur Inspektion und auch hier zeigte sich wieder, was einen guten Verkäufer ausmacht: Der Berater sorgte dafür, dass mein Freund immer einen tollen Ersatzwagen bekam, oft ein anderes Modell oder einen Neuwagen mit besserer Ausstattung oder mehr PS. »Na, war das eine schöne Fahrt?«, fragte er ihn dann beim Abgeben des Autos. Was soll ich sagen? Der Autohändler schaffte es letztlich, über den Ersatzwagen ein neues Auto zu verkaufen. Das nenne ich kluges Marketing.

> **Komprimiert!**
> Ein gutes Marketing (Kundengewinnung), ein wertschätzender Verkaufsprozess und ein ehrlicher Kundenservice (Kundenbindung) schaffen ein nachhaltiges Kundenerlebnis.

**!**

### 1.1.3 Gutes Marketing – Was ist das eigentlich?

Wenn ich an gutes Marketing denke, dann denke ich an – Achtung: Werbung! – Apple. Bei Apple ist alles durchdacht, von A bis Z, so scheint es zumindest. Und wer hat nicht Steve Jobs Auftritt vor Augen, als er das erste Smartphone von Apple präsentierte? Der Mann hat gelebt, was er gesagt hat, er WAR Apple. Das war übrigens nicht nur eine Produktpräsentation, das war nicht nur eine Marketingkampagne, sondern bei Apple hat man bis heute das Gefühl, dass Marketing Teil der Unternehmensstrategie ist. Da stimmen das Produkt, der Preis, das Packaging und die Promotion bis hin zum Apple Store, zur Dienstleistung und der Atmosphäre vor Ort.

> *Das beste Marketing fühlt sich nicht so an wie Marketing.*
> Tom Fishburne

Wenn ich jemandem erzähle, dass ich Marketingexpertin bin, dann höre ich häufig: »Ach, du beschäftigst dich mit Logos und schönen Bildern?« Oder: »Marketing gibt das Geld aus, das Sales reinholen muss.« Oder: »Ach, die Marketingfuzzis. Bei Marketing weißt du ja nie, was funktioniert und was nicht. Das ist doch alles ein wenig Hokuspokus.« Was versteht der liebevoll bezeichnete Otto-Normal-Verbraucher unter Marketing? Während meiner Buchrecherchen habe ich die bereits erwähnte Umfrage gestartet und 165 Teilnehmer haben mir auf die Frage geantwortet: »Wenn ich an Marketing denke, dann denke ich an …«

viel Blabla | brillantes Heranführen an Ware und Dienstleistung | leidenschaftliche Überzeugung für Marke und Produkte | Bedürfnisse des Kunden erfüllen | Werbung | wieviel schlechtes Marketing es gibt | (nervige) Dauerberieselung | Image/Marke/Strategie/Präsentation | sinnvoll, notwendig | viel mehr als Kommunikation | Mehrwert/Überraschung | Markenbildung | geschickte Manipulation | Vertriebsunterstützung | die Kunst zu überzeugen | Gewinnmaximierung um jeden Preis | die wichtigste Disziplin, um ein Produkt oder eine Dienstleistung zum Kunden zu bringen – und in ihm eine Begeisterung auszulösen, mit der die Marke nachhaltig in Erinnerung bleibt | bunte Bilder | etwas bekommt meine Aufmerksamkeit | Flyer | Onlinewerbung | Menschen irreführen | wirkungsvolle Kommunikation | die richtigen Kunden gewinnen | Kundenansprache | verkaufen | gute Ideen | fade Newsletter | Identifikation | Sichtbarkeit | Werbung/Werbespots | Spam | Psychologie | Zielgruppen

> **!   Komprimiert!**
>
> Am häufigsten wurde jedoch bei der Frage »Bei Marketing denke ich an …« genannt:
> 1. Werbung
> 2. Alles rundum Marketing ist nervig
> 3. Kundenansprache

Mein Fazit? Erstens: Marketing hat offensichtlich keinen guten Ruf. Zweitens: Die Reichweite dieser Branche und ihr Potenzial werden unterschätzt.

**Darum nochmal zurück auf Anfang: Was ist Marketing?**
Auf jeden Fall: vielfältig! Das gilt nicht nur für die zahlreichen Formen, mit denen Marketing betrieben werden kann – auch gibt es einen bunten Strauß an Antworten, wenn es um das Verständnis von Marketing geht, wie auch meine Befragung deutlich machte. Das reicht von der Aufzählung konkreter Maßnahmen bis hin zur konkreten Definition: Marketing ist eine Denkhaltung. Ich persönlich denke in den Kategorien Kunde, Marke, Werte/Persönlichkeit und Geschäftsmodell. Schauen wir uns einmal drei Definitionen an, die alle das gleiche sagen, aber mit unterschiedlichen Nuancen.

Ich bin groß geworden mit Philip Kotler. Während meines Studiums in den Niederlanden war er DER Marketing-Guru. Von ihm habe ich gelernt: »Das Marketingkonzept geht davon aus, dass der Schlüssel zum Erreichen der Unternehmensziele darin liegt, effektiver als die Wettbewerber zu sein in Bezug auf die Schaffung, Lieferung und Kommunikation eines überlegenen Kundenmehrwertes auf den ausgewählten Zielmärkten. Und das ist nur möglich durch einen ganzheitlichen Ansatz, bei dem sämtliche Unternehmensfunktionen auf das Ziel der Markt- und Kundenorientierung ausgerichtet werden (ganzheitliches Marketingkonzept). Die weitere Entwicklung eines Marketingkonzeptes führt zum sogenannten Relationship-Marketing, dessen primäres Ziel darin besteht, über langfristige und feste Kundenbeziehungen eine Markenprägung aufzubauen.« (Kotler, 1972)

Prof. Dr. Dr. h. c. mult. Heribert Meffert, in Deutschland manchmal auch der Marketing-Papst genannt, definiert laut dem Wirtschaftslexikon Marketing wie folgt: »Marketing bedeutet Planung, Koordination und Kontrolle aller auf die aktuellen und potenziellen Märkte ausgerichteten Unternehmensaktivitäten. Durch eine dauerhafte Befriedigung der Kundenbedürfnisse sollen die Unternehmensziele verwirklicht werden.«

Ich zitiere außerdem Wikipedia, die Website, die das gedruckte Lexikon längst ersetzt hat: »Der Begriff Marketing oder (deutsch) Absatzwirtschaft bezeichnet aus historischer Sicht den Unternehmensbereich, dessen Aufgabe (Funktion) es ist, Produkte und Dienstleistungen zu vermarkten (zum Verkauf anbieten in einer Weise, dass Käufer dieses Angebot als wünschenswert wahrnehmen); aus betriebswirtschaftlicher Sicht beschreibt dieser Begriff seit Beginn des einundzwanzigsten Jahrhunderts das Konzept einer ganzheitlichen, marktorientierten Unternehmensführung zur Befriedigung der Bedürfnisse und Erwartungen von Kunden und anderen Interessengruppen (Stakeholder). Damit entwickelt sich das Marketingverständnis von einer operativen Technik zur Beeinflussung der Kaufentscheidung (Marketing-Mix-Instrumente) hin zu einer Führungskonzeption, die andere Funktionen wie zum Beispiel Beschaffung, Produktion, Verwaltung und Personal mit einschließt.« (Wikipedia, 2020)

Die drei Definitionen verdeutlichen, dass Marketing nicht eine Disziplin für sich ist, sondern verankert als Teilprozess in einem Unternehmen. Das Modell von Professor Dr. Waldemar Pelz zeigt dies anschaulich:

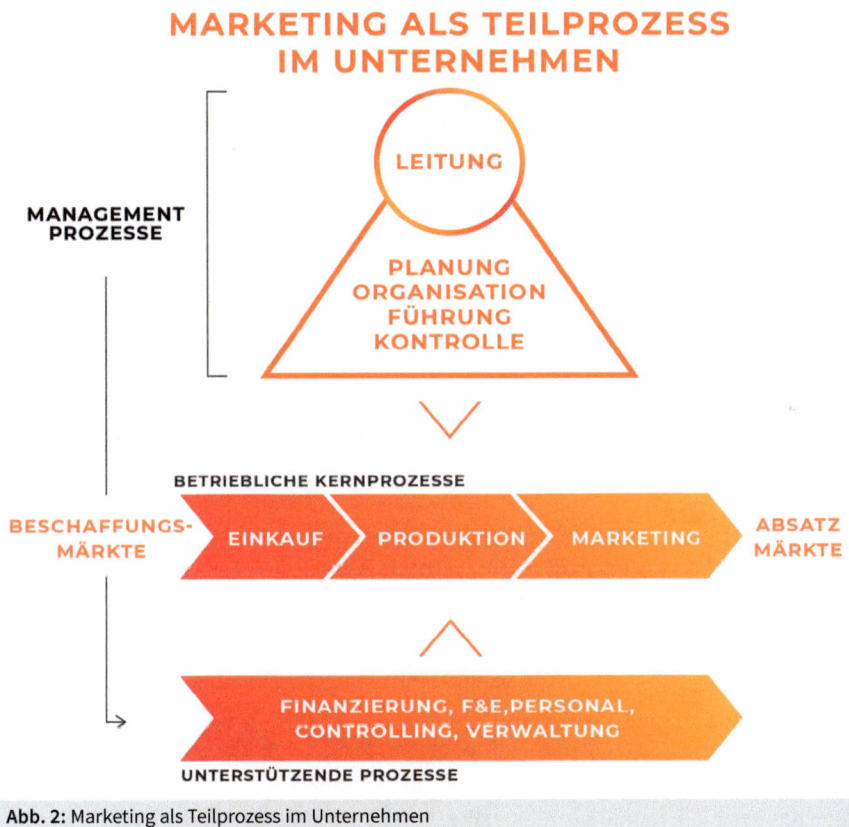

**Abb. 2:** Marketing als Teilprozess im Unternehmen

Wenn über den Marketing-Mix gesprochen wird, dann handelt es sich dabei um die viel zitierten sieben Ps (ehemals vier): Product (Produkt), Price (Preis), Promotion (Kommunikation), Place (Distribution) – und Personnel (Personal), Process (Prozess), Physical Facilities/Packaging (Ausstattung).

Immer wieder höre ich, dass Marketing (ausschließlich) Werbung sei, also quasi nur ein P, und zwar Promotion. (Wobei allein Werbung schon nicht gleich Werbung ist.) Doch Marketing ist weit mehr und viel bunter und es beinhaltet viele unterschiedliche Formen:

Investitionsgütermarketing (B2B, Business-to-Business) vs. Konsumgütermarketing (B2C, Business-to-Consumer), Produktmarketing vs. Dienstleistungsmarketing, Guerilla-Marketing, Empfehlungsmarketing, No-Budget-Marketing, strategisches Marketing, Onlinemarketing, Virales Marketing, Influencer-Marketing, Social-Media-Marketing, Suchmaschinenmarketing, Affiliate-Marketing, Digitalmarketing, Content-Marketing, Neuromarketing, Conversational Marketing, Crossmedia-Marketing (Multi-Channel-Marketing), Predictive Marketing, Inbound-Marketing, Gender-Marketing, Geo-Marketing, Aufmerksamkeitsmarketing, POS-Marketing, Erlebnismarketing, sensorisches Marketing, Realtime-Marketing, Direct Marketing, E-Mail-Marketing, Performance-Marketing, Netzwerkmarketing, Kooperationsmarketing, Retail-Marketing, Trade-Marketing, Offlinemarketing/klassisches Marketing, 360-Grad-Marketing (Above-the-line- und Below-the-line-Marketing). Und klar, auch Presse und PR gehören dazu. Was ich deutlich machen will: Du kannst dich im Hinblick auf die unterschiedlichen Formen auch verlieren, wenn du nicht aufpasst. Marketing ist sehr vielseitig und wird immer komplexer.

Ich habe vor 25 Jahren Marketing studiert und bereits 30 Jahre Berufserfahrung. Ich kann klar sagen: So, wie ich Marketing gelernt habe, ist es sicherlich nicht mehr. Es hat sich so vieles, wenn nicht alles, geändert. Wenn du nicht mit der Zeit gehst und dich immer wieder neu ausbildest, informierst und dazulernst, verpasst du den Anschluss – auch als Generalist. Spezialisten müssen sowieso immer am Puls der Zeit sein und den Veränderungen folgen – oder ihnen vorausgehen. Denn es gibt stets neue Entwicklungen, Technologien und Tools.

Apropos Marketing-Tools – um an dieser Stelle nur mal einige zu nennen: Podcast, Blog, Vlog, Newsletter, alles rundum die Webseite, Anzeige, Advertorial, Flyer, Broschüre, Film/Video, Virtual Reality, Augmented Reality, Messe, Pop-up-Store, Radiowerbung, Kino- oder TV-Werbung, Außenwerbung, Mund-zu-Mund-Empfehlung (BotSchafter, siehe Kapitel 2.20), Pressemitteilung, Pressereise oder (Presse-)Event etc. Zur Verbreitung deiner Marketingaktionen kannst du Plattformen wie zum Beispiel Zeitschriften,

Zeitungen, Radio- und Fernsehsender, Webseiten, Social-Media-Kanäle, Apps, Events, Messen, Podcast Hosts, Streaming-Plattformen, Retail Media etc. nutzen. Dazu solltest du natürlich wissen, auf welchen Kanälen sich deine Zielgruppe befindet.

Und was kannst du mit den unterschiedlichen Marketingformen und -Tools erreichen? Ich nutze als verkürztes und einfach ausgeprägtes Modell das AIDA-Modell, das bereits 1898 von dem Werbestrategen Elmo Lewis entwickelt wurde und sich seitdem in der Marktforschung stabil hält – eben weil es so einfach und durchschlagend ist. Das Stufenmodell der Werbewirkung von Lewis handelt davon, erst Aufmerksamkeit (Attention) zu erlangen, dann Interesse (Interest) zu stimulieren, den Kaufwunsch (Desire) zu wecken und letztlich einen Kauf (Action) abzuschließen. Es geht also um (Neu-) Kundengewinnung.

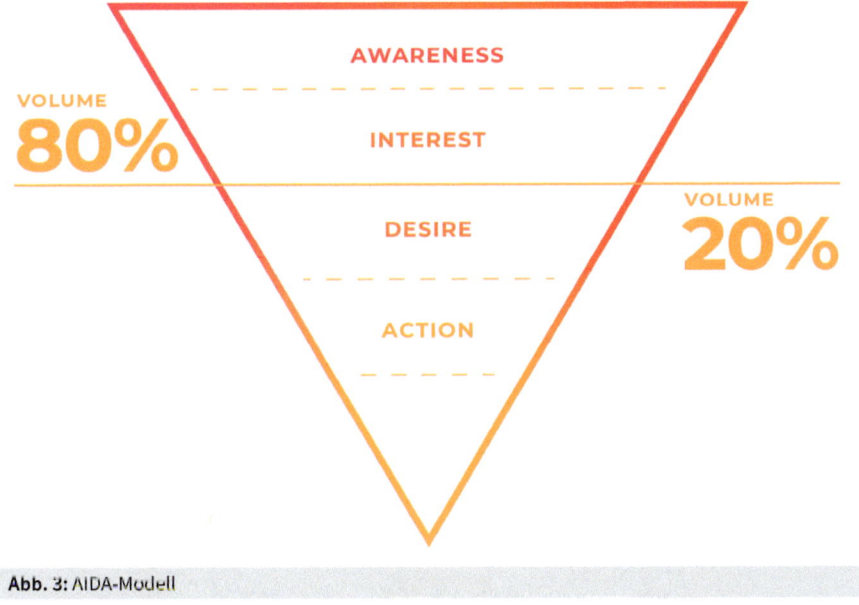

**Abb. 3:** AIDA-Modell

Innerhalb des Marketings sind deutliche Veränderungen zu sehen. Der Zeitstrahl zeigt die Entwicklung seit 1950.

Ein Trend, der klar zu erkennen ist: Es geht weg vom Push-Marketing (Above-the-line) hin zum Pull-Marketing (Below-the-line). Das Above-the-line (ATL)-Marketing zielt auf Massenkommunikation, mit der ein größtmöglicher Markt angesprochen werden soll, während beim Below-the-line (BTL)-Marketing deutlich zielgerichteter und zielgruppenorientierter gearbeitet wird.

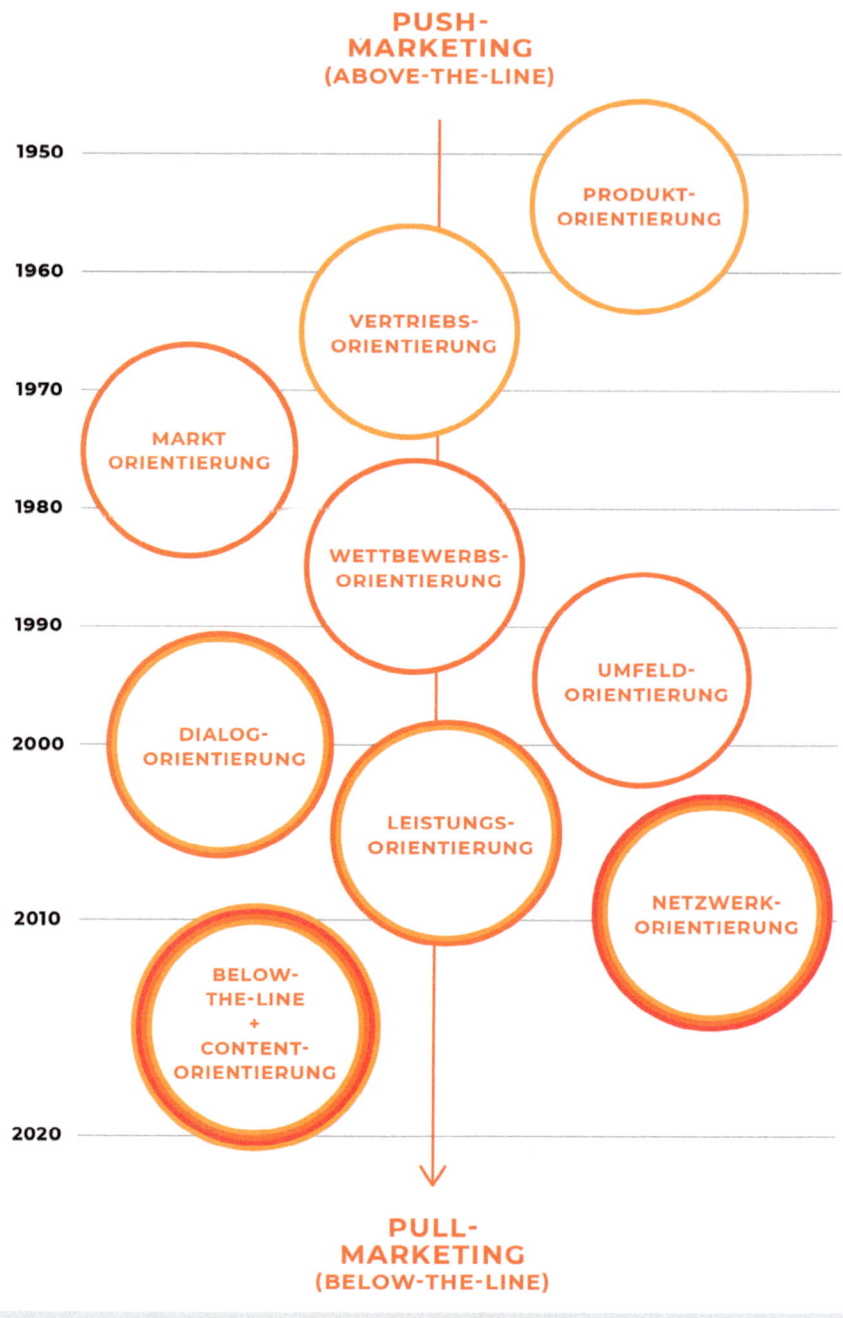

**Abb. 4:** Marketingzeitstrahl

Was können Marketing und Marketingkampagnen bewirken? Manche Kampagnen bringen dich zum Lachen, zum Weinen, du bekommst Gänsehaut oder schlechte

Laune, Lust auf mehr oder du hast bereits nach kurzer Zeit genug von dem Produkt oder der Dienstleistung. Marketing kann (sehr) positive oder (sehr) negative Emotionen hervorrufen, im besten und im schlechtesten Fall.

Jede Marketingaktion zieht eine Reaktion nach sich, sei es nachhaken, informieren, kaufen, bestellen oder bewerten. Im schlimmsten Fall konzentriert sich der Konsument, weil er von der Kampagne enttäuscht, genervt oder gar verletzt ist, auf das Verbreiten seines negativen Eindrucks im Freundes- und Kollegenkreis oder auf den Social-Media-Kanälen: Ein Shitstorm und damit verbundener Imageschaden können folgen.

Denke doch mal an die (Content-)Marketingkampagnen bzw. -strategien von Firmen wie Coca-Cola, Nike, Netflix, Sixt, Dove, Schwarzkopf, Haribo, Old Spice, Seitenbacher, Gilette, Hornbach, WICK VapoRub, Amorelie, BMW oder an die »Like-a-Girl«-Onlinekampagne von Always. Oder kannst du dich noch an die digitale Einführung vom iOS 13 mit Dark-Mode-Funktion von Apple oder an die emotionalen Filme erinnern, in denen Fans sich bedanken und berichten, wie die Apple Watch 3 ihr Leben verändert hat? Wenn du an die Marken, das Marketing und die Kampagnen denkst, was geht dann in dir vor?

Bekommst du Gänsehaut oder schlechte Laune, wenn du zum Beispiel an die Marken Seitenbacher oder Nike denkst?

In meiner Vorrecherche via SurveyMonkey habe ich meine besagten 165 (nicht repräsentativen) Teilnehmer gefragt: Was gefällt dir am Marketing nicht und sorgt dafür, dass du dich eher abwendest? Hier Auszüge der interessantesten Antworten:

verkaufen wollen um jeden Preis | Aufdringlichkeit | Mailflut | plumpe Verkaufsabsichten | leere Versprechungen | übertriebene Emotionen | unglaubwürdige Glorifizierung | kein Feingefühl | Oberflächlichkeit | standardisierte Floskeln | zu viele Anglizismen | dumme Sprüche | wenn es unübersichtlich wird | unerbetene Anrufe | künstlich erzeugter Druck (Verknappung/Zeitdruck) | kein Interesse | nicht authentisch | zu extremes Tracking | schrille Konzepte | schlechte Kommunikation | Massenansprache | kein Storytelling | zu viel Blabla | zu laut | schlecht (nicht professionell) umgesetzt | fehlende Preistransparenz | zu teure Werbung | Arroganz/Überheblichkeit | Besserwisser | Halbwissen | unrealistisch

---

**Komprimiert!**    !

Die drei Gründe, die eindeutig am häufigsten »gegen Marketing« genannt wurden:
⇨ zu viel, zu aufdringlich
⇨ zu standardisiert und unpersönlich
⇨ das künstliche Verknappen nervt

Es gibt somit einiges, worauf du im Marketing achten darfst – und musst. Doch das war – schöne, bunte Welt – noch lange nicht alles.

### 1.1.4    Bedürfnisse und gesellschaftliche Megatrends

Für das zielgerichtete und zielgruppenorientierte Marketing ist es eine absolute Notwendigkeit zu wissen, welche Bedürfnisse es bei den Menschen, dem Verbraucher, der Zielgruppe gibt und was gerade »trendet« bei den Menschen sowie in der Gesellschaft. Daher machen wir kurz einen kleinen Exkurs und schauen uns an, wo eigentlich unsere Bedürfnisse liegen. Was treibt uns Menschen, uns Verbraucher an?

Die Bedürfnispyramide, aufbauend auf den Gedanken des US-amerikanischen Psychologen Abraham Maslow aus dem Jahr 1943, finde ich in diesem Kontext immer noch sehr passend.

**Abb. 5:** Bedürfnispyramide

Das Modell beschreibt unsere Grundbedürfnisse. Maslow stellte dabei im Rahmen seiner Forschung fest, dass manche Bedürfnisse Priorität vor anderen haben. Luft und Wasser brauchen wir zum Beispiel dringender als einen neuen Thermomix. Er ordnete Bedürfnisse zunächst nach fünf größeren Kategorien, beginnend mit den grundlegenden physiologischen bis hin zu den kognitiv und emotional hoch entwickelten humanen Bedürfnissen. 1970, kurz vor seinem Tod, hat er noch drei weitere Kategorien hinzugefügt: die kognitiven und ästhetischen Bedürfnisse sowie die Transzendenz.

### Die acht Bedürfnisse des Menschen nach Maslow

1.  Physiologische Bedürfnisse – wie Luft, Wasser, Nahrung, Schlaf
2.  Sicherheitsbedürfnisse – wie körperliche Unversehrtheit, materielle Absicherung, Arbeit
3.  Soziale Bedürfnisse – wie Familie, Freundschaft, gegenseitige Unterstützung, Intimität
4.  Individualbedürfnisse – wie Stärke, Erfolg, Freiheit, Wertschätzung
5.  Selbstverwirklichung – wie Fähigkeiten, Kreativität, Persönlichkeit
6.  Ästhetische Bedürfnisse – wie Schmuck, Kunst, Natur
7.  Kognitive Bedürfnisse – wie Einstellungen, Meinungsbildung, Erwartungen
8.  Transzendenz – als Erfahrung außerhalb von Sinneswahrnehmungen hinsichtlich des Überschreitens von Endlichkeit wie Religion, höheres Selbst, Erleuchtung

Die zentralen Fragen sind: Welche Bedürfnisse sind für deine Zielgruppe entscheidend? Wo liegt ihr Fokus, was ist ihr wichtig? Letztendlich beeinflussen die Bedürfnisse unser (Kauf-)Interesse, unseren Konsum und die Art und Weise, wie wir konsumieren. Welche Bedürfnisse von Verbrauchern und Kunden, oder einfach gesagt von Menschen, sind richtungsweisend für das Marketing, die Zukunft – und relevant für dieses Buch? Laut unterschiedlicher Fachzeitschriften wie Absatzwirtschaft, Werben & Verkaufen und Horizont rücken die folgenden Bedürfnisse in der digitalen Zeit in den Vordergrund: zum einen, sich wieder neu zu verbinden mit echten, physischen Kontakten. Es geht um den wertvollen persönlichen Austausch. Zudem sind Menschen gerade in unseren unpersönlichen Zeiten wieder verstärkt auf der Suche nach Anerkennung und Bestätigung. Und diese Bestätigung ist wiederum verbunden mit der Suche nach dem eigenen Sinn (des Lebens), den Werten, die man vertritt, und der Frage nach dem Wofür – und diese bezieht sich auf sich selbst als Person, aber auch als Verbraucher in Hinblick auf ein Unternehmen, eine Marke, die gewählt wird. Verbraucher achten immer mehr darauf, ob ein Unternehmen nur Profit machen will, oder ob es Werte, einen größeren Sinn vermittelt – Purpose im Marketingdeutsch. Dies Entwicklung ist als Gegengewicht zum schnellen, sprunghaften Konsum zu betrachten: von oberflächlich zu sinnvoll, zu mehr Nachhaltigkeit und Wertschöpfung. Menschen wollen ernst genommen werden und sind auf der Suche nach Positivem in einer Welt, in der wir alle viel zu oft konfrontiert werden mit schlechten Nachrichten und fehlender Wertschätzung.

Menschen möchten, ich wiederhole mich, wieder (mehr) mit anderen verbunden sein, legen mehr Wert auf Tribes, Community und kollektive Intelligenz. Der jahrzehntelange »Hang« zu Individualisierung wandelt sich hin zu einer neuen Wir-Kultur (siehe Megatrend-Map). Daher sehen wir vermehrt auch Mitgliedsbekundungen (Markt der Abonnenten). Menschen wollen Teil eines Kollektivs sein, sind auf der Suche nach Gemeinschaften, Kollaborationen und Kooperation. Das ist ganz im Sinne meines Credos, das ein afrikanischer Spruch wunderbar ausdrückt:

**! Mein Credo**
Alleine bist du schneller, gemeinsam kommst du weiter.

Gleichzeitig wünschen sich die Menschen personalisierte und maßgeschneiderte Erlebnisse – gepaart mit einem sogenannten Digital Well-being. Denn Verbraucher sehnen sich in der digitalen Zeit nach Datenschutz, persönlicher Kontrolle und wollen frei sein von (Online-)Manipulation. Gleichzeitig fordern sie den digitalen Komfort, Einfachheit, Bequemlichkeit und freundlichen, wenn nicht gar außergewöhnlichen Kundenservice. Was teilweise aber nur durch Künstliche Intelligenz ermöglicht wird, die wiederum dem Drang widerspricht, nicht mehr gläserner Kunde zu sein. Ein (Teufels-)Kreislauf ist es immerhin.

Ein weiterer Trend: Der Konsum bewegt sich immer mehr in Richtung Nachhaltigkeit und ökologischem Fußabdruck. Es geht um ein stärkeres Umweltbewusstsein und verantwortungsvollen Konsum. Die Entwicklung geht hin zu Minimalismus und Downsizing und Slow Consumption als Gegentrend zu Fast Fashion. Der Konsum nimmt ab, die Tauschkultur nimmt zu.

Veränderung ist die einzige Konstante – auf allen Seiten. Der Verbraucher, der Markt und die Wirtschaft verändern sich. Der Wandel, die Entwicklungen und Veränderungen kommen mit immer größeren und schnelleren Schritten auf uns zu. Es ist ein gesellschaftliches, weltweites Phänomen.

### Die Megatrend-Map

Apropos gesellschaftliches Phänomen: Die Megatrend-Map des zukunftsInstituts zeigt die zwölf zentralen Megatrends unserer Zeit, in unserer Gesellschaft: »Sie sind die größten Treiber des Wandels, die alle Aspekte von Wirtschaft und Gesellschaft maßgeblich beeinflussen – nicht nur kurzfristig, sondern auf mittlere bis lange Sicht.« (zukunftsInstitut, 2019) Das Institut gibt an, dass diese Megatrends eine Entwicklungskonstante darstellen, die über Jahre hinweg zu sehen ist. Sie nennen diese auch die »Lawine in Zeitlupe«.

Hier die beeindruckende Megatrend-Map:

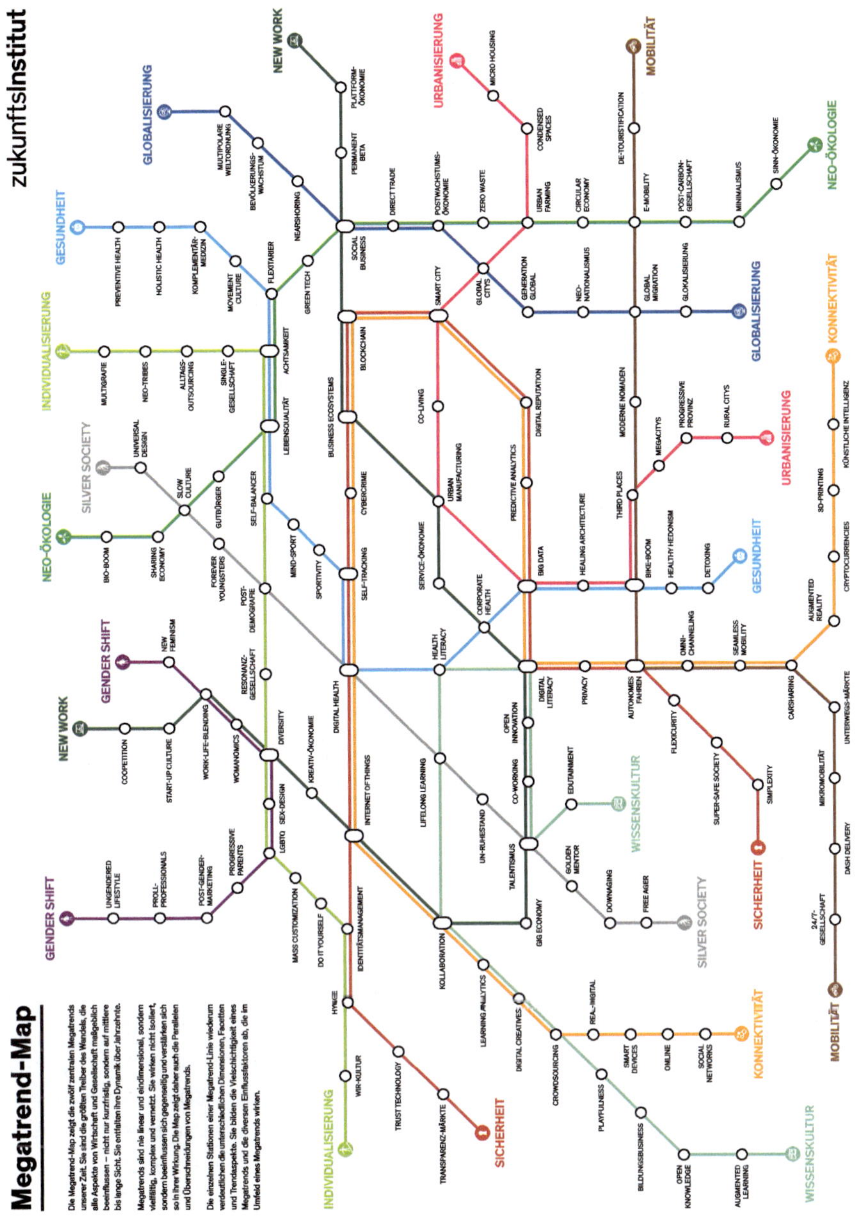

**Abb. 6:** Die Megatrend-Map des zukunftsInsituts (2020)

Die zwölf Trends sind Individualisierung, New Work, Wissenskultur, Gender Shift, Mobilität, Gesundheit, Silver Society, Urbanisierung, Konnektivität, Sicherheit, Globalisierung und Neue Ökologie.

Für Unternehmen waren laut zukunftsInstitut gerade im Jahr 2020 fünf Megatrends von großer Wichtigkeit (zukunftsInstitut, 2020):

**Individualisierung**
»Heute ist der Megatrend Individualisierung noch sehr stark egoistisch geprägt. Künftig aber wird er vermehrt auf Tribes, Community und kollektive Intelligenz bauen. Individualisierung wandelt sich und drückt sich in einer neuen Wir-Kultur aus. Gemeinschaften, Kollaborationen und Kooperationen rücken statt des Ich in den Fokus. Für Unternehmen hat dies vor allem Einfluss auf die Art, wie im Team zusammengearbeitet wird und wie Organisationen geführt werden.«

**Silver Society**
»Alles konzentriert sich im Moment auf neue Technologien. Die älter werdende Gesellschaft steht dadurch im Schatten und wird völlig unterschätzt. Doch auch wenn das Pro-Aging derzeit noch unterbewertet wird, sind Unternehmer gut beraten, sich diese Potenziale zu erschließen. Die Silver Society bedeutet eine Umkodierung der Wirtschaft, die sich im kommenden Jahrzehnt deutlich zeigen wird. Menschen in der zweiten Lebenshälfte haben eine andere Sicht auf Leistung, Wachstum und Innovation als die Jüngeren. Zudem schätzen sie Vorgänge in Unternehmen, was wichtig und richtig ist, anders ein. Diese Routiniers sind ein unglaublicher Erfahrungsschatz und Hort der Gelassenheit. Die Alterung der Gesellschaft wird zwar großteils als Problem betrachtet, sie kann aber, gerade in Unternehmen, zu ihrer Vitalisierung beitragen.«

**Konnektivität**
»Wir leben in einem Netzwerk von Netzwerken. Jeder ist mit jedem und allem verbunden, immer und überall. Dieser Umstand fordert uns technologisch, er fordert uns aber vor allem sozial, in unserer Haltung und unserem Denken. Das Zusammenspiel zwischen Menschen und Technologie, der Umgang mit den neuen Möglichkeiten, wird sich in den 2020er Jahren richtungsweisend entwickeln, wenn der gegenwärtige technologische Hype umfassender begriffen wird. Wenn sich herauskristallisiert, wie und wo wir Technologie wirklich effizient einsetzen können und wollen, ergeben sich hier enorme Potenziale zur Effizienzsteigerung und für neue Geschäftsmodelle.«

**Neo-Ökologie**
»Bio-Märkte, EU-Plastikverordnung, Energiewende – der Megatrend Neo-Ökologie reicht in jeden Bereich unseres Alltags hinein. Ob persönliche Kaufentscheidungen, gesellschaftliche Werte oder Unternehmensstrategie – selbst, wenn nicht immer auf den ersten Blick erkennbar, entwickelt er sich nicht zuletzt aufgrund technologischer

Innovationen mehr und mehr zu einem der wirkmächtigsten Treiber unserer Zeit. Der Megatrend sorgt nicht nur für eine Neuausrichtung der Werte der globalen Gesellschaft, der Kultur und der Politik. Er verändert unternehmerisches Denken und Handeln in seinen elementaren Grundfesten.«

**Wissenskultur**
»In unserer komplexen Welt ist Wissen fluide, deshalb rücken vor allem implizite Fähigkeiten in den Fokus, die uns erlauben, agil zu sein und auf Veränderungen und Überraschungen zu reagieren. Ganzheitliches, systemisches Denken, Kontextbildung und Beobachtung zweiter Ordnung werden ebenso zu Kernkompetenzen wie zutiefst (zwischen-)menschliche Qualitäten. Gerade für Führungskräfte sind sie enorm wichtig, um mit der Organisation und den Mitarbeitern zu kommunizieren.«

Darüber hinaus formuliert das zukunftsInstitut: »Trends entfalten ihre Dynamik über Jahrzehnte und zudem auch querschnittartig, zum Teil über alle gesellschaftlichen und wirtschaftlichen Bereiche hinweg. Sie wirken nicht isoliert, sondern beeinflussen sich gegenseitig und verstärken sich so in ihrer Wirkung. Für die Silver Society ist nicht nur der demografische Wandel ein entscheidender Treiber, sondern auch der Megatrend Gesundheit. Oder der Megatrend New Work, der Wandel in der Arbeitswelt, wird maßgeblich geprägt durch die zunehmende digitale Vernetzung, also den Megatrend Konnektivität. Alles hängt miteinander zusammen.«

**Kleines Resümee**
Dieser Exkurs zu den gesellschaftlichen Trends, den Bedürfnissen von Kunden und den Veränderungen im Markt sollte dir noch einmal verdeutlichen: Es ist essenziell, dass du als Marketingexperte all das immer vor Augen hast, dem Puls der Zeit folgst (oder gar vorausgehst) und stets die Bedürfnisse deiner Zielgruppe kennst. Denn diese Trends spielen eine zentrale Rolle im Marketing und der erfolgreichen Umsetzung deiner Marketingaktionen.

## 1.2   Meine (strategischen) Marketing-Ausgangspunkte

*Der Wettbewerb der Werte wird wichtiger als der Wettbewerb der Preise.*
Dr. Mirjam Hauser

In diesem Kapitel möchte ich auf grundsätzliche, strategische Ausgangspunkte im Marketing eingehen. Warum? Weil sie meines Erachtens die Basis bilden für eine erfolgreiche, nachhaltige Methodik. In all den Jahren als strategische Marketingexpertin habe ich mich an einige sehr deutliche Marketing-Ausgangspunkte gehalten, die mich immer begleitet haben und für mich weiterhin starke Erfolgsgaranten sind.

### Meine fünf Marketingprinzipien

1. Sei nicht alles für jeden! Sei besonders – und zwar konkret für deine Zielgruppe.
2. Die Kraft liegt in der Wiederholung
3. (Er)Kennt dich keiner, will dich keiner.
4. Wertschätzend, persönlich, alles außer gewöhnlich.
5. Allein bist du schneller, gemeinsam kommst du weiter.

Schauen wir uns diese Leitsätze einmal etwas genauer an.

### 1.2.1   Sei nicht alles für jeden

Worum geht es beim Marketing? Was ist – wenn du es nicht schon früher im Buch überlegt hast – dein erster Gedanke?

Für mich geht es eindeutig um den Menschen, den (potenziellen) Kunden. Von Mensch zu Mensch, in der Fachsprache B2H (Business to Human). Gerade das (Zwischen-) Menschliche in Marketing, Werbung, Kommunikation oder einer Interaktion sorgt schließlich dafür, dass mein Gegenüber – der Kunde, der Verbraucher, ein Geschäftspartner – begeistert und berührt ist, sich loyal verhält und mich, meine Marke, meine Dienstleistung oder mein Unternehmen wertschätzt und weiterempfiehlt.

Und darum ist es wichtig, nicht alles für jeden sein zu wollen, sondern eben ganz besonders für eine bestimmte Gruppe von Menschen, für deine Zielgruppe. Mit deinem aus Kundensicht konzipierten Angebot bietest du dieser Zielgruppe ihren spezifischen Mehrwert. Du zeigst und lebst, dass du die jeweiligen Bedürfnisse verstehst und erfüllen kannst. Dabei darfst du nie vergessen: Deine (potenziellen) Kunden haben den größten Einfluss auf dein Produkt, deine Marke. Umso wichtiger wird und bleibt dein

Kundenverständnis – auch und gerade, weil der Markt immer unübersichtlicher und der Wettbewerb auf allen Kanälen immer größer wird. Und was kannst du tun, um deine Kunden zu verstehen? Da gibt es viele konstruktive Wege: durch sachliche (digitale) Datenerhebung und -analyse, auf kreative Weise, indem du dir die Werte in der Gesellschaft und konkret deiner Zielgruppe anschaust. Was ist den Menschen aktuell wichtig, welche Trends lassen sich erkennen? Wofür stehen sie, was genau suchen sie und wo gibt es möglicherweise Bedarfe, die du wecken kannst?

> **Komprimiert!**
>
> Es geht grundsätzlich nicht um dein Angebot! Es geht um die Kunden, die Menschen. Wie kannst du ihre Wünsche und Bedürfnisse befriedigen? Wie kannst du sie entzücken und begeistern? Denke immer von deiner Zielgruppe aus und nicht vom Produkt. Denn der Mensch bestimmt den Markt, nicht (mehr) umgekehrt.

**!**

Kennst du die Geschichte vom Schuhputzer? Es heißt, es gab einen Mann, der für einen Euro die Schuhe anderer putzte, jeden Tag. Er machte seine Arbeit wirklich gerne, aber dachte immer, dass sein Job nicht besonders relevant sei. Daher verlangte er auch nur einen Euro für seine Dienste. Er glaubte, das sei der Betrag, den die Menschen bereit wären, dafür zu bezahlen. Eines Tages kam aber ein verzweifelter Mann auf ihn zu. Er erzählte dem Schuhputzer, dass er in einen Haufen Scheiße getreten war. Er sei auf dem Weg zum Standesamt, wo er in 20 Minuten seine Verlobte heiraten wolle. Er sah den Schuhputzer bittend an. Was glaubst du, war dem Mann das Schuheputzen wert?

Wenn ich diese Geschichte erzähle, dann frage ich immer auch: Was ist die Scheiße am Schuh deiner Zielgruppe? Was benötigen die Menschen, wollen sie, wünschen sie sich? Was sind ihre Pain Points, die Schmerzpunkte, ihre Probleme? Denn wenn du sie kennst und darauf eingehen kannst, dann bietest du mit deiner Lösung einen ganz klaren Mehrwert für all jene, die du ansprechen und begeistern möchtest.

### Grenze deine Zielgruppe ein und beschreibe sie

Individueller Konsum ist Ausdruck von Persönlichkeit. Also: Wie ist das individuelle Konsumverhalten deiner Zielgruppe, welche Persönlichkeitsmerkmale beschreiben sie? Auch in Marketingkreisen wächst das Bewusstsein, dass es online keine ›klassischen‹ Zielgruppen mehr gibt. Klassisch – anhand allein von Angaben wie Alter, Beruf, Wohnort oder Geschlecht – zu definieren sind sie meines Erachtens in der Tat nicht mehr, aber selbstverständlich gibt es weiterhin Zielgruppen. Und gerade aufgrund der digitalen Möglichkeiten und der Unmengen an Daten, die zur Verfügung stehen, wird es zunehmend spannender, deine Zielgruppe/n einzugrenzen, für dich zu visualisieren und zu benennen. Beschreibe deine Zielgruppe – und zwar so konkret und detailliert wie möglich, sei es als eine oder mehrere Personas. Eine Persona kann die Komplexi-

tät der Zielgruppe reduzieren. Es ist eine fiktive Person, die die Merkmale einer Zielgruppe charakterisiert. Sie gibt ihnen ein Gesicht mit Namen, Hobbys, Beruf, privatem
Umfeld und spezifischen Charakteristika. Du kannst dies umsetzen anhand der sogenannten Sinus Milieu oder aber auf Basis von Lebensstilen, wie das zukunftsInsstitut es
anbietet. Die beiden stelle ich dir gleich etwas näher vor.

> *Verstehe den Unterschied zwischen einem Profil und einer Persona.*
> *Ein Profil ist die Person, die deine Produkte kauft.*
> *Eine Persona gibt Einblicke dazu,*
> *wie Kunden ihre Entscheidungen treffen.*
> Adele Revella

Erinnere dich bei allem immer wieder an das Statement: »Sei nicht alles für jeden. Sei
ganz besonders für deine Zielgruppe.« Und wie kannst du sie beschreiben? Dazu dieses Beispiel: Denke an einen Mann, geboren 1983 in Deutschland, von Beruf Sänger.
Wer kommt dir in den Sinn?

Nun, das trifft sowohl auf Mark Forster als auch auf Gil Ofarim, Alexander Klaws, Andreas Bourani und Ben Zucker zu. Und doch sind es fünf sehr unterschiedliche Männer.
Jeder von ihnen hat einen unterschiedlichen Stil, ist ein anderer Typ, hat ein anderes Auftreten und vertritt eine unterschiedliche Musikrichtung. Und jeder hat seinen
eigenen Familienhintergrund, eigene Vorlieben, eine eigene Meinung und individuelle
Ansichten. Alter, Beruf und Herkunft sind also nicht aussagekräftig, um eine Person
differenziert beschreiben zu können.

Erneut und zentral: Welche Werte und Überzeugungen lebt deine Zielgruppe? Was
sind ihre Wünsche, Leitbilder und Ziele? Wofür kannst du sie nachts wecken? Je mehr
du über deine Zielgruppe weißt, desto besser. Du musst dich dabei nicht auf eine
Persona, eine Zielgruppe oder einen Lebensstil beschränken. Du kannst auch mehrere Zielgruppen definieren, mit unterschiedlichen Hintergründen und Wertvorstellungen.

**Zielgruppendefinition auf Basis der Sinus-Milieus®**
In der Zielgruppendefinition der sogenannten Sinus-Milieus® des Sinus-Institus fin-
den sich zehn unterschiedliche Typen: Konservativ-Etablierte (das klassische Estab-
lishment), Traditionelle (die sicherheits- und ordnungsliebende ältere Generation),
Liberal-Intellektuelle (die aufgeklärte Bildungselite), Sozialökologische (engagierte
Gesellschaft, kritisches Milieu), Bürgerliche Mitte (der leistungs- und anpassungsbe-
reite bürgerliche Mainstream), Prekäre (die um Orientierung und Teilhabe bemühte
Unterschicht), Performer (die multi-optionale und effizienz-orientierte Leistungseli-

te), Adaptiv-Pragmatische (die moderne junge Mitte mit ausgeprägtem Lebenspragmatismus und Nützlichkeitsdenken), Hedonisten (die spaß- und erlebnisorientierte moderne Unterschicht/untere Mitte) sowie die Expeditiven (die ambitionierte kreative Avantgarde).

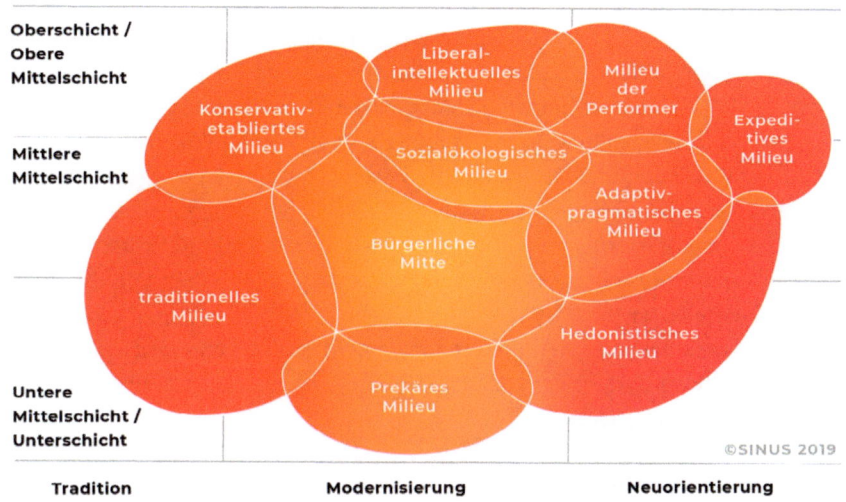

**Abb. 7:** Sinus-Milieus® in Deutschland 2019

Das Sinus-Institut schreibt: »Die Sinus-Milieus liefern ein wirklichkeitsgetreues Bild der soziokulturellen Vielfalt in Gesellschaften, in dem sie die Befindlichkeiten und Orientierungen der Menschen, ihre Werte, Lebensziele, Lebensstile und Einstellungen sowie ihren sozialen Hintergrund genau beschreiben. Mit den Sinus-Milieus kann man die Lebenswelten der Menschen somit von innen heraus verstehen, gleichsam in sie ›eintauchen‹. Mit den Sinus-Milieus versteht man, was die Menschen bewegt und wie sie bewegt werden können. Denn die Sinus-Milieus nehmen die Menschen ganzheitlich wahr, im Bezugssystem all dessen, was für ihr Leben Bedeutung hat. Die Sinus-Milieus gruppieren Menschen in ›Gruppen Gleichgesinnter‹ entlang zweier Dimensionen (Soziale Lage und normative Grundorientierung). Die Überschneidungen der ›Kartoffeln‹ (siehe Grafik) zeigen an, dass die Übergänge zwischen den Milieus fließend sind. Während der Anteil der traditionellen Milieus seit Jahren zurückgeht, beobachten wir ein kontinuierliches Wachstum im modernen Segment. Am schnellsten wachsen die beiden Zukunftsmilieus Expeditive und Adaptiv-Pragmatische, deren Umgang mit den aktuellen Herausforderungen zukünftige Trends erkennen lässt.« (https://www.sinus-institut.de/sinus-loesungen/sinus-milieus-deutschland)

Ich habe jahrelang für das Niederländische Büro für Tourismus & Convention (NBTC) gearbeitet, unter anderem als Direktorin Deutschland. Wir haben auch mit den Sinus-Milieus gearbeitet, daher übertrage ich einige der Zielgruppentypen gerne auf ein Beispiel aus der Tourismusbranche:

Paul, der Konservativ-Etablierte, liebt Kulturreisen und will das Beste vom Besten, Fünf-Sterne-Hotels und alle Highlights gesehen haben. Marie, die Traditionelle, steht auf dreimal jährlich Kurzurlaub im Nachbarland im Ferienhaus mit eigenem Garten und liebt es, »on the beaten track« zu sein. Bloß kein Abenteuer. Nora, die Liberal-Intellektuelle, will im Urlaub in Kontakt kommen mit Einheimischen, ihr ist Nachhaltigkeit wichtig und sie schätzt es, sich »off the beaten track«, abseits vom Touristenrummel, zu bewegen. Sie will sehen, was andere noch nicht entdeckt haben. Michael, der Performer, will alles rausholen, was in einer Reise so drinsteckt: Action und Excitement. Er muss immer das neueste Gadget haben und will mit der Reise imponieren. New York ist schon nicht mehr besonders genug. Hedonist Peter liebt Ferienparks mit Rutschen und Entertainment oder einen Freizeitpark-Urlaub mit Unterhaltungsprogramm. Mit der Familie unterwegs sein, sich bespaßen lassen – und das gerne all-inclusive.

Ein kleines Beispiel mit fünf unterschiedlichen Typen und du kannst bereits erkennen: Jeder Typ, jede Persona, jede Zielgruppe ist ein wenig anders und legt Wert auf unterschiedliche Erlebnisse, Erfahrungen, Aktivitäten. Das gilt selbstverständlich nicht nur für den Urlaub, sondern für jedes Thema, zu dem wir unterschiedlichen Menschen ein Angebot machen.

**Zielgruppen nach dem zukunftsInstitut**
Weil ich das Zielgruppendenken für so wichtig halte, möchte ich gerne noch einen zweiten Ansatz anbringen. Das zukunftsInstitut ist davon überzeugt, dass wir durch die Komplexität der Gesellschaft anders an die Zielgruppendefinition herangehen sollten und zwar, indem wir in Lebensstilen denken. Das Institut hat 18 Stile definiert. Die Kernidee: Der Mensch kann mehreren Lebensstilen zugetan sein, dennoch gibt es meist einen, der sich bei einer Person durchsetzt.

Drei der Lebensstile möchte ich etwas genauer betrachten. Es sind diejenigen, die ab 2021 die vom zukunftsInstitut beschriebenen Megatrends am meisten repräsentieren und daher auch in unserem Kontext am wichtigsten sind. (Folgende Darstellung ist dem Dossier zukunftsInstitut 2020 entnommen.)

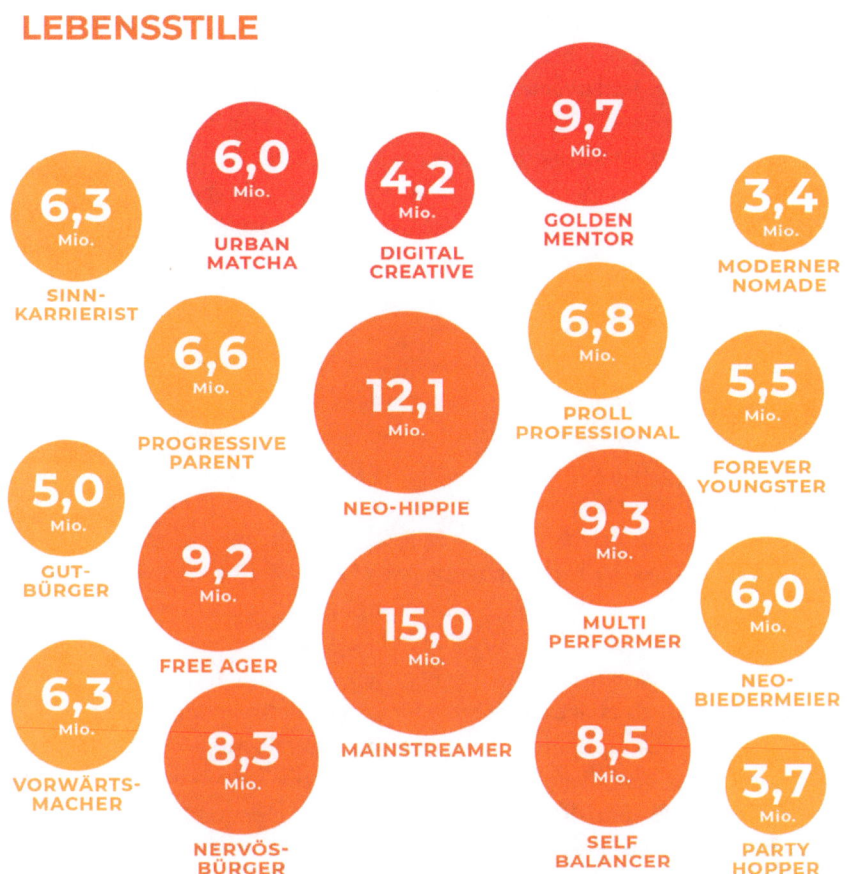

**Abb. 8:** Lebensstile nach dem zukunftsInstitut

## Urban Matcha

»Der Lebensstil Urban Matcha, dem sich rund sechs Millionen Deutsche zugehörig fühlen, vereint vor allem die Elemente der Megatrends Urbanisierung und Individualisierung. Dieser Avantgarde-Lebensstil ist in den Metropolen Europas kaum zu übersehen – er fällt auf durch Kleidungsstil und Konsumverhalten, er vertritt klar seine Meinung, setzt Trends. Die Menschen, die diesen Stil leben, genießen die Aufmerksamkeit, die sie erzeugen, und nutzen ihre Vorreiterrolle, um ihre Werte zu vermitteln. Sie sind nicht nur hip, sondern auch hervorragende Kommunikatoren. Sie wissen ihre Werte zu vermitteln, sind gleichzeitig immer neugierig, offen für Neues und experimentierfreudig. Ihre Freiheit ist ihnen heilig: Sie wollen sich selbst verwirklichen und ihr Leben ganz individuell gestalten. Ein großer Freundeskreis ist ihnen wichtig – statt auf Familie setzen sie auf ihre Community. Mit einer guten und vielseitigen Bildung setzen sie auf eine erfolgreiche Karriere. Sie pflegen einen genussorientierten Lebensstil und lieben es, gut essen zu gehen. Zugleich legen sie Wert auf Nachhaltigkeit und bevorzugen regionale und fair gehandelte Produkte. Sie begeistern sich häufig frühzeitig für Entwicklungen und tragen diese in den Mainstream hinein. Aus diesem Grund wird vieles, was diesen Lebensstil ausmacht, in Zukunft nicht mehr als avantgardistisch, sondern als durchschnittlich gelten.«

**Digital Creative**
»Der Digital Creative ist in der real-digitalen Welt zuhause und maßgeblich von den Megatrends Konnektivität und Wissenskultur beeinflusst. 4,2 Prozent der Deutschen sehen sich als Teil dieses Lebensstils, für den es eine Selbstverständlichkeit ist, Technik nicht nur passiv zu nutzen, sondern aktiv anzuwenden – es ist für ihn das zentrale Tool, mit dem er sein kreatives Potenzial entfaltet. Von ihrer Digitalkompetenz können Unternehmen für sich lernen. Und: Egal, welche neue Technologie auf den Markt kommt, bei dem Digital Creative findet sie ihren Early Adopter. Der Digital Creative ist offen und neugierig, er probiert mit Begeisterung neue Produkte aus. Ihm ist klar, dass er in einem Wissenszeitalter lebt – deshalb steht bei ihm gute, vielseitige Bildung hoch im Kurs. Um mit Menschen in Kontakt zu kommen, die seine Interessen teilen, nutzt er lieber das Internet, als offline zu suchen – für ihn gilt die Trennung digital und analog ohnehin nicht mehr. Wenn er jemanden erreichen möchte, tut er das prinzipiell über soziale Netzwerke. Dort pflegen die Menschen mit diesem Lebensstil gute Kontakte zu sehr vielen Freunden und Bekannten. Darunter sind auch reine Online-Freundschaften, die für sie eine andere Qualität als Offline-Freundschaften haben. Vernetzt zu sein ist für den Digital Creative ein Normalzustand. Er ist immer und überall online, selbst während des Fernsehens erledigt er nebenbei mit dem Smartphone alltägliche Dinge, die nichts mit der Sendung zu tun haben. Es heißt, den Digital Creatives gehört die Zukunft.«

**Golden Mentor**
»Der Golden Mentor, dessen Lebensstil sich rund 9,7 Millionen Menschen in Deutschland zugehörig fühlen, versteht es, sich sein Leben lang weiterzubilden und aus seinen Erfahrungen eine Lebensweisheit zu entwickeln, die er auch im höheren Alter produktiv in die Wirtschaft einbringt. Damit ist er der Paradevertreter einer Kombination der Megatrends Silver Society und Wissenskultur. Der Golden Mentor sieht die großen Zusammenhänge und betrachtet die Dinge stets in einem größeren Kontext. Er vermag zu beurteilen, wie wichtig etwas gerade wirklich ist, und für welche Werte es sich zu kämpfen lohnt. Diese Urteile schöpft er nicht aus einem Idealismus, sondern aus der Auseinandersetzung mit Gesellschaftsdiskursen und aus seiner Lebenserfahrung. Da diese Erfahrungen nicht imitierbar sind, sind diese Menschen sehr wertvoll für Unternehmen, auch wenn sie oft schon im Rentenalter sind. Menschen mit dem

Lebensstil des Golden Mentor konsumieren gerne verschiedene Medien: Sie informieren sich möglichst mehrmals am Tag über die neuesten Nachrichten, um die aktuellen Diskurse in der Gesellschaft zu kennen. Dazu nutzen sie alle klassischen Kanäle: Tageszeitung, Radio und Fernsehen. Eine gute, vielseitige Bildung, zu der auch die Beteiligung am kulturellen Leben gehört, betrachten sie als Selbstverständlichkeit. Sie gehen pflichtbewusst durch das Leben, und finden es wichtig, Entscheidungen mit Vernunft zu treffen. Sie sind es gewohnt, für sich selbst zu sorgen und mit finanzieller Unabhängigkeit ihre Selbstständigkeit zu bewahren. Ihren Bezugspunkt bildet jedoch immer das Familienleben: Mit ihrer Familie und ihrem Partner verbringen sie viel und gerne Zeit.«

Ich finde das Denken in Lebensstilen sehr spannend und auch zeitgemäß, denn sie spielen ein auf die heutigen (Mega-)Trends und Menschen werden eben auch immer ›bunter‹. Wie das zukunftsInstitut es formuliert: »Heutige Lebensstile definieren sich deshalb nicht mehr nach äußeren Zuschreibungen, sondern nach Wünschen und Werten, die für Lebenssituationen- oder -phasen gültig sind.«

Nicht alles für jeden zu sein, sondern ganz besonders für deine Zielgruppe – du merkst, ich halte es unerlässlich für alle, die sich mit Marketing beschäftigen. Denn solltest du alle erreichen wollen, erreichst du schlussendlich keinen. Mach also keine faulen Kompromisse! Sondern nimm dir die Zeit und mache dir die Mühe, deine Adressaten zu benennen, sie kennenzulernen und immer besser zu kennen! Das wird sich auszahlen – ganz sicher!

Mit diesem Wissen und Verständnis kannst du die richtigen Argumente, Produkte, Preise, die passende Kommunikation für den jeweiligen Typ Mensch, deine Zielgruppe definieren. Und wie bereits erwähnt: Es darf nicht heißen »Wir haben …«, »Ich biete …« oder »Wir sind die Besten, weil …«, sondern im Mittelpunkt steht die Perspektive deines Kunden. Im Marketing und in der Kommunikation gehst du auf seine Probleme, seine Fragen und seine Bedürfnisse ein. Also heißt es (künftig): »Du hast das Problem XY. Ich habe die ideale Lösung.« Oder: »Ihr braucht ABC. – Wir haben das ideale Produkt.«

### 1.2.2   Die Kraft liegt in der Wiederholung

Was meint diese Aussage und warum ist sie so wichtig? Zunächst: Sei möglichst zum richtigen Zeitpunkt am richtigen Ort bei der richtigen Zielgruppe mit der richtigen Botschaft. Und zwar immer und immer wieder. Mit dem Wissen über die Kundenreise (Customer Journey) deiner Zielgruppe und den mit ihr zusammenhängenden Wünschen und dem Verhalten deiner Zielgruppe kannst du das erreichen. In diesem Kontext verwende ich den Begriff 360-Grad-Marketing, also unterschiedliche Tools in unterschiedlichen Momenten nutzen. Im Idealfall passend zu der Phase, in der der Kunde sich gerade befindet.

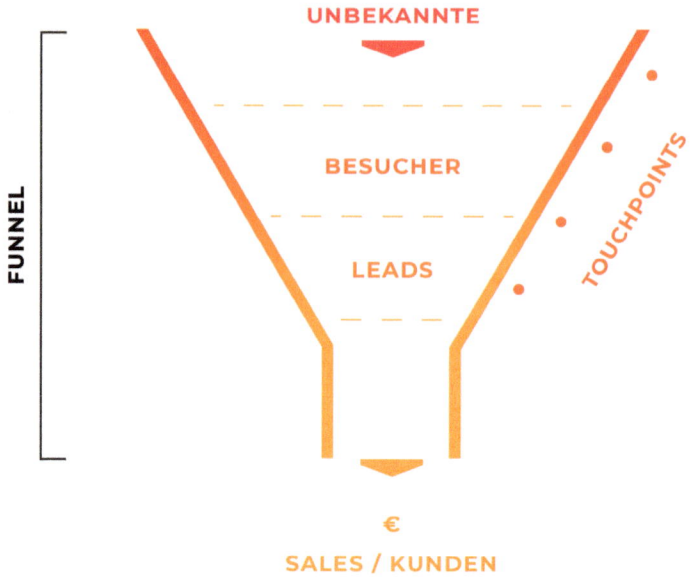

**Abb. 9:** Sales Funnel

Der Begriff »Customer Journey« ist einer der zentralen Begriffe des Marketings. Damit wird die Reise des Kunden von seinem Erstkontakt mit einer Marke, einem Unternehmen oder einem Produkt über den Kauf bis hin zum Gebrauch des Produktes oder einer Dienstleistung bezeichnet. Die in Zyklen verlaufende Customer Journey beinhaltet alle Berührungspunkte (Touchpoints), die Kunden während des Kaufentscheidungsprozesses mit einem Unternehmen haben. Eine Studie von McKinsey sagt, dass die Beherrschung der Customer Journey 10 Prozent mehr Umsatz, 20 Prozent weniger Kosten und 20 Prozent höhere Kundenzufriedenheit bringt. Es gibt nicht DAS eine Customer-Journey-Modell. Aber mehr oder weniger haben alle Varianten fünf Phasen. Ich möchte darüber hinaus noch eine Phase hinzufügen, die die meisten nicht erwähnen, die ich aber sehr spannend finde und von Uta Spiegel und Dirk Engel definiert wurde. Sie beschreiben die Phase vor den fünf Phasen, nämlich die Latenz-Phase.

### Latenz-Phase (Latency)
In dieser Vorphase hat der Verbraucher noch keine wirklich konkrete Kaufabsicht. Man kann auch sagen, die Reise hat noch nicht begonnen, aber dennoch ist diese Phase entscheidend. Denn hier kommt der Kunde ganz beiläufig in Kontakt mit der Marke, ohne dass die Wahrnehmung bereits geschärft ist. Spannend für dich wird es, wie du bereits zu diesem Zeitpunkt die Aufmerksamkeit für dich erlangen kannst. Hier punk-

tet, wer sich ein starkes Image aufgebaut hat. Das Image einer Marke/eines Unternehmens ist zentral und trägt erheblich zu Erfolg oder Scheitern bei. Vor allem im Erstkontakt mit dem Verbraucher.

Kommen wir nun zu den fünf Phasen der Customer Journey:

**CUSTOMER JOURNEY**

EXPLORATION
auch Awareness,
Bekanntheit,
Bewusstsein,
Wahrnehmung
genannt

PURCHASE
auch Kaufanstoß,
Umsetzung,
Abschluss,
Retention, Service
genannt

ADVOCACY
auch Loyalität,
Befürwortung
genannt

CONSIDERATION
auch Abwägen,
Favorisierung,
Orientieren, Beraten,
Überlegung, Auswahl,
Wunsch, Erwägung
genannt

AFTER-SALES
auch Nachkauf,
Kundenbindung,
Retention, Erhalt,
Verbinden genannt

**Abb. 10:** Customer Journey

### 1. Exploration

Auch Awareness, Bekanntheit, Bewusstsein, Wahrnehmung. Wir können bei anderen Personen kein direktes Interesse an unseren Informationen, keine Emotionen mit Blick auf unser Angebot verlangen bzw. einfordern. Das Interesse, die Emotion, muss von der Person selbst kommen. Aber wir können Voraussetzungen schaffen, um das Interesse und die Emotionen zu wecken. Wenn der Kunde/Verbraucher in dieser Phase erkennt, dass er ein Bedürfnis oder ein Problem hat, das gelöst werden soll, dann ist es wichtig, dass wir darauf eingehen. Er ist auf der Suche nach Inspiration. Wenn wir das aufgreifen, steigt seine Aufmerksamkeit im besten Falle, das Bewusstsein für das Produkt/die Dienstleistung ist geweckt. Deine Werbung hat eine höhere Chance, wahrgenommen zu werden. Lösungsoptionen werden gesucht und gescannt.

### 2. Consideration

Auch Abwägen, Favorisierung, Orientieren, Beraten, Überlegung, Auswahl, Wunsch, Erwägung. Die möglichen Optionen werden genauer wahrgenommen und in die Waagschale geworfen. Der Interessent geht in die Tiefe, er prüft Vor- und Nachteile eines oder mehrerer Angebote. Das Interesse für das Produkt bzw. die Dienstleistung

41

wird verstärkt, der Wunsch des Kaufens/Konsumierens entsteht. Es wird ein Favorit unter den Optionen bestimmt.

### 3. Purchase

Auch Kaufanstoß, Umsetzung, Abschluss, Retention, Service. Im besten Falle ist hier das Ziel erreicht und das Produkt wird gekauft. Aber Vorsicht, in dieser Phase der Customer Journey könnte der Kauf noch scheitern (wenn der Kunde doch nicht zu 100 Prozent überzeugt ist) und der Kunde wird wieder nach neuen bzw. bereits anderen bekannten Möglichkeiten oder Optionen suchen (zurück zur vorherigen Phase).

### 4. Aftersales

Auch Nachkauf, Kundenbindung, Retention, Erhalt, Verbinden. Der Kunde ist zufrieden oder begeistert von deinem Produkt, deiner Dienstleistung. Jetzt ist es wichtig, dass er vom Erstkunden zum Wiederholungstäter wird. Am liebsten zum Stammkunden. Mit anderen Worten: Wichtig ist hier, eine Beziehung zum Kunden/Verbraucher aufzubauen.

### 5. Advocacy

Auch Loyalität, Befürwortung. Der Kunde ist im besten Falle so begeistert, dass er seine positive Erfahrung beim Kauf des Produkts/der Dienstleistung mit Freunden, Bekannten, Familie, Kollegen teilt. Besondere Reichweite hat es, wenn der Kunde es speziell in den sozialen Medien teilt. Diese Phase wird immer wichtiger, denn die Reaktion ist im Netz dauerhaft zu sehen und hinterlässt somit einen digitalen Fußabdruck. Diese Bewertung trägt zum Image deiner Marke, deines Unternehmens, deiner Dienstleistung bei. Ziel sollte es sein, so viele positive Reaktionen wie möglich zu erreichen. Wenn du allerdings zu viel Kritik/negativen Fokus erhältst, musst du umgehend handeln!

> **!   Komprimiert!**
>
> Und irgendwann fängt die Customer Journey von vorne an, wenn der Kunde ein neues (Kauf-)Bedürfnis hat. Es startet erneut mit der Latenz- bzw. der Exploration-Phase.

Mich erinnern die Phasen ein wenig an das Basismodell – das AIDA-Modell, wie in Kapitel 1.2.2 bereits vorgestellt. Passend zu jeder Phase gibt es unterschiedliche Wünsche und Bedürfnisse der Zielgruppe. Im heutigen Zeitalter des Onlinehandels und der digitalen Medien ist eine Customer Journey wesentlich komplexer als in der Vergangenheit. Sie ist nicht (mehr) linear: Ein Kunde kommt direkt auf deine Webseite, sieht das Angebot, legt es sofort in den Warenkorb und kauft. (Das wäre natürlich aus deiner Sicht der Idealfall.) Sondern die Customer Journey ist immer häufiger ein Trip auf verschlungenen Wege (offline wie online). Wenn du diese aber gut kennst, indem du dich mit deiner Zielgruppe, ihren Wünschen und Handlungen etc. intensiv auseinandergesetzt hast, sei es durch primäre oder sekundäre Marktforschung, dann kannst du unterschiedliche Tools, Inhalte, Botschaften, Call-to-Action mit Blick auf deine Produkte und Dienstleistungen kommunizieren und einsetzen. Für Unternehmen ist ein tiefgehendes Verständnis aller Customer-Journey-Phasen und der einzelnen Touchpoints eine Grundvoraussetzung für eine kundenorientierte Ausrichtung von Marketing und Vertrieb. Zudem ist es die Chance, positive Kundenerlebnisse zu kreieren. In Kapitel 2 gehe ich auf viele Beispiele ein, wie das zu schaffen ist.

**Komprimiert!**                                                                              **!**

Aus unterschiedlichen Studien (siehe auch www.hub.aioma.com) sind zwei Erkenntnisse ganz deutlich geworden:

⇨ Nur zwei Prozent der Kunden kaufen nach einem Erstkontakt ein Produkt einer Marke.

⇨ Kunden interagieren im Durchschnitt sechs bis acht Mal mit einer Marke, bevor sie sie kaufen.

Unternehmen, Marketingabteilungen, Selbstständige, die die Reise ihrer (potenziellen) Kunden nicht kennen, werden demnach größte Schwierigkeiten haben, neue Kunden zu gewinnen sowie bestehende Kunden dauerhaft an sich zu binden.

Dabei geht es nicht darum, zu jeder Zeit alles zu wissen bzw. wissen zu können. Es ist immer auch eine Frage des Austestens, es ist ein Prozess.

> *Hören Sie nicht mit dem Testen auf und Ihr Marketing wird nicht aufhören,*
> *sich zu verbessern.*
> David Ogilvy

Diesem Zitat stimme ich voller Überzeugung zu. Wir sollten in der gesamten Customer Journey so viele Komponenten (das richtige Timing, Angebot, Botschaft, Medienmix, Touchpoints) wie möglich immer wieder testen und unser Marketing in den jeweiligen Stationen anhand der Ergebnisse kontinuierlich anpassen, korrigieren und verbessern.

### 1.2.3 (Er)Kennt dich keiner, will dich keiner

In erster Instanz geht es vor allem darum, dass die Kunden dein Angebot kennen – sei es eine Dienstleistung oder ein Produkt.

In Hinblick auf dein Angebot stellen sich folgende Fragen:

⇨ Wie genau sieht dein Angebot aus? Was bietest du an?

⇨ Welche Werte werden vertreten? Sind diese Werte zu erkennen?

⇨ Ist dein Angebot sichtbar? Wenn ja, wann und wo?

⇨ Bietet dein Angebot einen deutlichen Mehrwert für die gewünschte Zielgruppe und ist auch das auf den ersten Blick zu erkennen?

Das alles hat mit entsprechendem Marketing und mit Kommunikation zu tun. Und alles, was du mit deiner Marke, deinem Unternehmen, im Online- und Social-Media-Bereich tust, zahlt ein auf dein Sichtbarkeitskonto. Wer heutzutage nicht (digital) sichtbar ist, existiert im Grunde nicht.

Deine Außenwirkung beginnt mit Marketing. Es geht um den Aufbau der Markenpersönlichkeit. Das bedeutet, dass wir die Stärken, die Fähigkeiten, den Nutzen, das Können, die Eigenschaften unseres Angebots herausarbeiten und ganz bewusst herausstellen, um Aufmerksamkeit zu erzielen und unsere Marke zu etablieren. Dabei geht es auch darum, den Wiedererkennungseffekt zu erhöhen und die Kontinuität (eine einheitliche Botschaft) zu unterstreichen, indem wir immer wieder präsent sind und die Botschaft wiederholen.

**!  Komprimiert!**

Eine gute Marke schafft Differenzierung (sich von anderen absetzen) und Vertrauen.

Marken sorgen für eine Orientierung im Überangebot, wenn sie über eine deutliche Positionierung verfügen. Antworten darauf findest du anhand eines klaren Statements. Sprichst du die richtige Zielgruppe mit der passenden Botschaft an?

Die Positionierung ist ein ganz wichtiger Schritt im Marketingprozess. Es beginnt mit zentralen Fragen wie: Wo stehe ich und wo will ich hin? Wie positioniere ich mich und mein Angebot, um mich von anderen abzusetzen? Ganz essenzielle Fragen sind:
⇨ Wofür stehen meine Marke, mein Unternehmen und ich?
⇨ Welche Stärken zeichnen konkret mein Unternehmen/mein Angebot/mich aus und was ist mein Unique Selling Point (USP)?
⇨ Wie möchte ich (mit meinem Unternehmen, meinem Angebot) in Erinnerung bleiben?
⇨ Was sollen andere über mein Angebot sagen?
⇨ Wie will ich (mit meinem Angebot) wahrgenommen werden?
⇨ Welche Werte vertrete ich bzw. mein Unternehmen?

Hierzu sagt Frank H. Sauer in seinem Buch »Das große Buch der Werte 2019«: »Konkrete Wertvorstellungen einer Person (von mir hinzugefügt: oder eines Unternehmens) erzeugen priorisierendes Denken, Fühlen und Handeln, ausgerichtet auf die damit festgelegten wichtigen Aspekte im Leben. Langfristig kann dadurch in kollektiven Systemen eine wertvolle Kultur entstehen, sofern die Mehrzahl der Werte übereinstimmen.« (Sauer, 2019)

**Positionierung: der Upgrade Kompass**
In meinem ersten Buch »Upgrade yourself« nutze ich meinen Upgrade Kompass, um die zehn Schritte der Positionierung für Firmen, Marken, Produkte, Dienstleistungen, Menschen zu verdeutlichen.

## UPGRADE KOMPASS

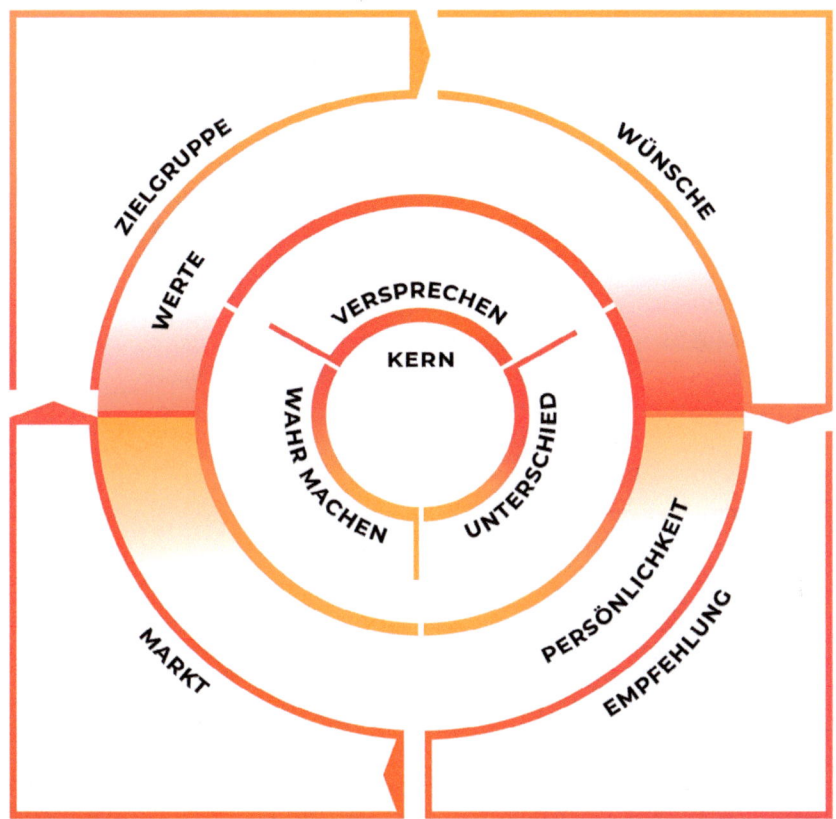

**Abb. 11:** Upgrade Kompass

Der Upgrade Kompass besteht aus fünf Abschnitten:

1. Definition, Beschreibung von Markt, Zielgruppe und Wünschen/Zielen
2. Werte & Persönlichkeit: Die Marken-/Unternehmenswerte, an die du glaubst, die du lebst und kommunizierst. Deine Stärken, die deines Unternehmens, deines Angebots
3. Versprechen: Was bietest du an und wie hältst du, was du versprichst? Wie unterscheidest du dich mit deinem Angebot von anderen? (Alleinstellungsmerkmal/USP)
4. Der genetische Code: Was ist dein »Wofür«, wie Simon Sinek es nennt, was ist der Zweck deiner Existenz, wie John Strelecky es formuliert?
5. Empfehlung/Take-out: Was sollen andere über dich und dein Angebot sagen, nachdem sie es kennengelernt und getestet haben?

**Zu 1: Beschreibung des Marktes**

In welchem Land und in welcher Region bist du aktiv? Was bietest du in welcher Branche an? In welchem Kontext bist du aktiv? Bist du im Business-to-Business (B2B)-Markt, im Business-to-Consumer (B2C)-Bereich oder im Business-to-Business-to-Consumer-Markt (B2B2C) tätig? Wie definierst du deine Marktposition?

⇨ **Beschreibung der Zielgruppe**

Für wen ist dein Angebot die richtige Entscheidung? Wie beschreibst du deine Zielgruppe? Benenne nicht nur demografische Merkmale, sondern vor allem Werte, Hobbys, Sorgen, Ängste, Wünsche oder Vorbilder. Definiere eine (oder mehrere) Persona daraus, die für deine Zielgruppe steht und gib ihr einen Namen.

⇨ **Beschreibung der Wünsche deiner Zielgruppe**

Was ist ihr größtes Problem, ihr größter Pain Point bzw. worum geht es ihr genau? Was sind ihre Wünsche? Kannst du den Kern dessen in einem Satz zusammenfassen?

**Zu 2: Werte & Persönlichkeit**

⇨ **Deine Persönlichkeit**

Wie würdest du dein Produkt, deine Dienstleistung umschreiben? Welche Stärken und Charaktereigenschaften hat dein Angebot?

⇨ **Deine Werte**

Wofür stehst du (mit deinem Unternehmen und deiner Marke)? Welche Werte vertrittst du (mit deinem Unternehmen und deiner Marke)?

**Zu 3: Versprechen**

⇨ **Deine Produktpalette**

Dein Was: Was bietest du an? Was macht dein Unternehmen? Was ist dein Angebot?

⇨ **Dein Alleinstellungsmerkmal**

Dein Wie: Was machst du mit deinem Unternehmen anders als andere? Was ist dein Unique Selling Point (USP)? Was macht dich und dein Angebot einzigartig? Wie unterscheidest du dich mit deinem Unternehmen/deiner Marke/deinem Angebot von anderen?

⇨ **Wie machst du dein Angebot wahr?**

Nochmal dein Wie: Wie bietest du deine Dienstleistungen, deine Arbeit an? Wie füllst du dieses Angebot mit Leben, wie setzt du es um?

**Zu 4: Dein genetischer Code**

⇨ **Dein Wofür:**

Wofür stehst du jeden Morgen auf? Was ist das größere Ziel in deinem Leben? Was ist der Sinn deines Lebens? Was willst du bewirken? Aber auch: Was ist das Wofür deines Angebots, der Sinn deines Unternehmens?

**Zu 5: Empfehlung/Take-out der Zielgruppe**
⇨ **Kommunikation/Wahrnehmung**

Wie soll deine Zielgruppe über dich, dein Unternehmen, dein Angebot reden? Welches Image möchtest du mit deiner Marke aufbauen? Was soll deine Zielgruppe von dir und deinem Angebot wissen? Auf welche Weise sollen sie dich weiterempfehlen?

**Kleines Resümee**

Der Upgrade Kompass hilft dir dabei, Klarheit zu schaffen, um auf die Art und Weise sichtbar zu werden, wie du erkannt und wahrgenommen werden möchtest. Ziel ist es, dass Anbieter und Produkt perfekt (zur definierten Zielgruppe) passen. Es geht um Reichweite, aber auch um Relevanz. Es geht um Sichtbarkeit, aber auch um Wirkung und Präsenz, denn der erste Eindruck ist bei einem Kauf entscheidend! Die Kraft liegt dabei – du hast es bereits in Kapitel 1.2.2 gelesen – in der Wiederholung. Sei sichtbar und zeige und repräsentiere dich, dein Produkt, deine Marke, dein Unternehmen. Immer und immer wieder. Denn (er)kennt dich keiner, will dich keiner!

Du kannst über Seitenbacher Müsli sagen, was du willst, aber das Unternehmen ist sichtbar und sehr präsent. Haribo ist omnipräsent und gehört zu den zehn bekanntesten Marken Deutschlands. Auch Coca-Cola, Parship, BMW, Allianz, Carglass, Gerolsteiner und Krombacher sind Marken, die wir immer wieder wahrnehmen – weil sie allgegenwärtig sind!

## 1.2.4   Wertschätzend, persönlich und alles außer gewöhnlich

**Komprimiert!**

Es gibt drei Wege, die Menschen im Marketing zu beeinflussen und zu gewinnen:
Man kann sie emotional berühren, begeistern und/oder an sich binden!

Letzteres ist eine wirklich nachhaltige, langfristige Beziehung mit dem Menschen. In meiner Welt als Geschäftsfrau, aber auch als Marketingexpertin ist die Kundenbindung (Kundenvertrautheit) beziehungsweise die Beziehung zum Menschen das Wesentliche. Das kann ein (potenzieller) Kunde sein, ein Mitarbeiter, Kollege oder Geschäftspartner.

Michael Treacy und Fred Wiersema haben drei generische Wertedisziplinen benannt, wie du dein Business ausrichten kannst. Wofür entscheidest du dich als Unternehmen, worauf setzt du deinen Fokus?

1. Operative Stärke (Operational Excellence)
2. Produktführerschaft (Product Leadership)
3. Kundenvertrautheit (Customer Intimacy)

**Die operative Stärke** – Hier liegt der Fokus auf der Effizienz. Es geht um gute Qualität zu einem niedrigen Preis. Dahinter stehen oft großartige operative Abläufe. Viele (inter)nationale Konzerne bieten diese operative Stärke, zum Beispiel Ikea oder ALDI.

**Produktführerschaft** – Hier geht es um Entwicklung, Design, Innovation und hohe Gewinnmargen (Premiumpreis ist möglich, da der Anbieter ein Image als Top-Marke vertritt). Die Firma funktioniert in dynamischen Märkten und handhabt eine flexible Unternehmenskultur. Diese Firmen sind sehr stark in Innovation und im Marketing, siehe Apple oder Tesla.

**Kundenvertrautheit bzw. Kundennähe** – Der Fokus bei der Customer Intimacy liegt auf der Beziehung zum Menschen. Ein Unternehmen erkennt proaktiv die Bedürfnisse des Kunden und versucht, hierauf so gut wie möglich einzuspielen. Im besten Falle geht das Angebot über die Erwartungen des Kunden hinaus. Oft ist es auch ein Produkt oder eine Dienstleistung individuell für den Kunden anstatt für die Masse. Diese Firmen schreiben Kundennähe, Zuverlässigkeit und Kundenaufmerksamkeit ganz groß. Dabei hilft ein gutes Customer-Relationship-Management-(CRM)-Tool. Amazon nutzt so eines bis in die Perfektion. Aber auch (kleine) Unternehmen im Dienstleistungsbereich wie die Schneiderin oder der Friseur von nebenan bzw. das Hotel, in dem du öfter im Jahr (als Geschäftskunde) anreist, legen großen Wert auf Kundenvertrautheit als Strategie. Denn Vertrautheit spielt ein auf Kundenbeziehung und Kundenbindung. Doch auch bei den anderen beiden Wertedisziplinen (Operative Stärke und Produktführerschaft) stellt sich die Frage: Wie kannst du diese Kundennähe bei deiner Strategie erreichen?

> **!**   **Komprimiert!**
>
> Verkaufsentscheidungen werden zu 40 Prozent aufgrund von Sympathie getroffen. Zum Vergleich: 30 Prozent wegen Bedarfs, 20 Prozent aufgrund der Angebotspräsentation und 10 Prozent aufgrund der Verkaufsargumente. Das zeigt, wie wichtig die persönliche Bindung (Kundennähe) ist.

Ein wichtiger Aspekt: Im Optimalfall schaffst du es, Menschen nicht zur zu überzeugen, sondern sie auch nachhaltig zu begeistern. Und dafür braucht es:

⇨   gefühlte Wertschätzung
⇨   persönliche Erfahrungen
⇨   Andersartigkeit

**Wertschätzung**

Der Kunde will sich verstanden und respektiert fühlen. Er möchte spüren, dass ihm ein ehrliches Interesse entgegengebracht wird, er will als Individuum wahrgenommen werden, nicht als Teil einer gesichtslosen Masse. Aus der Markenstudie »Brandshare« geht hervor, dass viele Konsumenten ihre Beziehung zu Marken gerne vertiefen würden. Allerdings haben sie häufig den Eindruck, dass Firmen ihre Kommunikation eher als Einbahnstraße sehen und nur »nehmen, anstatt auch mal zu geben« (Agentur Edelmann, 2015). Zuhören ist da ein guter Anfang. Nur 14 Prozent der Befragten gab an, sich in einer Kundenbeziehung zu sehen, die von Wertschätzung geprägt ist.

**Persönliche Ansprache und Erfahrungen**

Kunden schätzen eine persönliche Ansprache statt automatisierter Mails oder digitaler Werbung. Das Gespräch zwischen Anbieter/Verkäufer und Kunde darf und sollte auch Tiefgang haben. Dazu gehört, dass du zuhörst, dir Persönliches merkst, um bei der nächsten Begegnung wieder daran anknüpfen zu können. Kunden schätzen (auch wenn wir das manchmal nicht glauben mögen) eine klare Ansprache, Ehrlichkeit im Kaufprozess und eben auch einen kleinen Plausch. Ich glaube: Ein Händedruck ist sympathischer als ein unpersönlicher Mausklick. In meiner kleinen Umfrage gaben 70 Prozent an, dass ihnen der direkte Kontakt (Face-to-Face) wichtig ist. Und das am liebsten vor Ort (83 Prozent). Mehr als 60 Prozent sind der Meinung, dass die persönliche Ansprache vor Ort den großen Unterschied in einer digitalen Zeit ausmacht. Nur 15 Prozent der Befragten finden, dass die digitale Ansprache ausreicht, wobei das natürlich vom Produkt/der Dienstleistung und der Branche abhängt. Die Umfrage ist nicht repräsentativ und dennoch zeigt sie ein interessantes Bild: Das Persönliche steht demnach über dem Digitalen. Daraus schließe ich und habe es auch mehrfach erfahren: Es sind meist die persönlichen Kontakte mit einer Marke, die einen nachhaltigen Eindruck hinterlassen.

Auch Studien belegen (vgl. Absatzwirtschaft, 2019), dass vor allem Millennials spüren wollen, nicht konsumieren. Sie sind klassische Werbekanäle leid und wollen Marken erleben, bevor sie kaufen. Aus eigener Erfahrung kann ich sagen: Experiential Marketing (Erlebnismarketing) macht Spaß, bindet deine Kunden stärker und langfristiger. Laut Freeman und ihrer Global-Brand-Experience-Studie (2017) »plant mehr als ein Drittel der Chief Marketing Officers (CMOs), in den nächsten Jahren 20 bis 50 Prozent ihres Budgets für Markenerlebnisse aufzuwenden. Auf Erlebnismarketing reagieren Verbraucher unmittelbar. Gleichzeitig klingen die Kampagnen länger nach und haben somit größeren Einfluss auf zukünftige Konsumentscheidungen. Persönliche Interaktionen tragen wesentlich dazu bei, dass die Verbraucher die Marke und das, wofür sie steht, besser kennenlernen« (Freeman, 2017).

Folgende Satz sind mir (sinngemäß) bei meiner Recherche hängengeblieben:

**Komprimiert!**                                                                    !

Wir dürfen die Menschen begeistern, um Erinnerungen zu schaffen. Erinnerungen entstehen bei Menschen durch emotionale Erlebnisse. Diese schaffen wir durch persönliche Geschichten. Mit Geschichten schaffen wir langfristige Erinnerung. Langfristige Erinnerung schafft Loyalität.

**Andersartigkeit**

Alles außer gewöhnlich. Eben nicht 08/15 sein, sondern aus der Masse herausstechen. Die Dinge, wie ich mit meinem niederländischen Hintergrund gern sage, »lekker anders« machen. Das kann die große Strategie mit einer ganz neuen Herangehensweise sein, wie die Blue-Ocean-Strategie von W. Chan Kim und Renee Mauborgne. Der Grundgedanke ist, dass Unternehmen neue Märkte (Blue Ocean) schaffen und den Konkurrenzkampf in den umkämpften Märkten (Red Ocean) somit vermeiden. Zudem ändern sie im Produkt einige grundlegende Faktoren, die sie eben anders machen als der Wettbewerb und man somit außer Konkurrenz (also im Blue Ocean) ist.

> *The only way to beat the competition is to stop trying to beat the competition.*
> W. Chan Kim

Cirque du Soleil dient hier als schönes Beispiel. Es ist ein Zirkus, aber er ist eben doch ganz anders. Er bedient nicht das klassische Zirkusprogramm – und steht somit nicht im (direkten) Wettbewerb zu traditionellen Zirkusunternehmen.

Es muss aber nicht immer gleich die große Strategie oder das innovative andersartige Produkt sein. Es geht vor allem darum, den Unterschied zu machen. Das kann auch der Kaffee oder Cappuccino in einem gemütlichen Café sein, welches ein ganz besonderes Image oder Design hat, der kreativ beworben wird und im Laden auf besondere Art und Weise präsentiert wird.

Auch hier erwähne ich meine kleine Umfrage, weil es mehr als deutlich wurde, was Andersartigkeit für meine Teilnehmer bedeutete. Die Frage war: »Für mich als Kunde ist etwas außergewöhnlich, im positiven Sinne, wenn …«. Und alle 165 Antworten fingen an mit »…, wenn **ich** …«. Dadurch wurde erneut klar, worum es uns allen primär geht. Wir wollen, dass man auf uns eingeht, etwas ermöglicht, zuhört, (an)bietet, schenkt – das Ich in den Vordergrund stellt. Wenn du das tust, wirst du bereits als andersartig wahrgenommen, weil es eben (gefühlt) noch viel zu selten passiert. So einfach ist es eigentlich und doch für viele, wie es scheint, doch so schwer umzusetzen.

»Aus den Bedürfnissen der Menschen entsteht die Motivation, etwas zu tun. Aus dem Erlebten fühlen wir eine Begeisterung, die wiederum mit einer Emotion verbunden wird. […] Demnach sind die Zusammenhänge und die Erlebnisse ausschlaggebend, nicht der Inhalt.« (Robier, 2016) Die Kundenerlebnisse sind wichtig, denn so lassen sich Markenimage und Kundenloyalität stärken und wiederkehrende Umsätze forcieren. Und wenn sie eben ›LEKKER anders‹ sind, alles außer-gewöhnlich, verdienen sie noch mehr Aufmerksamkeit.

### 1.2.5   Alleine bist du schneller, gemeinsam kommst du weiter

Ich glaube an die Kraft des Kollektivs. In den unterschiedlichsten Facetten. Einerseits im Unternehmen in der Teamarbeit. Gemeinsam an einem Projekt arbeiten, eine Kampagne ausarbeiten, eine Strategie umsetzen. Das gilt auch für die Zusammenarbeit zwischen Abteilungen. Ich habe zum Beispiel immer die Kenntnisse der Marktforschungsabteilung geliebt und dafür gesorgt, dass wir eine gute Verbindung mit der Abteilung Research haben, die unerlässlich ist. Ebenso wie die Abteilung Vertrieb. Sätze von Kollegen wie »Kümmert ihr euch mal um die Messen, die Broschüren und das neue Logo. Wir kümmern uns um das Geld, das reinkommt« sind für mich Sprüche von gestern. Eine gute Zusammenarbeit ist absolut notwendig. Ganz im Sinne von: Alleine bist du schneller, gemeinsam kommst du weiter. Mit den jeweiligen Ressourcen, die jeder hat, das Ganze zu mehr als der Summe seiner Teile zu machen.

Ich glaube auch fest an die Kraft der Zusammenarbeit mit Geschäftspartnern. Warum allein bzw. nur intern seine Ziele erreichen und schwer dafür kämpfen, wenn es mit anderen zusammen viel einfacher geht? Ich habe 16 Jahre im Co-Marketing gearbeitet. In einer Marketingfunktion, in der wir gemeinsam mit anderen unser Marketing umgesetzt haben. Kampagnen mit teilweise fünf bis 20 Geschäftspartnern. Es war nicht immer einfach, da einen Konsens zu finden bzw. das Vertrauen aller zu gewinnen. Aber ob nun Mitarbeiter, Geschäftspartner oder Kunden: Wenn du Bindung, Commitment, Leidenschaft, Begeisterung, Vertrauen aufbauen kannst, dann sind Menschen dir wohlgesonnen und bleiben loyal. Die Art und Weise, wie du andere einbeziehst, macht den Unterschied. Und ich habe gelernt, dass man auf Vorschusslorbeeren setzen kann, wenn es mal nicht so gut läuft – weil die anderen einem positiv zugewandt sind.

Dabei darf es kein Marketing »von oben herab« sein, es geht um das Einbeziehen der Zielgruppe. Man kann es auch Mitmach-Marketing nennen oder Crowdsourcing. Das bedeutet: Mache Gebrauch von der Schwarmintelligenz deiner Zielgruppe. Du triffst dabei auf ein Grundbedürfnis des Menschen: zu helfen. Dadurch ist man Teil einer Gemeinschaft, fühlt sich verbunden und erfährt Wertschätzung.

Die Marke Fanta hat das getan und ihre jüngere Zielgruppe ins Marketing einbezogen. Sie haben Jugendliche die Marketingabteilung kapern und mitentscheiden lassen, was die Fanta-Werbung und das Storytelling betrifft. Und haben damit hervorragend die Cleverness der Jugend erkannt und genutzt: »Teens can smell bullshit from a mile away.« Der Marketingchef von Fanta sagte in einem Interview in der W&V (38/2017): »Sobald Erwachsene versuchen, in die Welt der Jugendlichen einzudringen, blocken die ab. Wir können die Teenager nur auffordern: Sagt uns, was euch an unserer Marke fasziniert, und drückt das für uns aus. So mussten wir eben umdenken.« Und so hat Fanta die Kampagne vor allem mit Fokus auf User-generated Content ausgerichtet und Influencer, Snapchat und GIG-Maker eingesetzt, um den Jugendlichen Plattformen für deren Inhalte zur Verfügung zu stellen.

Und wenn wir schon bei Fanta sind, gehen wir gleich zu der noch prominenteren Marke des Unternehmens: Coca-Cola. Denn Coca-Cola hat eine sehr erfolgreiche Mitmach-Marketing-Aktion gestartet, die sicherlich vielen in Erinnerung geblieben ist: die Kampagne »Trink ne Coke mit …«. Eingesetzt wurden beliebte Vornamen und viel genutzte Kosenamen. Ziel war es, durch die persönlichen Namen Nähe und damit Kundenbindung zu erzeugen. »Die Auswirkungen der ›Trink 'ne Coke mit … Share a Coke with …‹«-Kampagne waren absolut verblüffend. Während der ersten Aktion in Australien stieg der Verbrauch unter Jugendlichen um sieben Prozent. 378.000 Dosen Coke wurden am Kiosk bedruckt und der Umsatz stieg insgesamt um drei Prozent. In den sozialen Medien wurden 76.000 virtuelle Coke-Dosen geteilt, der Facebook-Besuch stieg um 870 Prozent, und 170.000 Tweets wurden von 160.000 Fans abgegeben.« (www.wrike.com)

Nach Beginn der weltweiten Kampagne im Jahr 2012 wurden mehr als 1.000 Namen auf Dosen und Flaschen gedruckt und mehr als 150 Millionen personalisierte Flaschen verkauft. #ShareACoke wurde sogar die Nummer eins der globalen Trending Topics. Es hat zu mehr als einer Milliarde Werbeimpressionen geführt. Die Kampagne gewann sieben Auszeichnungen beim Cannes Lions Festival, steigerte den Umsatz in den USA um 2,5 Prozent (nach einem Jahrzehnt des Rückgangs) und geht weiterhin neue und innovative Wege, die auch jetzt noch den Umsatz vorantreiben. So eine virale Kampagne wünscht sich doch jeder Marketingexperte, oder?

**!**   **Komprimiert!**

Erneut möchte ich betonen, dass es darum geht, nicht von dir und deinem Produkt oder deiner Dienstleistung auszugehen, sondern von deinem Kunden! Es geht um den Wandel vom Circle of Competence zum Circle of Customer Needs.

**Kleines Resümee**

Meine fünf strategischen Ausgangspunkte begleiten mich immer bei meiner Marketingarbeit und sind für mich ganz starke Motoren auf dem Weg zum Erfolg. Sei es eine Marketingaktion, eine ganze Kampagne oder beim Schreiben meiner Marketingstrategie. Auf allen Ebenen helfen mir die fünf Ausgangspunkte, mein (Marketing-)Ziel zu erreichen. Ich hoffe, sie können und werden auch dir bei deinen Marketingtätigkeiten behilflich sein.

Von einem »Helikopterblick« aufs Marketing hin zu einer konkreten Disziplin im Marketing: dem digitalen Marketing. Die #ShareACoke-Kampagne zeigt, was gutes (digitales) Marketing schaffen kann. Natürlich ist darum auch in diesem Buch ein (allerdings bewusst kurzer) Streifzug durch das Gestern, Heute und Morgen der Digitalisierung notwendig.

## 1.3  Digitalisierung – Gestern, heute, morgen

### 1.3.1  Ein Blick zurück

**Jedes Jahrzehnt etwas Neues**
Was hat sich in den letzten 70 Jahren in der Marketingbranche getan? Wo lag der Fokus des Marketings? Wie sah die Entwicklung in den vergangenen Jahrzehnten aus? Ich nutze hierfür sehr gerne die Einteilung in Entwicklungsstufen von Professor Manfred Bruhn, die er insbesondere für das Marketing in Deutschland wie folgt umschrieben hat:

**Entwicklungsstufen im Marketing nach Bruhn**

⇨ Produktionsorientierung in den 1950ern (reine Produktion aufgrund enormer Nachfrage in der Nachkriegszeit)
⇨ Verkaufsorientierung in den 1960ern (von der Produktion zum Vertrieb)
⇨ Marktorientierung in den 1970ern (Marktsegmentierung, Spezialisierung auf einzelne Bedürfnisse)
⇨ Wettbewerbsorientierung in den 1980ern (Betonung von Alleinstellungsmerkmalen)
⇨ Umfeldorientierung in den 1990ern (Reaktion auf ökologische, politische, technologische oder gesellschaftliche Veränderungen)
⇨ Dialogorientierung ab 2000 (interaktive Ausrichtung der Kommunikation durch Internet, E-Mails)
⇨ Netzwerkorientierung ab 2010 (Web 2.0, soziale Netzwerke, Word-of-Mouth)

Interessant zu sehen, dass sich der Fokus jedes Jahrzehnt geändert hat. Und dass wir inzwischen weg von der Marktorientierung hin zu den nutzergesteuerten, sozialen, digitalen Netzwerken gekommen sind. Die Digitalisierung ist dabei ein Wandlungsprozess, der bereits vor mehreren Jahrzehnten eingesetzt hat. Für die vergangenen 40 Jahre lässt sich die Digitalisierung wie folgt zusammenfassen (HSBC Global Research, 4/2016):

**Komprimiert!**  **!**
⇨ 1981: das Personal-Computer-(PC)-Zeitalter
⇨ 1995: das Internet-Zeitalter
⇨ 2007: das Smartphone-Zeitalter
⇨ 2016: das virtuelle Zeitalter
Und ich füge hinzu:
⇨ 2018: das Social-Media-Zeitalter
⇨ 2020: das digitale Netzwerk-Zeitalter (digitale ecosystems)

Die Entwicklungen werden immer rasanter – aber was bedeutet das für das digitale Jetzt und Hier, die Zukunft und das digitale Marketing? Was folgt 2021 und die kommenden Jahre? Wie sieht (post)modernes Marketing aus? Schauen wir einmal, was die Marketingexperten unserer Zeit dazu sagen.

## 1.3.2   Ein Blick ins Jetzt und Hier

In den 1990er-Jahren waren es Walt Disney, Roberto Goizueta von Coca-Cola, Howard Schulz von Starbucks, Ray Croc von McDonalds, also meist große amerikanische Firmen, die von sich reden machten. Aber auch die großen (auch deutschen) Werbeagenturen mischten mit und wir durften dann die inspirierenden Kampagnen für Modehäuser, Automarken oder im Food-Bereich bewundern. Sie sorgten für Begeisterung oder für Aufregung, indem sie kontroverse Anzeigen schalteten oder Billboards mit plakativer Werbung zu politischen oder gesellschaftlichen Veränderungen versahen. Das waren damals aus Marketingsicht unsere Helden, die Großen, von denen wir uns inspirieren ließen.

Heutzutage sind das andere Spieler. Klar, die US-Amerikaner sind noch immer dabei, ich nenne sie mal »The big five« und denke an Jeff Bezos von Amazon, Elon Musk von Tesla, Mark Zuckerberg von Facebook, Larry Page bzw. Sundar Pichai von Google und wenn auch verstorben, immer noch omnipräsent, Steve Jobs von Apple. Sie sind Vorreiter und stechen heraus wegen ihrer operativen Stärke oder ihrer Produktführerschaft. Und warum sind sie so erfolgreich? Ihr Fokus liegt auf Effizienz.

Wenn wir über die derzeit bekannten Marketingexperten und Vorreiter auf dem Gebiet sprechen, gibt es ganz viele, die sich als Spezialist oder Generalist einen Namen gemacht haben. Meist übrigens im digitalen Marketing. Dennoch möchte ich zwei Experten besonders erwähnen (und ich hoffe, an dieser Stelle verzeihen mir alle anderen, großartigen Marketingexperten). Zu den meines Erachtens bekanntesten internationalen Marketing-Gurus unserer Zeit gehören Gary Vaynerchuk und Neil Patel. Sie sind spezialisiert auf digitales Marketing in all seinen Facetten.

### Gary Vaynerchuk – wahrlich authentischer Pillar Content

Gary Vaynerchuk ist ein Selfmade-Millionär. Ein erfolgreicher Unternehmer, der vor allem bekannt ist, weil er als Early Adopter von Social-Media-Aktivitäten (u. a. YouTube-Filme) den Weinhandel seines Vaters erfolgreich von drei Millionen auf 60 Millionen Umsatz gebracht hat. Er überzeugt in seinen Social-Media-Aktivitäten – Millionen Menschen folgen ihm auf seinen Kanälen – durch absolute Authentizität und seine deutliche Sprache. Sein Fokus liegt auf Videos, er produziert unfassbar viel Content. Jeden Tag publiziert er eine GaryVee-Video-Experience und eine GaryVee-Audio-Experience, die er auf den unterschiedlichsten Kanälen teilt. Darin kommuniziert er auch seine Erfolgsmodelle. Einer seiner Tipps: »Watch what I do, not what I say.« Er hat eine Content-Strategie, die er ebenfalls mit den Usern teilt. Ungefähr so kannst du dir das bildlich vorstellen:

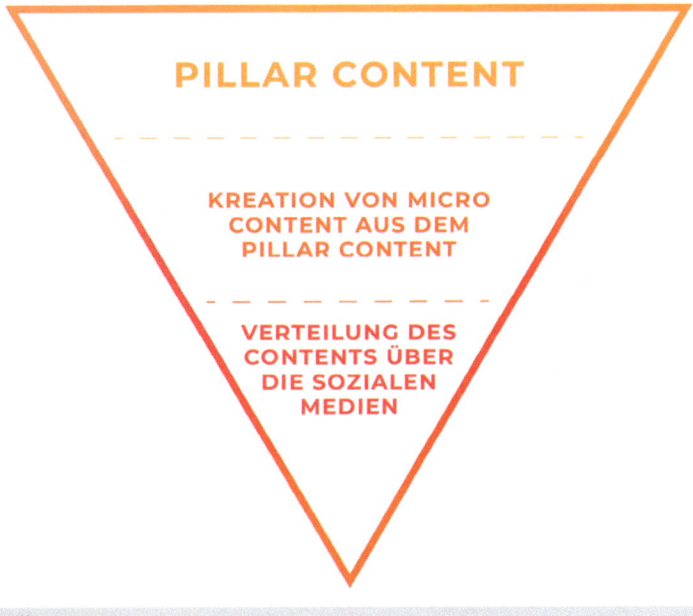

**Abb. 12:** Pillar Content

Sein Gedanke dahinter: Er produziert Pillar Content, also einen längeren Beitrag mit gutem, intelligent strukturiertem Inhalt, der sich eingehend mit einem Thema befasst. Flankierend dazu produziert und teilt er Microcontent, zum Beispiel Bilder, GIFs, Storys oder Zitate zum Thema, die den User allesamt zurück zum Pillar Content führen, zum Beispiel auf YouTube. Gary will so viele Klicks wie möglich innerhalb der ersten 60 Minuten generieren. In einer Analyse schaut er (bzw. sein Team) nach einer Stunde, welcher Content am besten lief und arbeitet mit dieser Erkenntnis weiter.

**Komprimiert!**

Das Erstellen von Pillar Content ist ein Prozess in einer Endlosschleife: kreieren – verteilen – analysieren – kreieren – verteilen – analysieren.

Ein anderer Tipp von ihm ist das Thema »Lebensnähe«. Er ist kein Befürworter von zu viel künstlich und immer wieder neu produziertem Inhalt. Er ist vielmehr der Auffassung, dass man einfach aus dem Leben heraus dokumentieren sollte, was einem gerade im Kopf herumschwirrt, ganz authentisch.

**Neil Patel – Meister des Content- und SEO-Marketings**

Nun zu dem zweiten Marketing-Guru, den ich dir vorstellen möchte: Neil Patel. Er hat mit 16 Jahren seine erste eigene Webseite gebaut und ist seitdem im Onlinebusiness tätig. Er hat viel erreicht, wurde hoch gelobt, hat alles wieder verloren, neu angefangen und wieder viel erreicht – dabei hat er immer Durchsetzungsvermögen bewiesen. Heute ist er ein Meister im Content-Marketing. Einer seiner Erfolgstipps: Dranbleiben! Das ist in seinen Augen entscheidend – egal auf welchem Social-Media-Kanal, auf welcher Webseite du auch bist. Mit deinem Produkt, deiner Dienstleistung, deiner Marke. Er selbst legt seinen Fokus auf seine Blogs und sorgt für eine riesengroße Reichweite seiner eigenen Webseiten. Er teilt auf seinen Social-Media-Kanälen sein Wissen mit allen, die von ihm lernen wollen. Vor allem im Hinblick auf Suchmaschinenoptimierung (SEO): SEO-Copywriting, SEO-Kennzahlen, SEO-Tipps für Anfänger, SEO für Fortgeschrittene, SEO für E-Commerce, SEO-Hacks für Start-ups. SEO- und Content-Marketing sind zwei seiner Steckenpferde und so plädiert er dafür, dass man die Hälfte der Zeit in das Produzieren von Content stecken sollte und die andere Hälfte in seine Distribution.

> **!   Komprimiert!**
>
> Wer nicht distribuiert, wird keinen Erfolg haben, so formuliert es Neil Patel.

Nur wenn der Content auch geteilt und verbreitet wird, hat er einen Mehrwert. Dabei darf man nicht zu ungeduldig sein, es kostet Zeit, es ist keine Über-Nacht-Erfolgsstory.

Beide, Vaynerchuk und Patel, sind übrigens nicht nur Marketingexperten. Sie sind aufgrund ihrer Expertise, Sichtbarkeit, Qualität und dem authentischen Auftreten bereits eine Marke für sich. Sie erreichen und begeistern unfassbar viele Menschen mit ihrer Botschaft und mit dem, was sie tun, können und bieten.

Und das sind nur zwei von vielen begabten und erfolgreichen digitalen Marketingprofis. Die einen sind Generalisten, die anderen sind Spezialisten mit jeweils unterschiedlichem Focus, sei es SEO, Content-Marketing, LinkedIn, Video-Marketing, Influencer-Marketing oder Podcast-Marketing. Interessant ist, dass die meisten von ihnen sich auf einen Bereich fokussiert haben und meistens schon seit geraumer Zeit dabei sind. Early Adopters in dem Bereich des digitalen Marketing eben.

Die moderne Marketingvariante? Sie ist auf jeden Fall digital!

## Digitales Marketing: eine Begriffsklärung

Digitales Marketing ist jede Form von Marketing, die digitale Plattformen nutzt, um Dienstleistungen und Produkte zu bewerben – und somit potenzielle oder bestehende Kunden durch computerbasierte bzw. digitale Systeme oder Technologien, in den meisten Fällen online, erreicht.

Denke dabei nur an die unterschiedlichen Onlineplattformen, Webseiten, Online-Ads auf deinen Social-Media-Kanälen wie Bannerwerbung, Video- oder Audioinhalte, Influencer-Werbung, Online-PR oder an Webinare. Neben unzähligen Kanälen und Contenttypen gibt es auch eine riesige Bandbreite an Werbemodellen, z. B. Pay-per-Click (PPC), bei dem der Werbetreibende für jeden Klick auf seine Werbung bezahlt. Google ist mit seinem AdWords-Werbesystem der Vorreiter in der PPC-Werbung. Suchmaschinen-Marketing im Allgemeinen (SEO und SEA) hat sich in den vergangenen fünf Jahren zu der dominierenden Online-Marketingdisziplin entwickelt. Die großen digitalen Plattformen sind die Profiteure des digitalen Trends.

**Onlinekampagnen – Ein Paradigmenwechsel**
»Der Paradigmenwechsel von analog zu digital zieht sich durch die meisten Bereiche unserer modernen Gesellschaft. Auflagen- und Reichweiteneinbußen von Zeitungen und Magazinen machen das Werben in den Printmedien immer unattraktiver. Die klassischen Medien TV und Print verlieren Reichweite, Seher und Auflagen – und daher auch Werbeumsätze. Ausgaben für Radio- und TV-Werbung sind 2020 im Vergleich zu 2019 um knapp zehn Prozent gesunken.« (Statista Advertising & Media Outlook, 2020) Denn erneut: Wir folgen heutzutage dem Kunden – und das bietet unglaublich viele Chancen, denn online hast du immer mehr und viel flexiblere Möglichkeiten, Werbeinhalte zu platzieren. Online kannst du Marketingbotschaften direkter und personalisierter an den Konsumenten übertragen, was mit den traditionellen Medien weit schwerer und kostenaufwendiger zu realisieren war und ist. Zudem erlauben die digitalen Medien eine umfangreichere und schnellere Datenerhebung, wodurch ihre Wirkung in Echtzeit transparent wird.

2019 wurde laut europäischem Wirtschaftsverband der Online-Werbebranche (Interactive Advertising Bureau Europe, IAB Europe) in den europäischen Ländern zum ersten Mal mehr Geld für Werbung in den Onlinemedien investiert als in klassische Medien wie Fernsehen oder Zeitungen. In den vergangenen zehn Jahren sind die Werbeausgaben in 28 europäischen Ländern für Onlinemedien kontinuierlich gestiegen (zuletzt 64,8 Milliarden Euro), hingegen sinken die Ausgaben für andere Medien kontinuierlich (zuletzt 63,7 Milliarden Euro).

---

**Komprimiert!**                                                                !

Deutlich zu erkennen ist, dass sich ein massiver Umbruch im Werbemarkt abzeichnet: Streamingdienste statt klassisches Fernsehen, digitale News auf dem Smartphone anstelle der gedruckten Zeitung, Austausch in den sozialen Medien wie Facebook oder Google und Dating-Apps statt persönliche Treffen.

---

Der Markt bewegt sich natürlich mit und die Unternehmen investieren ihr Geld verstärkt in Onlinemedien.

Im Jahr 2020 hatte laut Statista Advertising & Media Outlook die digitale Werbung auch in Deutschland erstmals einen höheren Anteil (51 %) am Gesamtumsatz der Werbebranche als traditionelle Werbung. Diese Entwicklung ist längst weit mehr als ein Trend. Und wir müssen das für unsere Maßnahmen, unsere Kunden und Strategien immer wieder in den Fokus rücken!

**Digitales Chaos**

Instagram, Facebook, YouTube, Pinterest, LinkedIn, Xing, Snapchat, TikTok, Twitter oder WeChat: Es herrscht ein unfassbarer Overload an Content, nahezu ein digitales Chaos. Schauen wir uns zunächst ein paar Fakten von Brandwatch.com zu 2019 an:

⇨ Die Weltbevölkerung beträgt 7,7 Milliarden Menschen (Mai 2019), das Internet hat weltweit 4,4 Milliarden Nutzer und es gibt 3,499 Milliarden aktive Social-Media-Nutzer (Zuwachs allein zwischen April 2018 und April 2019: 202 Millionen User, was bedeutet, dass alle 6,4 Sekunden ein weiterer hinzu kam). Internetnutzer haben im Durchschnitt 7,6 Social Media-Accounts und im Durchschnitt verbringen wir jeden Tag 142 Minuten auf Social Media.

⇨ Allein auf WordPress, einem frei zugänglichen Content-Management-System, werden jeden Monat 70 Millionen Blogposts veröffentlicht. Die Top 3 Content-Marketing-Tools sind Social-Media-Content (83 %), Blogs (80 %) und E-Mail-Newsletter (77 %).

⇨ Facebook konnte 2019 im Schnitt täglich acht Milliarden Video-Views von 500 Millionen Nutzern verzeichnen. Auf Facebook kommen jeden Tag 500.000 neue Nutzer hinzu; das sind sechs neue Profile jede Sekunde. 74 Prozent der Facebook-Nutzer checken die Plattform jeden Tag.

⇨ Auf YouTube werden jede Minute 300 Stunden Videomaterial hochgeladen und jeden Tag eine Milliarde Stunden YouTube-Videos angesehen. Der durchschnittliche Nutzer sieht sich jeden Tag 40 Minuten lang Inhalte auf YouTube an.

⇨ Auf Instagram gibt es 800 Millionen monatlich aktive Nutzer. Jeden Tag werden mehr als 95 Millionen Fotos hochgeladen. Täglich werden 4,2 Milliarden Likes auf Instagram vergeben und mehr als 40 Milliarden Fotos geteilt.

Was bereits mehr als deutlich wird: Es ist ein riesiger Markt mit unfassbar vielen digitalen Möglichkeiten und enormem Potenzial (bezüglich Zielgruppen, Reichweite usw.). Gleichzeitig ist eine Onlinewelt entstanden, die durch ihr Unmaß an Einträgen, Updates, Bildern, Geschichten, Storys, Events, Filmchen, Tipps, Ideen, Produkte unüberschaubar geworden ist. Genau da liegt für viele Unternehmer und Unternehmen die große Herausforderung: Wie kann man hervorstechen, wie wird man überhaupt noch wahrgenommen? Wie funktioniert erfolgreiches digitales Marketing?

> *Frühere Generationen haben ihr Leben den Medien angepasst –*
> *meine Generation erwartet, dass sich die Medien ihnen anpassen.*
> Philipp Riederle

**Digital ist das neue Normal**

Digitale Innovationen sind längst Bestandteil des digitalen Marketings. Und auch in unserem Alltag hat der ganze Fortschritt längst Einzug gehalten. Einige aktuelle Entwicklungen (März 2021) sind:

⇨ Wenn es um Content-Marketing geht, bekommen Podcasts (Mediendatei Audio oder Video) zurzeit die meiste Aufmerksamkeit. Überhaupt ist ein digitaler Audiotrend zu erkennen. Gerade ist das ›Clubhouse‹, eine audiobasierte Social-Network-App, in aller Munde und Ohren. Hype oder Trend? Das wird sich zeigen. Während ich dieses Buch schreibe, ist das noch nicht ersichtlich.

⇨ Online-Video-Content nimmt stetig zu. Bewegtbilder bleiben wichtig und werden immer wichtigere Bausteine im digitalen Marketing.

⇨ Die Social-Media-Kanäle fragmentieren sich weiter und es ist zu erkennen, dass sie auch als Shopping-Plattform Gewicht bekommen.

⇨ Ein weiterer Hype dreht sich um TikTok, ein chinesisches Videoportal. Es hat insgesamt 800 Millionen Nutzer weltweit. (Oberlo.de, 01/2021) Während ich dieses Buch schreibe, hat TikTok laut Branchendienst Sensor Tower im ersten Quartal 2020 weltweit 350 Millionen Neuinstallationen, davon 45 Millionen in Europa. Deutschland zählt derzeit (Stand 10/2020) 10,7 Millionen Nutzer, im November 2019 waren es erst 5,5 Millionen. Und wenn du das Buch liest, werden die Nutzerzahlen sich wahrscheinlich exponentiell geändert haben.

⇨ Streaming-Plattformen wachsen wie Pilze aus dem Boden, denke nur an Netflix, Twitch oder Disney.

⇨ Datenschutz: Auch Marketingexperten sehen sich mit den neuen Datenschutzgesetzen konfrontiert, können zugleich aber viel gezielter digitales Marketing betreiben – sofern sie die Richtlinien einhalten! Der Schutz der Privatsphäre und das Bewahren des dadurch gewonnenen Kundenvertrauens sind weiterhin von zentraler Bedeutung. Marketingexperten werden verstärkt Daten verwenden und verstehen wollen, wie Zielgruppen und kreative (Marketing-)Maßnahmen miteinander interagieren, um so gewünschte Handlungen innerhalb jeweiliger Systeme vorantreiben zu können. Nur wenn das gelingt, werden Zielgruppen, Kunden und jeweilige Prozesse auch wirklich verstanden werden können.

⇨ Sogenannte Micro Moments beschreiben den Schnittpunkt zwischen User Experience, Customer Journey und Mobile Usage. Die extreme Nutzung des Smartphones sorgt dafür, dass der Verbraucher fast 24/7 online (erreichbar) ist. Der Erfolgsschlüssel liegt daher im Mobile Content, der schnell und ohne viel Zeitverlust konsumiert werden will (Snackable Content). Marken haben erkannt, dass guter Content mit dafür verantwortlich ist, anspruchsvolle Kunden an die Marke zu binden. Content-Marketing liefert immer mehr Nutzen, der sich unter Begriffen wie Entertainment, Information und dem notwendigen Bilden einer Brand Affinity bzw. Markenaffinität zusammenfassen lässt. Und zwar nicht als losgelöstes Tool, sondern integriert in die Marketingstrategie.

⇨ Neues SEO (via sprachgesteuerte Suche) wird relevant. Um die sprachbasierte Suche zu optimieren, empfehlen Experten herauszufinden, wonach Kunden überhaupt via Stimme suchen, denke zum Beispiel an Alexa und Co. Mittlerweile wird auch in Suchmaschinen wie Google viel mehr sprachgesteuert gesucht. Und das birgt wieder neue Möglichkeiten und neue Herausforderungen, auch was SEO betrifft.

Die Konsequenz für ein solches Nutzerverhalten, das sich schier zu verselbstständigen scheint: (Digitale) Werbemaßnahmen folgen dem digitalen Nutzerverhalten. Kenntnisse über die Nutzer und das Denken in Zielgruppen bzw. aus Sicht von Peer Groups und Peer Kulturen bleibt also essenziell für deine künftigen Marketingstrategien!

### 1.3.3 Ein Blick voraus

Wir dürfen uns immer wieder bewusst machen, dass die Digitalisierung weiter greift, alle Lebensbereiche und -räume berührt – sie hat Einfluss auf unsere gesamte Gesellschaft. Karl-Heinz Land, Visionär, Berater, Keynote Speaker, formuliert so trefflich:

> *Digitalisierung ändert nichts ... nur ALLES.*
> Karl-Heinz Land

Beim Blick voraus sind auch Zukunftsforscher gefragt. Digitalisierung ist laut dem Zukunftsforscher Gerd Leonhard kein neues Phänomen. »Über selbstfahrende Autos sprechen wir schon lange genauso wie über Industrie 4.0 oder Virtual Reality. Der technische Fortschritt ist irreversibel. Das gilt auch für die Digitalisierung. Die digitale Transformation ist nicht mehr aufzuhalten. Ökonomen sprechen von der vierten industriellen Revolution.« (Absatzwirtschaft, 2020) Sein Resümee? Dass Science-Fiction immer häufiger zu Science Fact wird. Auch andere Experten sind sich sicher:

**!** **Komprimiert!**
Was digitalisiert werden kann, wird digitalisiert. Was vernetzt werden kann, wird vernetzt. Was automatisiert werden kann, wird automatisiert. Was robotisiert werden kann, wird robotisiert.

Mit dem Nutzen von Kreditkarten, Smartphones und auch über unser Online-Konsumverhalten bei Amazon & Co. machen wir uns selbst zur Persona »Big Data«, unsere Daten werden häufig ohne unser Wissen kontinuierlich gesammelt und analysiert. Und wenn Alexa & Co. diese Daten in Zukunft vermehrt nutzen und möglicherweise noch Augen zum Sehen haben, dann werden sie uns künftig auf Schritt und Tritt virtuell begleiten. Dem sind sich viele meiner Ansicht nach noch gar nicht so bewusst. Die Richtlinien für Datenschutz werden und müssen verstärkt darauf eingehen. Als Marketingexperten können wir einerseits sehr viel an Informationen für uns gewinnen, andererseits haben wir die Verantwortung, eine gewisse Ethik zu wahren.

Die Absatzwirtschaft beschreibt in einem Artikel eindringlich, dass der Verbraucherroboter auf dem Vormarsch ist. Und 70 Prozent der Verbraucher glauben laut einer Konsumentenstudie von Ericsson (2019) zu Marketingtrends, dass virtuelle Assistenten innerhalb von drei Jahren Kaufentscheidungen für sie treffen werden. Einige Forscher sind sogar noch einen Schritt weitergegangen und behaupten, dass in einigen Jahren 85 Prozent der Kaufentscheidungen ohne menschliche Interaktion stattfinden werden. Virtuelle Realität (VR) wird immer mehr zu einem viel genutzten (Marketing-) Tool. VR spiegelt Wirklichkeit eins zu eins wider (zumindest in der Theorie). Sie begrenzt sich nicht auf bestimmte Inhalte und ist im laufenden Prozess die Digitalisierung der menschlichen Wahrnehmung. Ein spannender Prozess, der immer mehr an Fahrt aufnimmt.

Auch die Kommunikation ändert sich, wird digitaler. Maschinen, Produkte, Verpackungen werden mit Chips und QR-Codes versehen und kommunizieren ständig miteinander. Winzige Speicher, Sensoren und Sender werden dafür eingesetzt. Onlineplattformen sind gang und gäbe, die Technik und die Software machen es möglich. Der Kundenkontakt vor Ort wird limitiert. Denke nur an Airbnb, About You, Ebay, Amazon. Windowshopping wird Realität, eingekauft wird via Smartphone. Allein im ersten Corona-Jahr 2020 hat sich das ganz extrem gezeigt. Aber auch andere Branchen (Gesundheitswesen, Bürobedarf, Automobilbranche) werden in Zukunft verstärkt auf digitale Angebote setzen (müssen). Ob 3D-Druck, Robotik, Virtual Health – das digitale Angebot wächst exponentiell. Und das Ganze findet statt in einem komplexen System, in dem wir leben, in einem Netzwerk von Netzwerken. Medien und Kommunikation verändern sich immer rascher. Technologien überrumpeln und (über-)fordern Firmen und Menschen. Und das ist nicht immer einfach. Das alles fordert uns: sozial, geistig und in unserem Handeln, in unserer Haltung (vgl. Manager Magazin (05/2020, Heft 266). Glaubt man der Studie der Unternehmensberatung Bearing Point im Artikel des Manager Magazins, würden viele Unternehmen zum Beispiel gerne künstliche Intelligenz einsetzen, zwei Drittel der Unternehmer geben allerdings an, keine Ahnung zu haben, wie sie sich der Thematik nähern sollen.

Frank Thelen beschreibt in seinem Buch »10xDNA: Das Mindset der Zukunft« (2020) einige erfolgreiche digitale Beispiele. Über Unternehmen, die bereits neue Wege gehen, wie etwa das Spyce Restaurant mit digitaler Küche. Hier können die Gäste auf Touchscreens ihr Essen auswählen und bestellen. Anschließend werden die dazu benötigten Zutaten in der richtigen Menge automatisch in einen Wok befördert und die Speisen von einer Roboterhand umgerührt. Nach der Ausgabe der Speisen wird der Wok automatisch gereinigt, um wenige Minuten später wieder zur Verfügung zu stehen. Dieses Schauspiel können sich die Gäste live anschauen, so dass die Wartezeit durch Entertainment verkürzt wird.

Ein anderes Beispiel sind die Koncept Hotels. Ich habe im vergangenen Jahr den Gründer getroffen. Das Kölner Start-up hat 2018 den Digital Leader Award in der Kategorie »Invent Markets – neue Märkte erfinden« gewonnen. Check-in und Check-out werden vollständig über eine App abgewickelt. Im ersten Koncept Hotel in Köln wird auf Servicepersonal komplett verzichtet. Die Idee des durchdigitalisierten Hotels ohne eigene Rezeption kam bei der Jury gut an.

> **!** **Komprimiert!**
>
> Die Idee hinter diesen beiden Konzepten? Schneller, genauer und kostengünstiger zu sein. (Prozess-)Optimierung könnte man auch sagen. Der digitale Trend spielt ein auf eine 24/7-Gesellschaft: überall und zu jeder Zeit verfügbar zu sein.

Doch wie ist diese Entwicklung, wie sind solche Konzepte einzuschätzen und zu bewerten?

## 1.3.4   Grenzen, Herausforderungen und Chancen

**Grenzen – Wann ist es genug?**
Der Zukunftsforscher Gerd Leonhard prognostiziert, dass die Welt sich in den nächsten 20 Jahren mehr ändert als in den 300 Jahren zuvor. In wenigen Jahren soll bereits der erste Roboter existieren, der einem Menschen in puncto Intelligenz ebenbürtig ist. Allerdings gibt es Grenzen – und ich sage: hoffentlich. Bei diesen Grenzen geht es vor allem um unsere emotionale Intelligenz, um Kreativität, zwischenmenschliche Faktoren, Gefühle, Leidenschaft, Vorstellungskraft, Respekt oder Meinung.

Ein Experiment von Microsoft auf Twitter zeigte 2016 diese Grenzen. Der Chatbot Tay war eine »künstliche Intelligenz«, ein Mädchen, das twittert. Tay brachte sich alles selbst bei und lernte durch das Chatten. Innerhalb weniger Stunden hatte sich die freundliche Tay jedoch in eine hasserfüllte Rechtsradikale verwandelt. Das Experiment hat gezeigt, wie eine lernende künstliche Intelligenz aus dem Ruder laufen kann. Ob es nur eine Frage der Zeit ist, bis wir diese Grenzen auch überwunden haben, oder ob wir gewisse Grenzen einfach nicht überschreiten (wollen), wird die Zukunft zeigen.

**Kleines Resümee**
Unsere Zukunft wird gestaltet mit dem Fokus auf allem, was digital und automatisiert ist bzw. werden kann. Immer mehr werden die Wissenschaft, die Produktion und auch das Marketing den Einsatz von digitalen Plattformen, digitalen Tools und Apps, wie auch Robotern im Blick haben. Das wird in vielerlei Hinsicht den Fortschritt ausma-

chen, Neues ermöglichen (von dem wir jetzt vielleicht noch gar nicht wissen, was genau) und Bestehendes erleichtern.

Und dennoch schließe ich mich den Worten von Leonhard an. Er hat so schön formuliert:

> *Alles, was NICHT digitalisiert, automatisiert, robotisiert werden kann,*
> *wird immer wertvoller.*
> Gerd Leonhard

Wir dürfen dafür sorgen, dass bei aller Technologie und Automatisierung der Mensch im Fokus bleibt. Mit all seinen Wünschen, Emotionen, Ängsten und Hoffnungen. Das ist mein Wunsch – und das beherzige ich. Und ich hoffe, du auch. Denn das sorgt meines Erachtens für den nötigen Unterschied, den Mehrwert.

### Herausforderungen und Chancen

Vor welchen Herausforderungen steht die Branche, steht das Marketing, stehen wir in der heutigen Zeit – und mit dem Blick auf morgen?

⇨ Marketing und Zielgruppen sind ständig im Wandel – was heute passt, ist morgen schon Schnee von gestern.

⇨ Der Trend geht von Ego zu Öko. – Der Blick richtet sich auf den Sinn des Lebens, den Sinn des Konsums (das Wofür) und auf Nachhaltigkeit.

⇨ Der Wunsch nach Kreativität ist groß. – Es werden Kampagnen gewünscht, die nicht nach Werbung aussehen. Storytelling ist der Schlüssel. Storytelling, das auf die Zielgruppe eingeht.

⇨ Herausfordernd ist der Anspruch, Markenerlebnisse zu personalisieren – und dabei in unserer digitalen Zeit sowohl persönlich als auch authentisch mit der Zielgruppe zu kommunizieren. Wobei die Themen individuelles Omni-Channel-Management, individuelle Kundenbetreuung in allen Phasen der Customer Journey (Zyklen eines Kunden im Kaufprozess) und konsistente Kundenerfahrung entlang aller Touchpoints Aufmerksamkeit bekommen sollten (siehe Kapitel 1.3.2).

⇨ Daten müssen analysiert und verknüpft werden. – Dabei kollidieren die Themen »Qualität der Daten« (Künstliche Intelligenz) und »E-Privacy«, das für die Kunden – und damit auch für uns – immer wichtiger wird. Es geht um Personalisierung vs. Datenschutz. Die Datenschutzgrundverordnung (DSGVO) lässt grüßen – und verschärft die Richtlinien zugunsten der Verbraucher immer mehr. Kein einfaches Thema. Drei von vier Marketers haben in der Chief-Marketing-Officer-(CMO)-Studie 2019 das Thema ›Personalisierung‹ als einen der größten Trends angegeben. Dabei sind die Integration und die Nutzung von künstlicher Intelligenz (KI) essenziell, um Big Data und Personalisierung datenschutzkonform und sensibel einzusetzen. Die Absatzwirtschaft schreibt im September 2020: »Über der Zukunft des Targetings schwebt ein scharfes Damoklesschwert: die E-Privacy!«

⇨ Eine Herausforderung bleibt auch die Content-Optimierung – die Nutzer mit dem richtigen Inhalt auf den richtigen Plattformen zur richtigen Zeit zu erreichen und vor allem nachhaltig zu begeistern, und das bei all der Flut auch an bereits vorhandenen Inhalten. Guter Content ist keine Taktik, sondern wird zu einem echten Unternehmenswert. Wo es früher hieß, »Content is King«, wird jetzt der Content zum »Emperor«.

⇨ Der Aufbau und die Pflege von Beziehungen zu den relevanten Zielgruppen bleibt nach wie vor wichtig, denn nur so kannst du (dauerhaft und stabil) Kundenbindung erzielen. Es geht um deine Interaktion mit der Zielgruppe in hoher Qualität und es bleibt herausfordernd, das richtig umzusetzen.

⇨ Wachsende Bedeutung von Visualität – Das bewegte Bild bekommt noch mehr Bedeutung und hat eine große Hebelwirkung. Hier zählt das Credo »Videomarketing is King«, zum Beispiel durch Augmented Reality (computergestützte Erweiterung der Realitätswahrnehmung) für Onlineshops, um konkrete Kaufentscheidungen positiv zu stimulieren.

**Fang in deinem Unternehmen an**

Es gibt natürlich auch Herausforderungen, denen sich ein Unternehmen intern stellen muss:

⇨ Es geht darum, eine integrale Geschäftsführung zu realisieren, anstatt einzelne Silos im Unternehmen aufrechtzuerhalten. Die Marketingabteilung ist häufig nicht (ausreichend) in die gesamte Unternehmensstrategie eingebettet bzw. involviert. Ziel ist es, Teil der Unternehmensstrategie zu sein. Die Zusammenarbeit mit anderen Disziplinen, etwa dem Vertrieb, ist für den gesamtunternehmerischen Erfolg entscheidend.

⇨ Werbebudgets werden in vielen Unternehmen gekürzt. Und zugleich besteht der Wunsch der Firmen, mit weniger finanziellen Mitteln mehr zu erreichen.

⇨ Mangelnde (Daten-)Kompetenz – Die Digitalisierung erfordert ein notwendiges digitales Know-how im eigenen Unternehmen. Allerdings sind die meisten Unternehmen noch nicht entsprechend aufgestellt, um den digitalen Anforderungen gerecht zu werden.

⇨ Herausfordernd bleibt auch der Fokus auf den Kunden. – Viele Unternehmen (64 %) sind auf Wachstum aus. Kundenbindung, Kundenrentabilität und Customer Experience stehen im Ranking um einiges weiter unten. 54 Prozent der Befragten gaben an, nicht genügend Fokus auf den Kunden zu haben (vgl. Deutscher Marketing-Verband, DMV-Studie 2017).

⇨ Eigene Überzeugung und Effektivität – In der DMV-Studie wird auch deutlich, dass der Großteil der befragten Marketingmitarbeiter von der eigenen Leistung nicht überzeugt ist. Zudem geben mehr als 60 Prozent an, nicht die richtigen Daten zu haben, um die Effektivität ihrer Kampagnen/Maßnahmen nachzuweisen.

Da frage ich mich, wenn wir Marketingleute selbst nicht von unserer Arbeit überzeugt sind, wer denn dann?

**Kleines Resümee**

Das Marketing von heute und morgen ist hauptsächlich digital und die genannten Herausforderungen haben daher auch vor allem mit digitaler Transformation zu tun – also den Übergang von einer durch analoge Technologien geprägten Gesellschaft und Wirtschaft in das Zeitalter der Digitalisierung. Es gibt keinen Standard-Blaudruck für Marketingexperten und für Unternehmen, um sich daran entlang zu hangeln. Das ist auch nicht realistisch. Jede Firma, jedes Produkt und jede Zielgruppe (sowie alles in Kombination) tickt anders. Aber klar ist, dass die Zukunft bestehen wird aus digitalem Marketing verbunden mit den unterschiedlichsten Technologien. Veränderungen stehen bevor in Bezug auf die Organisation, die (Unternehmens-) Kultur, Geschäftsmodelle, Prozesse, IT-Anwendungen, Wertschöpfungsketten und digitale Serviceinnovationen. Es ist ein Prozess, in dem sich einige Unternehmen und Institutionen schon seit Jahren befinden, andere erst jetzt erahnen, was alles auf sie zukommen wird. Ein Wandlungsprozess, der seit der Industrialisierung einer der größten ist. Unternehmen und ihre Mitarbeiter sind gefordert und müssen ihre Kompetenzen immer wieder neu entwickeln, um den Herausforderungen gewachsen zu sein. Da ist ganz sicher noch Luft nach oben – und ebenso viele Chancen sind damit verbunden! Ich sehe eine Komplexität, Unübersichtlichkeit, einen Overload und ein Datenchaos aufgrund eines Überangebotes im (digitalen) Marketing. Parallel sehe ich, dass der Fokus auf allem liegt, was digital ist: die digitale, persönliche Ansprache (trotz Herausforderungen im Bereich E-Safety und Datenschutz), Virtual Reality, der Einsatz von künstlicher Intelligenz und Robotisierung, die Entwicklung weg vom Wort hin zum (digitalen) Bewegtbild. Digitale Personifizierung, Steigerung in Effizienz und (Service-)Schnellheid. Ich bin mir sicher, dieser Weg ist nicht mehr aufzuhalten und das ist auch gut so. Wir sollten uns nicht dagegen sperren, sondern sensibel und effektiv damit umgehen.

## 1.4   Und jetzt? – Es geht um mehr als Marketing

*Hinter jedem Tweet, Share und Kauf steckt eine Person. Kümmere dich mehr um*
*diese Person als um den Rest.*
Shafqat Islam

Du hast nun kurz und knackig einen Überblick bekommen, was Marketing bedeutet, wie das Fachgebiet sich entwickelt hat, wo wir heute stehen und wohin wir steuern werden– immer mit Blick auf die Trends, die sich verzeichnen lassen bei Zielgruppe, Gesellschaft, Marketing und Marketingfirmen. Und auch hier spielt die Digitalisierung natürlich eine Rolle.

Diese Trends solltest du nicht nur im Auge behalten – sondern verinnerlichen und leben:

⇨   hin zu Tiefgang und Sinn – weg von Oberflächlichem

⇨   hin zu Nachhaltigkeit und wertvollem, wertschätzendem Umgang miteinander –
weg von der Wegwerfkultur und einer gleichgültigen Grundhaltung

⇨   hin zu Gemeinschaft und gemeinschaftlichen Werten – weg von Egoismus und Silo-
denken

Mehr als deutlich ist, dass wir überflutet werden von Marken, Kampagnen, Botschaften, Impulsen. Und dass die Aufmerksamkeit all dem gegenüber immer mehr sinkt. Ich habe dir meine fünf Marketing-Erfolgsmechanismen wiedergegeben, die auf die Zielgruppe eingehen, deren unterschiedliche Phasen der Kundenreise und deren Wunsch nach Wertschätzung, persönlicher Ansprache und einem Dialog, ihrem Wunsch nach Andersartigkeit – ein erster Ansatz, um die Aufmerksamkeit für dich zu gewinnen.

> **!** **Komprimiert!**
>
> Daher vergiss bitte nicht: Es geht im Marketing, aber auch im Leben allgemein, um den ehr-
> lichen, respektvollen Blick auf und Umgang mit den Menschen.

Und daher beginnt und endet es hier im ersten Kapitel, wie auch im Kontext Marketing, mit dem Menschen – ganz analog. »Mehr als Marketing« meint Menschen erreichen und begeistern. Der Mensch, der (potenzielle) Kunde verdient so viel mehr Aufmerksamkeit und persönliche Ansprache als eine rein digitale (personalisierte) Kommunikation. Darauf gehe ich nun in Kapitel 2 ein.

# 2  PREMIUM & VIP – MEHR ALS MARKETING

In diesem Kapitel, im PREMIUM-Teil, betrachten wir das Thema »Mehr als Marketing«. Das MEHR in all seinen Facetten von A bis Z und die notwendige Kommunikation (verbal und nonverbal), den persönlichen Approach (Human Touch) und die Extras, die für deinen ganz besonderen Effekt sorgen. Das Erfolgs-ABC sozusagen, bestehend aus 26 Elementen.

Zu jedem der 26 Elemente gibt dir eine erfolgreiche Person (VIP) aus spannenden Firmen persönliche Einsichten in ihr Verständnis von Marketing und dem jeweiligen ABC-Element.

## 2.1   Attention please!

*Qualität bedeutet, der Kunde kommt zurück, nicht die Ware.*
Hermann Tietz

Das Verhalten von Kunden und Verbrauchern ändert sich rapide. Und Markt und Marketing tun es auch. Allein im Jahr 2019 wurden laut dem Deutschen Patent- und Markenamt (DPMA) 73.633 neue (!) Marken in Deutschland angemeldet. Damit waren laut DPMA 2019 insgesamt 830.319 Marken in Deutschland registriert.

Was will ich dir mit diesen Zahlen sagen? Sei wach und bleibe aufmerksam, die Konkurrenz ist groß! Du darfst kontinuierlich um dich schauen und deine (potenziellen) Kunden und auch den Wettbewerb beobachten, dich in deine Zielgruppe hineinversetzen, ihre Bedürfnisse und deren Veränderung wahrnehmen und verstehen. Sei flexibel und bereit dafür, dich (immer wieder) neu zu orientieren. Das müssen nicht immer große Schritte und Strategiewechsel sein. Aber es geht immer darum, deine Kunden erfolgreich zu erreichen und zu begeistern.

**!**   **Komprimiert!**

Gehe weg vom Standard und mutig hin zum Besonderen.

Ich greife noch einmal meine Fragen und Statements aus Kapitel 1.2.4 auf: Wie wollen und sollen wir Menschen erreichen und begeistern? Welche Haltung ist nötig, welche (innere) Einstellung macht uns erfolgreich und vor allem welche (kommunikative) Beziehung unsere Kunden mehr als nur zufrieden? Meine Antwort darauf: wertschätzend, persönlich und außergewöhnlich! Loyale Kunden und langfristige Geschäftsbeziehungen sind das Ziel jeder unternehmerischen Tätigkeit. Denn wenn sich Waren und Dienstleistungen immer ähnlicher werden, gibt Begeisterung und Bindung den Ausschlag bei der Kaufentscheidung.

**!**   **Komprimiert!**

Das Geheimnis der nachhaltig starken Marken ist in Wahrheit ihre Beziehung zum Kunden.

Jedes Unternehmen, jede Unternehmerin, Selbstständige, jede Marketingmitarbeiterin und jeder Marketingexperte fragt sich immer wieder: Wie kann ich auffallen und herausstechen? Wie erreiche ich neue Kunden? Wie kann ich Bestandskunden zu weiteren Käufen motivieren? Mit welchen Maßnahmen erreiche ich mein Ziel? Wie sorge ich für Reichweite? Wie erreiche ich die Richtigen? Wie kann ich eine starke Markenpositionierung erzielen, wie effizienteres Marketing umsetzen, verbesserte Kundenzufriedenheit erreichen, wirtschaftlichen Erfolg erzielen? Wie schaffe ich eine Transformation zur digitalen Welt? Wie kann ich den Wert meines Portfolios steigern?

Wie kann ich die Wirkung der Marke erhöhen? Wie kann ich mich bzw. mein Unternehmen identitätsbasiert und glaubwürdig positionieren?

Vielleicht stellst du dir gerade die Frage: Was meint sie denn aber eigentlich mit »Mehr als Marketing«? Nun, es ist ein Plädoyer für mehr Aufmerksamkeit – ATTENTION PLEASE! Für ein Verhalten, das auf den Menschen und seine Bedürfnisse ausgerichtet ist. Das Menschen erreicht und begeistert. Das eben mehr als Umsetzen von Marketingmethoden ist.

Die folgenden Kapitel basieren auf meinem Erfolgs-ABC:

**A**uthentizität; **B**egeisterung; Servi**C**e; Bin**D**ung; Nachhaltigk**E**it; Au**F**merksamkeit; **G**emeinsamkeit; **H**and aufs Herz; Kreat**I**vität; Hier und **J**etzt; **K**ommunikation; **L**eadership; Wirksa**M**keit; Sin**N**; Hum**O**r; **P**rofessioneller Vertrieb; **Q**ualität; B**R**anding; Bot**S**chafter; Posi**T**iv; **M**Ut; **V**ertrauen; **W**andel; E**X**tras; Stor**Y**telling; **Z**auber

Diese Elemente hängen stark miteinander zusammen, gehen miteinander einher. Und zugleich haben sie jeweils einen eigenen Fokus. Jeder Aspekt bietet dir mögliche Unterscheidungs- und Abgrenzungspunkte im Vergleich mit anderen Marken, anderen Unternehme(r)n, mit Kollegen. Mit ihrer Hilfe kannst du auf die Wünsche der Zielgruppen eingehen, auf Trends, auf die Andersartigkeit, indem du alles bist außer gewöhnlich und dich von den anderen sicht- und spürbar unterscheidest. Einerseits digital, aber auch im Kundenkontakt vor Ort, Face-to-Face. Wie genau? Darauf gehe ich jetzt verstärkt ein.

Jedes einzelne meiner ABC-Themen verdient eigentlich ein eigenes Buch. Dem kann ich hier nicht gerecht werden. Aber ich werde jedes Thema beleuchten – und hoffentlich deine Aufmerksamkeit erregen! Wenn dich bestimmte Aspekte besonders neugierig machen, empfehle ich dir, weitere Bücher oder Artikel dazu zu lesen. In meinem Quellennachweis wirst du fündig. Ich freue mich auch, wenn du persönlich Kontakt mit mir aufnimmst, gerne stehe ich dir auch für weiteren Austausch oder Hilfe zur Seite.

Ich habe mir für jedes der folgenden Themen Verstärkung gesucht von Experten auf dem jeweiligen Fachgebiet. Zu jedem Element werden sie ihre wertvollen Erfahrungen aus der Praxis beisteuern. Mit ganz spannenden Einblicken, Sichtweisen und neuen Herangehensweisen. Mal im Interview mit mir, mal als Gastbeitrag.

Darf ich dich nun also erneut um deine Aufmerksamkeit bitten: ATTENTION PLEASE! Lass dich von mir und den Experten für die 26 Elemente begeistern. Veel plezier!

## 2.2   Authentizität

*Das Große ist nicht dies oder das zu sein, sondern man selbst zu sein.*
Søren Kierkegaard

Authentizität und Marketing: Passt das überhaupt zusammen? Manche sehen darin einen Widerspruch. Sie sehen Marketing eher als eine überzogene Darstellung. Etwas, das schöner, besser, spannender und interessanter gemacht wird, als es vielleicht in Wahrheit ist?

### 2.2.1   Echt? Echt!

Ich bin davon überzeugt, dass es im Marketing durchaus funktioniert, authentisch zu sein. Mehr noch: Marketing muss sogar authentisch sein, damit es funktionieren kann.

> **!**   **Authentizität – eine Begriffsklärung**
>
> Gerade in unserer Zeit muss nicht immer alles noch besser, schöner, spannender sein – sondern vor allem glaubwürdig, ungeschönt und verlässlich. Authentizität bedeutet schlicht Echtheit.

Und es bedeutet, diese Echtheit zu leben und greifbar zu machen. Es geht um authentische Produkte, Dienstleistungen, Unternehmen – nicht um faule Kompromisse, Vorspiegeln falscher Welten, sich anders und besser darstellen wollen. Es geht darum, der Beliebigkeit von Marken entgegenzuwirken und in deinem Echtsein einerseits dir treu zu bleiben und manchmal auch (ein wenig) anders zu sein.

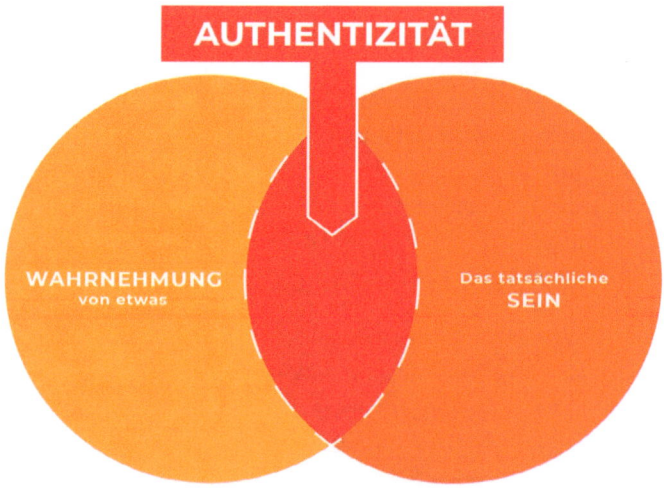

**Abb. 13:** Authentizität: Schnittmenge aus Wahrnehmung und Sein

Im Markenkontext meint Authentizität die »Wahrhaftigkeit des proklamierten Markennutzenversprechens«. Komplizierte Worte. Mir kommt dazu, viel bildhafter, die Werbung von Dove in den Sinn, die nicht mit Supermodels arbeitet, sondern mit Frauen
unterschiedlichster Größe und Körperfülle – was dem Durchschnitt der deutschen
Frauen sehr viel näherkommt als den professionellen Models. Das kommt gut an, das
ist wahrhaftig und echt. Unternehmen, die sich authentisch positionieren, sind im
Wettbewerb um die Kunden langfristig erfolgreicher. Um das zu können, musst du als
Unternehmer und Unternehmen, als Marke eben wissen, wer du bist und was deine
Echtheit ausmacht. Welche Werte lebst du? Wie sieht die Persönlichkeit deiner Marke
bzw. des Unternehmens aus, wie unterscheidet es sich von anderen und wie löst es
seine, wie löst du deine Versprechen ein? (Siehe hierzu auch meinen Upgrade Kompass in Kapitel 1.2.3)

### 2.2.2 Haltung, bitte

Rein auf den eigenen Unternehmenserfolg und Gewinn ausgerichtete Geschäftsmodelle sind nicht mehr zeitgemäß. Sowohl Kunden als auch Mitarbeiter wünschen sich
Marken, die einen tieferen Sinn transportieren. Die sich treu bleiben, auch wenn sie
gerade mal nicht so populär sind und es Gegenwind gibt. Von Marken wird erwartet,
dass sie mutig und konsequent an ihren Werten festhalten. Als Beispiel wird in diesem
Zusammenhang oft Nike und seine Anti-Rassismus-Kampagne »Just do it« mit dem
Football-Star Colin Kaepernick genannt. Ohne Rücksicht auf eigene Verluste und trotz
kontroverser Diskussion blieb die Marke Nike bei ihrem Statement und zeigte Haltung
(die Unternehmensaktie brach daraufhin 2018 kurzfristig ein). Diese Aktion war im
Nachhinein ein riesengroßer Erfolg, Nike gewann nicht nur Awards, das Unternehmen
erhöhte auch seine Glaubwürdigkeit. Das funktioniert allerdings nur, wenn es auch
authentisch wahrgenommen wird.

### 2.2.3 Ist deine Marke authentisch?

Das Erklärungsmodell der Markenauthentizität im Buch »Identitätsgeführte Markenführung« (Burmann/Halaszovich/Schade/Piehler, 2018) veranschaulicht sehr praxis-
nah die vier Elemente von Markenauthentizität: Konsistenz, Kontinuität, Individualität
und Verantwortung.

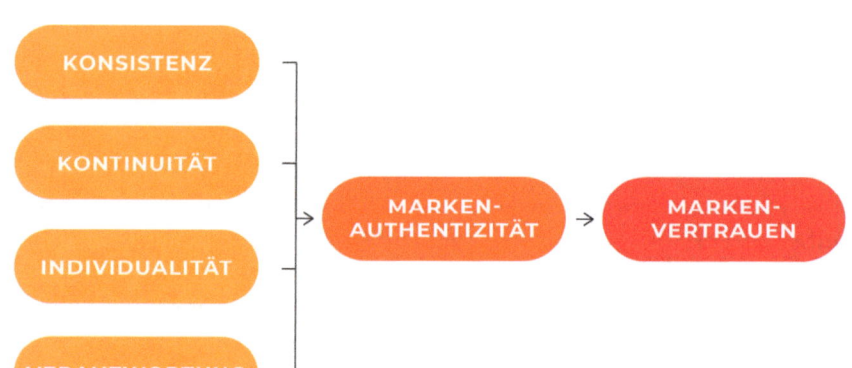

**Abb. 14:** Markenauthentizität

⇨ **Konsistenz** meint die von der Zielgruppe wahrgenommene Übereinstimmung zwischen Markennutzenversprechen und Verhalten in allen Brand Touch Points.
⇨ **Kontinuität** meint die wahrgenommene Übereinstimmung zwischen dem Markennutzenversprechen und den (längerfristigen) Verhaltensmerkmalen einer Marke.
⇨ **Individualität** meint die wahrgenommene Übereinstimmung des Markennutzenversprechens mit denjenigen Merkmalen, die eine Marke im Vergleich zum Wettbewerb einzigartig und unverwechselbar machen.
⇨ **Verantwortung** meint das gesellschaftlich verantwortungsvolle Verhalten der Mitarbeiter eines Unternehmens und deren Bewusstsein dafür, zugunsten der Erfüllung des Markennutzenversprechens auch auf kurzfristige ökonomische Vorteile zu verzichten.

Mit diesem Modell will ich dir erneut zeigen, dass es unerlässlich ist, deine Ziele, Haltungen und Handlungen zu überprüfen, zu hinterfragen und auf deine Zielgruppe sowie deine Versprechen hin anzupassen, sobald du Diskrepanzen oder Unglaubwürdigkeit feststellst. Und zwar immer wieder, stetig aufs Neue und eben auch konsistent in der Botschaft. So wirst du auch erfolgreich sein. Denn wie du aus dem Modell entnehmen kannst: Markenauthentizität mündet in Vertrauen.

### 2.2.4 Practice what you preach

Authentizität und Vertrauen müssen aber nicht nur für die Marke und das Marketing in der Außenwelt gelten, sondern auch in deinem Unternehmen selbst. Sie muss von jedem Mitarbeiter gespürt, getragen und gelebt werden. Um beim Beispiel Nike und der Anti-Rassismus-Kampagne zu bleiben: Bei der Personalsuche muss das Unternehmen einerseits frei von Diskriminierung jeder Art sein und andererseits die kulturelle Vielfalt im Unternehmen und bei den Mitarbeitern als eine Bereicherung empfunden werden. Es werden nur Mitarbeiter eingestellt, die dieselben Werte vertreten und somit ein werte- und markenkonformes Verhalten innerhalb des Teams ermöglichen und zudem nach außen tragen. Du und jeder andere hat dieselbe Verantwortung: Practice what you preach! Praktiziere, was du predigst!

Das bedeutet für jeden einzelnen im Team, dass selbstbewusstes, authentisches Auftreten willkommen und gewünscht ist. Sich seiner Stärken bewusst zu sein und diese auch ausleben zu dürfen. Doch was bedeutet Authentizität eines einzelnen eigentlich? Authentizität einer Person heißt, dass Handeln und Tun nicht durch äußere Einflüsse bestimmt werden, sondern aus der Person heraus entstehen. Sich gemäß seines wahren Selbst, das heißt seinen Werten, Gedanken, Emotionen, Überzeugungen und Bedürfnissen auszudrücken und dementsprechend zu handeln. Glaubwürdigkeit, Wahrhaftigkeit und Unverfälschtheit sind bekannte Synonyme. Eine authentische Person hat ein Standing, ist mit sich im Reinen und handelt nicht opportunistisch. Ich bin der festen Überzeugung: Um als MitarbeiterIn, Führungskraft, Freiberufliche/r, UnternehmerIn oder Selbstständige/r stark auftreten zu können, erfolgreich und glaubwürdig zu sein, müssen wir unser wahres Ich erkennen und einsetzen.

Ich weiß, dass ein Unternehmen oder eine Person Erfolg erzielen kann durch den Aufbau einer starken Marke, einer konsistenten Positionierung auf dem Markt, unterstützt durch emotionales Storytelling. Doch – Attention please! – klar muss sein: Mit Marketing allein kommt man hier nicht weit! Wenn wir nicht wahr machen können, was wir sagen, anpreisen oder repräsentieren, dann steigt letztlich nur heiße Luft auf und verpufft wirkungslos – Marke ade.

**Mein Statement**                                                                    !

Maske ab! Und hin zum wahren Ich. Sei, wer du bist und mache wahr, was du versprichst.

Indem du die großzügige und echte Version von dir selbst zeigst, wirst du glaubwürdig für deine Umgebung. Das gilt für dich als einzelne Person genauso wie für Unternehmen und Marken.

Wie wichtig es ist, auch den Mitarbeitern gegenüber authentisch zu sein, erzählt uns Mirijana Krstanovic.

### 2.2.5 VIP: Mirijana Krstanovic, HR-Managerin bei Scotch & Soda

Authentizität der Mitarbeiter als Unternehmensgrundsatz

**Mirijana Krstanovic arbeitet seit zwanzig Jahren in verschiedenen Funktionen im Retail Business, seit 2012 bei dem niederländischen Modeunternehmen Scotch &**

**Soda. Seit 2016 ist sie als Human Resources Managerin für den Bereich Deutsch-
land und Österreich verantwortlich. Mehr Informationen auf** www.linkedin.com/in/
mirijana-krstanovic-2b068916a/.

Authentizität bedeutet, man selbst zu sein, seine Stärken und Schwächen zu akzeptieren und mit diesen offen umzugehen. Glaubwürdigkeit, Ehrlichkeit und Echtheit sind
die Eigenschaften, die authentisches Handeln auszeichnen und von denen auch Unternehmen profitieren können. Da der Wunsch nach glaubwürdigen Marken und Arbeit-
gebern bei Kunden und Mitarbeiter immer größer wird, steigt auch die Bereitschaft
von Unternehmen, eine Philosophie im Einklang mit klaren Werten zu definieren. Hier
gilt es nicht nur einen Rahmen zu bestimmen, wie man sich als Unternehmen präsentiert, sondern diesen auch im Arbeitsalltag durch eine ganzheitliche und authentische
Unternehmensführung vorzuleben.

Ein wichtiger Faktor zur Umsetzung der vorab definierten Unternehmensphilosophie
ist die Auswahl der richtigen Mitarbeiter. Die Herausforderung liegt darin, die passenden Charaktereigenschaften für das jeweilige Anforderungsprofil zu finden.

**!**  **Komprimiert!**
Authentisch zu sein bedeutet nicht zwangsläufig, auch der passende Mitarbeiter zu sein, da
jeder Mensch auch über schwierige Charaktereigenschaften verfügt.

Ob die Persönlichkeit zum Culture Fit des Unternehmens passt, zeigt sich am besten während eines offenen Gesprächs auf Augenhöhe. Der potenzielle Mitarbeiter
soll frei über sich und seine Vorstellungen sprechen können. Hierbei ist es wichtig,
auf Suggestivfragen zu verzichten, um den Gesprächspartner nicht zu verleiten, die
»gewünschte« oder »richtige« Antwort zu suchen. Nur wenn der zur Marke passende
Mitarbeiter gefunden wurde, kann die Liebe und die Begeisterung für die Produkte
an den Kunden weitergeben werden. Denn die Kombination aus einer professionellen
Einstellung und der authentischen Leidenschaft für seine Aufgabe ist für den Kunden
spürbar und macht die Beratung erst zu einem besonderen Erlebnis. Dabei ist es wichtig, auch kritische Meinungen zuzulassen und dem Verkaufserfolg nicht ausschließlich
die höchste Priorität einzuräumen. Der Kunde darf nicht nur kurzfristig von seinem
Kauf überzeugt sein, sondern muss langfristig seine Freude am Produkt haben und
diese mit einer guten und ehrlichen Beratung verknüpfen. Im stationären Einzelhandel wird der Mitarbeiter so zum perfekten Markenbotschafter und zu einem maßgeblichen Erfolgsfaktor für jeden Store, da er den Kunden an die Marke bindet.

Die Herausforderung besteht nun darin, diesen Mitarbeiter an das Unternehmen zu
binden. Eine Grundvoraussetzung hierfür ist eine offene Unternehmenskultur, die
ihre Mitarbeiter darin bestärkt, sie selbst zu sein. Darüber hinaus muss die Möglichkeit zur persönlichen Entfaltung gegeben sein und das Zulassen von Fehlern zur Kultur

gehören. Auf Basis von Vertrauen und Verständnis kann der Mitarbeiter durch selbstbestimmtes Handeln seine Stärken entfalten. Schließlich gilt, je größer die eigene Schnittmenge zur Unternehmensphilosophie und den damit verbundenen Werten, desto größer ist die Wahrscheinlichkeit eines freien Arbeitens, das den eigenen Normen und Idealen entspricht. Wenn diese Punkte nicht gegeben sind, wird es langfristig schwer, als Mitarbeiter motiviert zu bleiben und die Begeisterung für die Marke an den Kunden zu vermitteln.

Abschließend lässt sich sagen, dass Authentizität als Unternehmensgrundsatz in einer zunehmend oberflächlichen und schnelllebigen Gesellschaft auch für Unternehmen ein Erfolgsrezept sein kann. Es gilt, den richtigen Arbeitgeber für sich oder den passenden Mitarbeiter für sein Unternehmen zu finden. Ein Unternehmen, das seine Mitarbeiter darin bestärkt, sie selbst zu sein und ihre Meinung frei zu äußern, schafft nicht nur eine angenehme Arbeitsatmosphäre, sondern positioniert sich im Optimalfall durch zufriedene Mitarbeiter und den daraus resultierenden guten Kundenservice als erfolgreiche Marke im Handel.

### Komprimiert! !

Ein Teil der Wahrheit ist jedoch auch, für Unternehmen und Mitarbeiter gleichermaßen: Wer authentisch ist, eckt auch mal an.

Ein prominentes Beispiel hierfür ist ein US-amerikanischer Sportbekleidungshersteller, der kurz vor der US-Wahl 2020 Anti-Trump-Etiketten in seine Kleidung einnähte und somit sicherlich den einen oder anderen Trump-Wähler verärgerte und als Kunden verloren hat. Die große und überwiegend positive Resonanz auf dieses für ein Unternehmen ungewöhnliche politische Statement zeigt aber auch: Authentizität darf kein halbherziger Ansatz sein, sondern muss mit all ihren Konsequenzen gelebt werden.

## 2.3  Begeisterung

*Das wahre Geheimnis des Erfolgs ist Begeisterung.*
Walter Chrysler

Aus jahrzehntelanger Erfahrung kann ich behaupten: Begeisterung ist ansteckend. Begeisterung ist übertragbar. Begeisterung macht erfolgreich.

Ein Beispiel aus unser aller Umfeld: Kennst du die ehrenamtlichen Mitarbeiter im Museum, im Fußballstadion oder bei einem Verein? Die brennen für eine Sache, haben Geschichten drauf, dass man nur so staunt, arbeiten mit Leib und Seele, und das ohne jede Bezahlung. Diese Menschen inspirieren. Zaubern ein Lächeln aufs Gesicht, wenn sie mit dir ins Gespräch kommen und ihr Wissen teilen, eine Anekdote erzählen oder Fakten benennen. Du merkst: Sie sind begeistert und dadurch nehmen sie dich mit – wenn du nur ein bisschen offen bist.

### 2.3.1  Und wie sie sich lohnt

Ich bin in meiner Arbeit nahezu immer leidenschaftlich – denn ich liebe, was ich tue. Das ist spürbar. Nicht nur an meinem Einsatz, der oft bei mehr als 100 Prozent liegt, sondern auch in meiner Art, wie ich etwas transportiere und kommuniziere. Das macht es mir natürlich leicht, fröhlich, gut gelaunt, zufrieden und begeistert zu sein. Aber auch wenn es mal nicht so viel Spaß macht: Eine positive Einstellung macht mir und sicher auch dir die Arbeit gleich viel leichter. Und genau an dieser Stelle empfehle ich dir das Motivationsbuch »Fish!«. Darin erlebt die Protagonistin in ihrer Mittagspause die mitreißende Atmosphäre auf dem Pike Place Fischmarkt in Seattle. Sie sieht, welchen Spaß die Fischverkäufer an ihrer Arbeit haben und wie sich diese positive Einstellung auf die Kunden überträgt. Ein flinkes Fazit: Du kannst einfach Fisch auf dem Markt verkaufen oder du kannst mit Begeisterung und Spaß sehr erfolgreich Fisch verkaufen. Die Entscheidung liegt bei dir. Das Buch veranschaulicht ganz wunderbar und in einfachen Geschichten, wie jeder Gefallen an seiner Arbeit finden und dadurch wesentlich mehr leisten kann.

Dazu passt auch diese Geschichte: Als ich 25 Jahre alt war, habe ich für eine großartige Eventorganisation gearbeitet und wir haben den Launch eines neuen Automodells für 5.000 Händler in Berlin organisiert. Ich war die Assistentin eines der beiden Eigentümer und für das kreative Konzept mitverantwortlich. Der Launch sollte einige Wochen später auch bei der Muttergesellschaft in San Francisco stattfinden und daher war eine amerikanische Kollegin nach Deutschland gekommen, um sich bei uns vor Ort alles anzuschauen. Ich war begeistert von dem Launch in Berlin, habe mich engagiert, selbst dann noch, als meine Kollegen abends längst Champagner trinkend im

Backstagebereich plauderten und lachten. Da habe ich dem Kunden noch Rede und Antwort gestanden und mich um meine amerikanische Kollegin gekümmert. Und das nicht nur bei der Arbeit. Ich habe ihr in den drei Monaten, die sie in Deutschland war, auch ein wenig meine Heimat gezeigt, sie meiner Familie und meinen Freunden vorgestellt. Nachdem das Deutschland-Event vorbei war, wollten mein damaliger Chef, der Eigentümer der Agentur, und der Geschäftsführer nach San Francisco zum Event fliegen. Der Kunde hatte da allerdings noch einen Wunsch. Und so saß ich mit meinen 25 Jahren zwei Wochen später neben meinem Chef in der Businessclass im Flieger (und dachte: »San Francisco, ich komme!«).

Der Kunde fand meine Begeisterung, meine Loyalität und meinen Einsatz bewundernswert. Angekommen am Flughafen in San Francisco wartete dann die zweite Überraschung. Im Eingangsbereich stand ein Mann und hielt ein riesengroßes Schild hoch! Darauf stand nicht der Name des Direktors, sondern meiner. Zwei Minuten später saßen wir in einer riesigen Limousine. Bei der Eventlocation angekommen stand neben dem Automobilkunden auch der Direktor der amerikanischen Eventagentur und sagte: »Ein Dankeschön von mir persönlich an dich, Anouk. Dafür, dass du unsere Kollegin in Europa so freundlich empfangen und dich um sie gekümmert hast! Deine Begeisterung kennt keine Grenzen und das hat auch uns begeistert.« Mein Fazit? Begeisterung zahlt sich aus. Immer.

### 2.3.2 Zufrieden ist gut – Begeistert ist besser

Dass Mitarbeiter begeistert sind, ist eine Grundvoraussetzung für den Unternehmenserfolg. Denn Kundennähe und Kundenzufriedenheit beginnen bei einem guten, konstruktiven Betriebsklima. Das Ziel, das ein Unternehmen erreichen will, wird vor allem durch die Mitarbeiter realisiert. Wenn das Unternehmen und die Mitarbeiter für die Sache brennen, ist das bereits die halbe Miete.

Die andere Hälfte: dass dein Kunde zufrieden und begeistert ist. Dann hat er Interesse an dir, will mehr wissen, kauft – und empfiehlt dich weiter!

### Erkenntnis!

In einer Studie von Infoquest wurde festgestellt, dass ein »sehr zufriedener« Kunde 2,6-mal mehr Umsatz bringt als ein »zufriedener«. Ein »extrem zufriedener« Kunde bringt 14-mal mehr Umsatz als ein »unzufriedener«.

Die Zufriedenheit steht also in Zusammenhang mit dem Kundenumsatz. Daher die wichtigen Fragen: Wann ist ein Kunde zufrieden? Wann ist ein Kunde begeistert?

**Das Kano-Modell**

Das Kano-Modell beschreibt den Zusammenhang zwischen dem Erreichen bestimmter Eigenschaften eines Produktes, einer Dienstleistung und der erwarteten Zufriedenheit von Kunden. Aus der Analyse von Kundenwünschen leitete Noriaki Kano, Professor an der Universität Tokio, ab, dass Kundenanforderungen unterschiedlicher Art sind. Das nach ihm benannte Modell erlaubt es, die Wünsche (Erwartungen) von Kunden zu erfassen und bei der Produktentwicklung zu berücksichtigen.

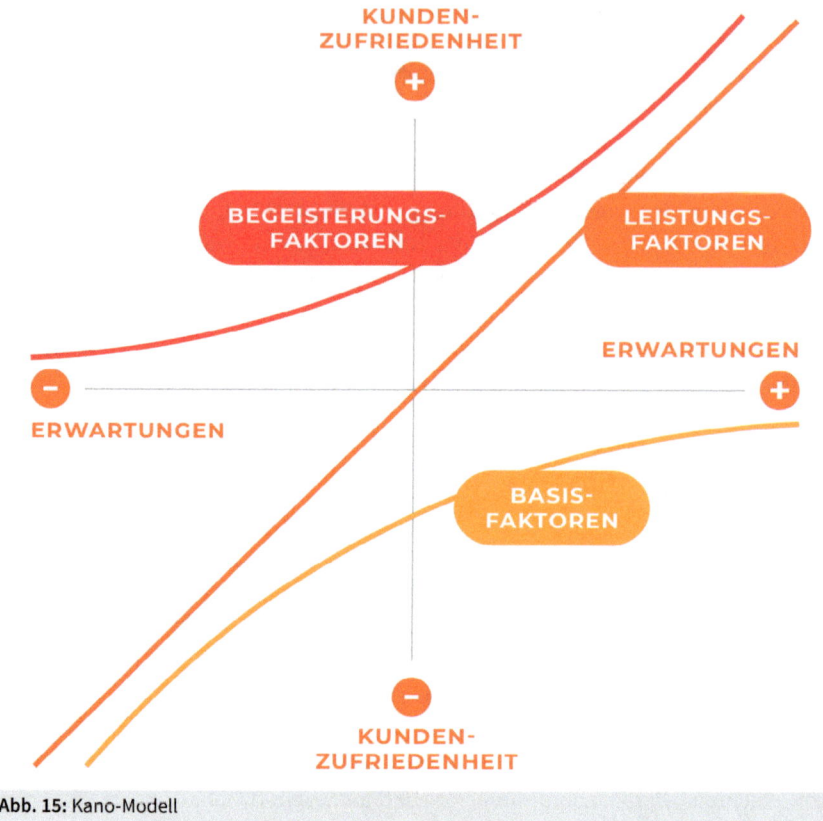

**Abb. 15:** Kano-Modell

**Basis-Faktoren** sind grundlegend und selbstverständlich. Erst bei Nichterfüllung werden sie dem Kunden bewusst. Denn werden die Grundforderungen nicht erfüllt, entsteht Unzufriedenheit. Der Umkehrschluss gilt allerdings nicht. Denn werden sie erfüllt, entsteht keine wirkliche Zufriedenheit. Dennoch sollten bzw. müssen diese Basis-Faktoren erfüllt werden, um nicht schon dadurch Kunden an den Wettbewerb zu verlieren.

**Leistungs-Faktoren** beseitigen Unzufriedenheit oder schaffen Zufriedenheit, je nachdem, wie stark sie ausgeprägt sind bzw. erfahren werden. Leistungs-Faktoren sind für Kunden sehr wichtig, denn anhand dieser Merkmale werden Angebote, Produkte und

Dienstleistungen miteinander verglichen. Durch diese Faktoren kann man sich bereits von der Konkurrenz unterscheiden.

**Begeisterungs-Faktoren** werden auch Nutzen stiftende Merkmale genannt. Das sind Faktoren, mit denen der Kunde nicht unbedingt rechnet. Sie zeichnen das Produkt deutlich, wenn nicht eindeutig gegenüber der Konkurrenz aus und rufen Begeisterung hervor. Diese Faktoren sorgen für überproportionale Kundenzufriedenheit. Sie sind die Königs-Faktoren, aber nicht immer leicht zu erkennen oder zu bestimmen.

Die Leistungs- und Begeisterungs-Faktoren sorgen im Idealfall nicht nur für zufriedene und begeisterte Kunden, sondern motivieren diese auch, Ihr Angebot positiv zu bewerten und weiterzuempfehlen – die Königsklasse!

**Wichtig**: Die Bedeutung der Faktoren, die Kundenzufriedenheit hervorrufen, ändern sich im Laufe der Zeit. Irgendwann werden beispielsweise Begeisterungs-Faktoren zu Basis-Faktoren. Denn im Laufe der Zeit tritt ein Gewöhnungseffekt ein. Das zuvor so Besondere wird nach einigen Wochen als normal empfunden und bewertet. Darum ist es so wichtig, mit der Zeit zu gehen, im Wandel zu bleiben (siehe Kapitel 2.24, Element »Wandel«) und stetigen Fortschritt bzw. Innovationen anzutreiben, damit keine Gewöhnung eintritt.

### 2.3.3   Begeisterung ist grenzenlos

Marktforschungsergebnisse zeigen immer wieder: Der Begeisterungsfähigkeit sind keine Alters- oder Gesellschaftsgrenzen gesetzt. Jeder lässt sich gerne begeistern. Grundsätzlich gelingt das, indem man einen (überraschend!) guten Eindruck macht, Ärger vermeidet, Angenehmes in kleinen Dosen verteilt, freundlich und empathisch ist, vor allem aber Erwartungen übertrifft, ein Erlebnis bietet, Sicherheit ausstrahlt, Stress reduziert, authentisch kommuniziert, Fragen stellt und zuhört. Egal, ob du digital oder analog mit deinen Kunden interagierst, egal, ob dein Kunde 20 oder 70 ist: Du wirst sie erreichen und mitreißen, wenn du ihnen glaubhaft vermittelst, dass du genau sie meinst und verstehst.

Wichtig ist, dass man als Unternehmen, als Marke, als Person immer wieder schaut, wie zufrieden der Kunde ist. Wie begeistert ist er von meinem Unternehmen, meiner Marke und von mir? Wie beurteilt er mich z. B. auf einer Skala von 1 bis 10? Und wie erfahre ich noch etwas mehr darüber, was ihm so gar nicht oder ganz besonders gut gefällt?

**Komprimiert!**

Bleibe offen , um in Marktforschung zu investieren bzw. die Kundenzufriedenheit immer wieder zu überprüfen. Sei flexibel und bereit , dein Angebot immer wieder anzupassen.

Wenn du für etwas brennst, wirst du auch andere für deine Idee entzünden. Freue dich darauf zu lesen, was Irene Schönmann dazu zu sagen hat!

### 2.3.4 VIP: Irene Schönmann, Geschäftsführende Gesellschafterin der Fahrenheit GmbH

Begeisterung – Brenne für etwas!

**Irene Schönmann ist geschäftsführende Gesellschafterin der Fahrenheit GmbH und Präsidentin des Marketing Clubs Köln-Bonn e. V. Mehr Informationen auf** www.agentur-fahrenheit.de **und** www.linkedin.com/in/irene-schönmann**.**

**Liebe Irene, wie sieht es aus, wenn man für seine Sache brennt?**

Als ich vor 15 Jahren mein erstes Unternehmen gegründet habe und auf der Suche nach einem passenden Namen war, meinte mein Geschäftspartner zu mir: »Eigentlich muss es etwas mit Feuer sein, weil du so brennst für das Thema.« So kamen wir schließlich auf den Namen »Fahrenheit«. Auf griechisch heißt Begeisterung Enthousiasmós, im Englischen sagt man Enthusiasm. Bei uns werden die Wörter Enthusiasmus und Begeisterung synonym verwendet. Wir sind dann begeistert und beseelt von etwas, wenn wir einen Sinn darin sehen.

Und genau das ist der entscheidende Punkt: Wer mit Begeisterung seiner Tätigkeit nachgeht und sie als sinnvoll empfindet, erachtet seinen Beitrag als wertvoll und ist damit glücklicher und im Zweifel auch erfolgreicher. Ich merke Menschen an, wenn sie für etwas brennen und gleichzeitig mit Leidenschaft ihrer Tätigkeit nachgehen. Sie sind dann voller Energie, Freude und gehen die Dinge mit Leichtigkeit an. Das ist auch genau das Umfeld, ob beruflich oder privat, mit dem ich mich gern umgebe. Diese Menschen reißen mich mit und schaffen es, mich zu entflammen für ihre Themen. Denn nur, wenn ich für etwas brenne und gleichzeitig den Sinn in meiner Tätigkeit sehe, kann ich motiviert und leidenschaftlich sein.

**Wie sorge ich dafür, dass mein Team begeistert bleibt?**

Andere begeistern und motivieren – diese Aufgabe habe ich mir als Führungskraft oft in den Fokus gerückt. Es nützt ja nichts, wenn ich als Verantwortliche für das Projekt brenne, aber mein Team völlig unmotiviert in den hübschen Agenturräumen sitzt.

Was also tun? Meine Erfahrung hat mir gezeigt, dass zufriedene Mitarbeiter für begeisterte Kunden sorgen. Um für Begeisterung jedes Einzelnen im Unternehmen zu sorgen, ist es wichtig, nicht nur die unterschiedlichen Stärken, sondern auch die individuellen Werte und Bedürfnisse der einzelnen Mitwirkenden im Team genau zu kennen.

Unternehmen sind heute mehr denn je darauf angewiesen, auf die Menschen, die im Unternehmen arbeiten, zu reagieren und vor allem einzugehen. Die Aufgabe sollte sein, nicht nur in Fähigkeiten, sondern in Beziehungen zu denken. Das heißt: Zuhören und Bedingungen schaffen, unter denen die Mitarbeiter gerne arbeiten. Eine eigene Unternehmenskultur sollte in jeder Firma gelten. Und zwar nicht nur auf einer Wand als dekoratives Chart hängen, sondern auch aktiv gelebt werden. Ich möchte nicht nur Arbeitgeberin sein, sondern als Begleiterin dafür Sorge tragen, dass die Werte und Bedürfnisse der Mitarbeiter auch in der Unternehmenskultur gelebt werden können. Die Werte eines Unternehmens spielen eine immer wichtigere Rolle bei der Wahl des Arbeitsgebers. Die größte Motivation empfinden Menschen, die ihre Arbeit als sinnvoll empfinden, dann fühlen sie sich involviert und schaffen Begeisterung für ihr Tun. Gleichzeitig strahlt es auf das gesamte Unternehmen aus und man brennt für gemeinsame Dinge! Dies gilt sicher auch für Kunden – das Feuer spürt man.

**Kann man Begeisterung auch digital erzeugen und spüren?**

Ich bin davon überzeugt, dass der jeweilige Kanal keine Rolle spielt, wenn man für eine Sache brennt. Die Digitalisierung ist dabei nur ein Mittel zum Zweck, um mein Gegenüber anzusprechen und zu begeistern. Ein gutes Beispiel sind Influencer. Und zwar diejenigen, die erfolgreich und gleichzeitig authentisch sind. Sie nutzen fast ausschließlich digitale Kanäle und schaffen es, andere für Produkte, Dienstleistungen und sogar Meinungen zu begeistern. Wie schaffen sie das? Persönlich, empathisch und authentisch. Sie kennen ihre Zielgruppen und nicht nur das, sie kennen sogar die Lebensstile ihrer Käufer/Fans. Dank der Digitalisierung ist das einfach, Stichwort Data-Analytics. Das Entscheidende ist, für sich zu definieren, wofür man brennt, wofür man gern morgens aufsteht und bei welcher Tätigkeit man die Zeit um sich herum vergisst, weil sie so viel Spaß bereitet. Wenn man das erkannt hat, ist die Begeisterung auf allen Kanälen spürbar.

**Fällt dir ein besonderes Beispiel ein, wie Begeisterung im Marketing erfolgreich umgesetzt wurde?**

Begeisterte Kunden zu haben ist eines der wesentlichen Ziele im Marketing und gilt für jede Marke als oberste Priorität. Nicht ohne Grund wurden Begriffe wie Customer Experience in den vergangenen Jahren regelrecht überstrapaziert. Wechselnde Bedürfnisse und neue Technologien stellten diese Disziplin immer wieder auf die Probe. Für mich gibt es ein Unternehmen, das mich als Kunde seit vielen Jahren immer wieder aufs Neue begeistert: Apple. Der Marke gelingt es, den Kunden ins Zentrum zu stellen.

Wie kein anderes Unternehmen hat Apple das richtige Gespür dafür, was die Nutzer ihrer Geräte wirklich wollen.

Hinzu kommt natürlich das Thema Lifestyle. Steve Jobs, der ein Choleriker und Egomane gewesen sein soll, hat sicher trotzdem im Wesentlichen zum Erfolg von Apple beigetragen. Apple ist immer am Puls der Zeit geblieben, hat seiner Zielgruppe zugehört und deren Alltag optimiert. Die Smartphones gehören zu den teuersten der Welt und trotzdem übernachten die Kunden vor den Stores, wenn ein neues Produkt auf den Markt geworfen wird. Verrückt, oder? Das ist wahre Begeisterung für eine Marke und für mich die beste Experience, wenn ich eines der Geräte jeden Tag nutze – und das über Jahrzehnte. Wobei ich noch nie vor einem Store übernachtet habe.

## 2.4   ServiCe

*Wer nicht lächeln kann, soll kein Geschäft aufmachen.*
(Chinesisches Sprichwort)

### 2.4.1   Kundenservice – A human touch

Vor mehreren Jahren wollten meine beiden Neffen, damals neun und zehn Jahre alt, unbedingt einen Kinofilm mit mir anschauen. Der Film war aber leider gerade aus dem Programm geflogen, auf DVD gab es ihn noch nicht und an Netflix war damals auch noch nicht zu denken. Ich war also erst einmal ratlos, wie ich meinen Neffen den Wunsch erfüllen könnte. Was habe ich getan? Ich habe beim großen Kinokomplex in Köln-Hürth angerufen und nach dem Chef gefragt. Den bekam ich zwar nicht ans Telefon, dafür aber seine Mailadresse. Also schrieb ich ihm freundlich mein Dilemma und meinen Wunsch, als Supertante dastehen zu wollen – mit der Bitte versehen: »Sie haben doch so viele Kinosäle. Könnten Sie nicht in einem der Säle den Film noch einmal für mich und meine Neffen abspielen?« Zwei Wochen später saß ich mit meinen Neffen und meiner Mutter allein in einem Kinosaal und wir vier hielten nicht nur Popcorn-Tüten und Cola-Becher in den Händen, sondern hatten auch ein riesengroßes Strahlen in unseren Gesichtern. Ein unvergessliches Erlebnis, ein ganz besonderer Kundenservice, den ich niemals vergessen und für den ich ewig dankbar sein werde.

Wenn ich auch in Kapitel 1.3 von Digitalisierung, zunehmendem Einsatz von Robotern und Automatisierungsprozessen geschrieben und sie für die Zukunft als zunehmend reale Szenarien einstufe: Der Service, der vom Menschen kommt, ist weiterhin Gold wert. Wenn du etwas Positives, etwas Besonderes für deinen Kunden tust. Wenn du freundlich, höflich und wohlwollend bist. Kundenfreundlichkeit ist mehr als ein Verhalten, es ist eine innere Haltung, die du hast, die sich zeigt und die beim Kunden in Erinnerung bleiben wird.

**Komprimiert!**                                                                              **!**
Viele Produkte und Dienstleistungen sind heutzutage sehr ähnlich, die Unterschiede oft nur marginal. Also gehe ich bei gleicher Leistung und ähnlichem Preis doch am liebsten dorthin, wo ich am freundlichsten bedient und am ehrlichsten beraten werde, oder?

Und somit werden Kundenfreundlichkeit und das authentische Bemühen um jedes einzelne Problem zu einem deutlichen Wettbewerbsvorteil. Kundenservice ist längst keine Kür mehr, sondern Pflicht. Wenn du Service von Herzen lebst, wirst du Wunderbares erleben – und deine Kunden auch.

In dem Zusammenhang wundert es nicht, warum sehr viele Firmen ihre Mitarbeiter, ob Verkäufer, Rezeptionisten, Monteure oder Call-Center-Agenten, in puncto Kundenfreundlichkeit und Höflichkeit schulen. (Dies gilt vor allem auch beim Umgang mit unzufriedenen Kunden.) Schade, dass Schulung hierbei grundsätzlich notwendig ist, aber ich halte es für richtig und wichtig, es zu tun.

### 2.4.2   Der Kunde von morgen kauft Service

In meiner Befragung, an der 165 Leute teilgenommen haben, gab es die Frage: "Das perfekte (Kauf-)Erlebnis als Kunde ist mit den folgenden Wörtern zu beschreiben ..." Diese acht Begriffe wurden von den Teilnehmern am häufigsten genannt:

Freundlichkeit | Preis/Leistung | Kompetenz | Freude | Beratung | schnell | Ehrlichkeit | besonderer Service.

Freundlichkeit und Service haben deutliche Auswirkungen auf die Kaufabsicht des Kunden, das Image der Marke bzw. des Unternehmens und auf die Markenloyalität.

Laut der Studie »Customer Service« (2020) von defacto digital research gaben 80 Prozent der Menschen, die ein positives Erlebnis mit dem Kundenservice hatten, nicht nur mehr Geld für die Marke aus, sondern empfehlen die Produkte auch weiter.

Dass das so ist, belegt die Studie der Brandmeyer Markenberatung und des Webanalyse-Unternehmens Insius zu »Kundenzufriedenheit in Supermärkten und Discountern« von Mai 2020, gemessen an positiven und negativen User-Kommentaren: So überzeugt der Service (neben Bio-Qualität und Auswahl) die Kunden am meisten.

Wenn der Kundenservice als schlecht empfunden wird, hat das direkte Auswirkungen auf die Markenloyalität.

### Komprimiert!

Schon die erste schlechte Erfahrung vertreibt 25 Prozent der Kunden.
Bis zu 70 Prozent wenden sich nach mehreren negativen Erfahrungen mit dem Customer Support von der Marke ab. (canto.de, 2020)

# SUPERMÄRKTE MIT DEN ZUFRIEDENSTEN KUNDEN

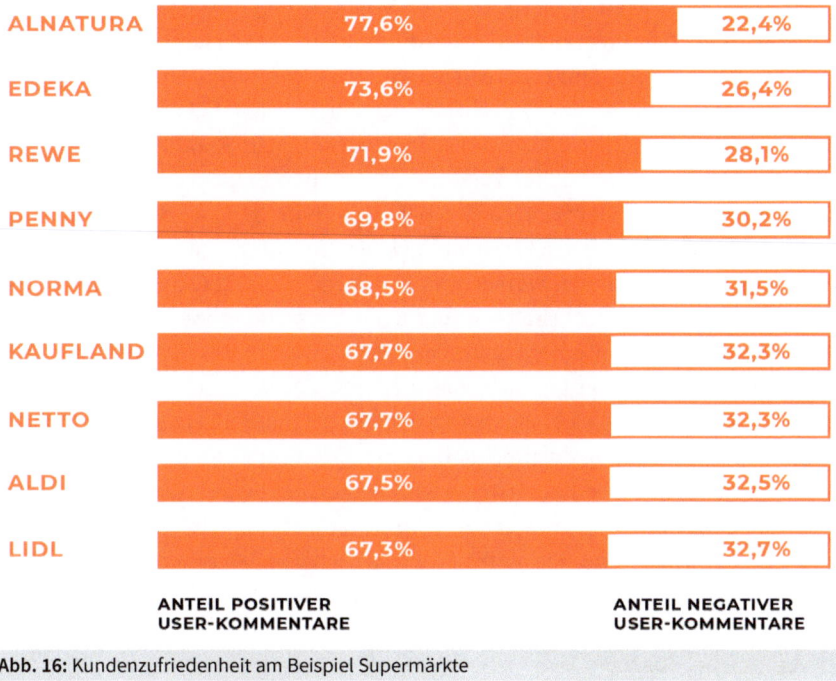

| | ANTEIL POSITIVER USER-KOMMENTARE | ANTEIL NEGATIVER USER-KOMMENTARE |
|---|---|---|
| ALNATURA | 77,6% | 22,4% |
| EDEKA | 73,6% | 26,4% |
| REWE | 71,9% | 28,1% |
| PENNY | 69,8% | 30,2% |
| NORMA | 68,5% | 31,5% |
| KAUFLAND | 67,7% | 32,3% |
| NETTO | 67,7% | 32,3% |
| ALDI | 67,5% | 32,5% |
| LIDL | 67,3% | 32,7% |

**Abb. 16:** Kundenzufriedenheit am Beispiel Supermärkte

Dabei befinden wir uns in keiner Einbahnstraße! Denn Freundlichkeit – und ihre Auswirkungen – gilt in beide Richtungen. (Du kennst sicher den Spruch: Wie man in den Wald hineinruft, so schallt es heraus.) Wenn ein Kunde also seinerseits freundlich und sympathisch auftritt, egal ob in der Bank, beim Arzt oder im Restaurant, ist die Chance, dass er ein positives Service-Erlebnis erfährt, um ein Dreifaches höher (vgl. Borbonus auf marketing-boerse.de, 2002).

**Kleines Resümee**

Freundlichkeit tut uns gut! Das belegen zahlreiche Studien. Wohlwollen und Gefälligkeit, eine positive Einstellung sorgen für mehr Energie, Glücksgefühle, Freude, sogar Heilung – denn freundliches Handeln schüttet den Neurotransmitter Serotonin, auch Glückshormon genannt, aus. Eine freundliche Gesinnung lässt uns die Welt mit anderen Augen sehen, hält uns jung, ist gut fürs Herz und nicht zuletzt wirkt sie ansteckend und hilft uns dabei, bessere Bindungen zu anderen Menschen aufzubauen. Also, denk doch mal genau jetzt darüber nach, was du heute schon in Sachen Freundlichkeit erlebt oder getan hast.

### 2.4.3   Auch digital geht kundenfreundlich

Auch auf digitalen Kanälen kann man wunderbaren Service liefern und kundenfreund-
lich sein. Die Digitalisierung ist sogar oft ein Segen für den Kundenservice (und damit
für den Kunden) – wenn er die Bedürfnisse der Interessenten kennt und berücksich-
tigt. Unternehmen wie Amazon, Expedia, Spotify oder Branchen wie Online-Foto-
buchanbieter und Banken machen es ihren Kunden leicht, auf übersichtlichen Seiten
mit wenigen Klicks zum gewünschten Produkt zu kommen. Roboter, die weitgehend
autonom arbeiten, helfen dabei, rund um die Uhr und in Echtzeit Käufe zu ermöglichen und Fragen zu beantworten. Mit Hilfe von Chatbots kann der Kunde im Netz
durchgehend mit dem Unternehmen interagieren. Und das möchte der Kunde und die
Erwartungen an die Anbieter werden immer höher. So lautet auch das Resümee von
Christoph A. Dassler, Geschäftsführer der defacto nextperience GmbH in Erlangen:
»Der anspruchsvolle Konsument artikuliert seine Erwartungen laut und deutlich und
diese sind nicht von Pappe: Eine schnelle Reaktionszeit, wenn der Kunde Kontakt zum
Unternehmen aufnimmt – bei WhatsApp sind es maximal 5-10 Minuten, im Live-Chat
gerade mal 60 Sekunden; Ansprechbarkeit möglichst rund um die Uhr; einheitliche
Kommunikation über alle Kanäle hinweg; Kommunikation auf Augenhöhe, will heißen, respektvoll, in der eigenen (Landes-) Sprache, in der Tonalität, die den Erwartungen des Verbrauchers an seine Marke entspricht, und da, wo sich der Kunde aufhält.
Und letztlich gilt: Mobile first. Jede Form der direkten als auch persönlichen Interaktion muss heute auch mobil funktionieren.« Und so fügt er hinzu: »Fast 40 Prozent
der Verbraucher schätzen Live Chats in Online Sales und erwarten, dass eine Marke
beispielsweise auch nach 20 Uhr für sie da ist – und dies nicht nur über das Telefon.
Über 50 Prozent akzeptieren Service-Erlebnisse über Facebook Messenger. Service ist
das Zauberwort, über Werbung spricht man gar nicht mehr.«

### 2.4.4   Nett sein kostet dich nichts

Wie gut und erfolgreich Service funktioniert, zeigt mein ehemaliger Geschäftspartner
Bas Hoogland. Er ist jemand, der die Kundenfreundlichkeit in den Niederlanden ganz
besonders gut umgesetzt hat. Bas hat inzwischen ein zauberhaftes Bed & Breakfast in
Limburg. Vorher war er viele Jahre Commercial Director beim Touristikunternehmen
Landal GreenParks. In dieser Zeit wurde das Unternehmen mehrfach zum kunden-
freundlichsten Unternehmen der Niederlande nominiert und verblieb jahrelang in der
Top 5. Bas Hoogland hat mich im Hinblick auf Kundenzufriedenheit, aber auch im Um-
gang mit Geschäftspartnern, zu denen ich gehörte, immer sehr beeindruckt.

»Kundenorientierung, oder besser Gästeorientierung (in der Freizeitindustrie sprechen wir immer von Gästen, NIEMALS von Kunden), war für mich immer der Antrieb
und gleichzeitig die Grundlage für den Erfolg. Ist der Gast zufrieden, kommt er zurück

und empfiehlt dich weiter – dann kommt der (finanzielle) Erfolg von ganz allein. Für mich bedeutet Gästeorientierung seit jeher: die Erwartungen ÜBERTREFFEN. Lass deine Gäste mit einer BESONDEREN Erfahrung heimkehren. Denn wenn der Aufenthalt nur OKAY war, wird der Gast davon niemals anderen berichten. Nur die WOW-Erfahrungen erzählt ein Gast gerne weiter (wenn es schlecht läuft, gibt er eine miese Bewertung auf Facebook ab. Oder schlimmer: Er kommt einfach nicht mehr wieder). Und das WOW basiert immer auf Erfahrungen mit Menschen. Die Komfortzimmer oder die Luxus-Lobby spielen dabei keine Rolle. Die hat der Gast schon auf der Website gesehen. Es sind die Begegnungen mit Menschen, mit engagierten Mitarbeitern. Das spontane und vor allem ehrliche Lächeln und die *aufrichtige* Serviceeinstellung. ‚Ich erledige das gerne für Sie.' Die Kunst, es anderen recht zu machen, für andere da zu sein, und zwar auf eine ganz eigene Weise. Das ist nicht nur im Gastgewerbe so, sondern gilt auch für den Einzelhandel, Versicherungen und viele anderen Branchen. Vor allem in den gegenwärtigen Online-Zeiten ist ‚nett sein' kein Problem, sondern eine Chance: Kommuniziere so persönlich und authentisch wie möglich. Zeige, dass du den Gast kennst! Kleiner Aufwand, großer Ertrag!

Vielleicht noch etwas zum Nachdenken. Wir sagen oft: Behandele den anderen so, wie du selbst behandelt werden möchtest. Ich würde aber eher sagen: Behandele den anderen so, wie der ANDERE behandelt werden möchte. Erst dann passiert etwas und bereitest du die Basis … für eine unvergessliche WOW-Erfahrung!« (Hoogland, 2020)

Bas Hoogland fügt in unserem Gespräch hinzu, dass Leadership, Kultur und Personal absolut essenziell sind für Service, Kundenfreundlichkeit und Kundenzufriedenheit. Denn letztendlich ist es die Person, die es umsetzt.

### Die Auswahl der Mitarbeiter – ein wunderbarer Tipp von Bas Hoogland

»Nimm Mitarbeiter mit positiver Ausstrahlung unter Vertrag. Mit dem Funkeln in den Augen, an dem man erkennen kann, dass es ihnen Spaß macht, für andere da zu sein. Verzichte auf das Standardgespräch über ‚Was sind Ihre Ambitionen?' und ‚Zählen Sie drei gute und drei weniger gute Eigenschaften von sich auf'. Bitte sie, mit einer selbstgebackenen Torte zum Vorstellungsgespräch zu erscheinen und sprich mit ihnen darüber – zumindest in den ersten zehn Minuten. Beachte dabei ihre Mimik, Begeisterung und Ehrlichkeit bei dieser Herausforderung. Natürlich müssen auch die Zeugnisse in Ordnung sein, und ja, man sollte rechnen können, wenn man sich bei einer Bank bewirbt. Doch die anderen Kollegen wünschen sich vor allem einen sympathischen, engagierten Kollegen, mit dem sie gemeinsam die Ziele erreichen können.«

Freue dich nun auf den Beitrag der Retail-Expertin Katrin Gugl zum Thema Marketing und Service – denn sie weiß genau, wovon sie spricht.

## 2.4.5   VIP: Katrin Gugl, Inhaberin Katrin GUGL RETAIL Competence

Marketing und Service

**Katrin Gugl ist Keynote Speakerin, Trainerin, Coachin und Expertin für das Retail Business. Dabei ist sie Impulsgeberin, Gestalterin, Kritikerin, Promotorin, Energiespenderin und positive Realistin. Sie agiert im Business oft unkonventionell, nutzt individuelle, moderne Tools und vermittelt schwierige Inhalte mit positiv geladener Klarheit. Im Mittelpunkt ihres Wirkens stehen immer Mensch und Marke. Als Speakerin, Online- & Offlinetrainerin und Coachin durfte sie in der Vergangenheit engagierte Verkäufer, Teams, Storemanager, Area Manager, Heads of Retail und Geschäftsführer begleiten. Mehr Informationen auf** www.katringugl.com **und** www.linkedin.com/in/katrin-gugl-ba575a32/.

Stell dir vor: Du warst in einem Store in deiner Stadt und verlässt diesen mit einem beschwingten, glücklichen Gefühl. Auf die Frage einer Freundin, was denn an diesem Store so besonders sei, antwortest du strahlend: »Mich begeistert nicht nur die Auswahl, sondern vor allem diese Mitarbeiter. Sie leben einen echten Service. So kenne ich das sonst von keinem anderen Store und deshalb bin ich dort immer wieder gerne. Probiere das einfach mal selbst aus, du wirst überrascht sein.«

Produkte, Preise, Präsentation – All das ist für Kunden vergleichbar, klar messbar und sind somit eindeutige Größen. Diese drei Ps reichen heute aber längst nicht aus, damit Kunden sich wohlfühlen und um sie zu begeisterten Markenbotschaftern oder gar echten Fans zu machen.

Ist es dir aufgefallen, dieses »Zauberwort«, das einen Kunden emotional so positiv auflädt wie in der Eingangsgeschichte? Das Zauberwort ist »Service« – denn es reicht heute einfach nicht mehr aus, seine Kunden zufriedenzustellen. Denn Zufriedenheit ist Mittelmaß. Und wem gefällt schon Mittelmaß? Dir etwa? Also mir und den Retail-Marken bzw. den Teams, mit denen ich am Thema »ServiceKULTUR« arbeite, nicht.

Doch zunächst:

**!**    **Meine Definition von Service im Allgemeinen**

Service umfasst alles, was es deinem Kunden im Store leichter, schöner und noch besser macht. Und, was du persönlich in diesem Moment bereit bist, für ihn zu tun.

Eine Definition von Service ist immer herausfordernd, denn das Empfinden von Service und Services ist immer subjektiv, abhängig von Vorerfahrungen, Erwartungen und der persönlichen Stimmung im jeweiligen Augenblick.

**Inspiration für alle, die Service neu leben möchten**
Wie würden du und dein Team heute Service im Allgemeinen definieren? Hilfreich für eine facettenreiche Antwort ist ein Perspektivwechsel: Wie würde dein Kunde Service definieren?

Aus meinem persönlichem Erleben als Kundin und den Erfahrungen aus meinen Workshops zu diesem Thema definiere ich drei aufeinander aufbauende Stufen von Service:
⇨ **Basis-Service** – umfasst alle notwendigen Basis-Services und ist damit für einen Kunden selbstverständlich.
  - Beispiele: Die umfassende Beratung in einem Fachgeschäft oder Markenstore, das Anbieten von Alternativen, der Reservierungsservice, Umtauschmöglichkeiten
⇨ **Guter Service** – umfasst alle Basis-Services und bietet darüber hinaus dem Kunden das »Mehr«. Diese Services werden aber bereits von vielen Mitbewerbern angeboten und sind damit für den Kunden erwartbar.
  - Beispiele: der Änderungsservice, die Versendung der Ware nach Hause, das Einpacken als Geschenk, die Möglichkeit von Auswahlen für zuhause, das barrierefreie Einkaufen, eine Kinderspielecke, kostenloser Kaffee und kalte Getränke, die Erstattung der Parkgebühr, das Bonussystem durch Kundenkarten und Newsletter
⇨ **Service-Highlights** – umfasst Basis-Services, guten Service und … das »Mehr«. Denn Service-Highlights überraschen mit individuellen Lösungen für den Kunden, hier geht es vor allem um die Beziehung zwischen Mensch und Marke.
  - Beispiele: das Angebot, den schweren Einkauf bis zum Auto tragen, das persönliche, individuelle Gespräch, das »Kennen« der 10, 20 oder 30 häufigsten Stammkunden mit ihren Vorlieben, Abneigungen, Hobbies und Interessen, die ungefähre Familiensituation (das alles nicht der Neugier wegen sondern um einen Kunden noch aufmerksamer und individueller zu beraten), personalisierte und individualisierte Kommunikation per Mail oder auch stillvoller per Post zum Geburtstag oder zu besonderen, bekannten Anlässen, das Begleiten des Kunden bis zur Tür, das spätere Anrufen und sich erkundigen, ob alles passt und der Kunde sich mit den gekauften Modellen wohl fühlt, das Bringen von einem bereits gebügelten Hemd direkt und zeitnah ins Büro, weil ein gerade entstandener Fleck im nächsten Business-Meeting des Kunden einen unprofessionellen Eindruck hinterlassen würde

Du siehst, in Service-Highlights stecken besondere Herausforderungen. Diese sind nicht in Regeln und Organisationsanweisungen zu fassen. Sie sind oft ungewöhnlich und fordern damit eine besondere Empathie von Verkäufern und Beratern und das Vertrauen und eine besondere Offenheit der Führungskräfte für diese Service-Highlights. Denn es geht dabei nicht nur um Marke und Ware, sondern vielmehr um eine echte, erfahrbare Beziehung zum Kunden/zur Kundin und die Gestaltung von kleinen oder auch großen Kundenerlebnissen, die im Kopf und Herzen bleiben und damit echte Storemagneten werden.

Ich liebe Service-Highlights, denn diese besonderen Services bereiten Mensch und Kunde Freude. Es macht Spaß, dabei kreativ und mutig immer wieder das Beste für den Kunden zu kreieren.

**!**

**Komprimiert!**

Was es dazu braucht sind Verkäufer, Berater und Führungskräfte, die Freude an sich immer wieder neu entwickelnden Services haben, Offenheit für (noch) Ungewöhnliches und den Fokus »unser Kunde als Mensch« einnehmen.

Ich wünsche dir in und mit deinem Team viel Freude beim Entwickeln und Ausprobieren. Vielleicht gehörst du bereits heute oder auch demnächst zu den »Service Champions« in der jährlichen Service-Studie von Service Value?

Ich drücke dir auf alle Fälle die Daumen und wünsche dir einen klaren Fokus.

## 2.5   BinDung

*Wenn ich dafür hundertprozentige Treue bekomme, gebe ich mich mit*
*fünfzig Prozent Effizienz zufrieden.*
Samuel Goldwyn

### 2.5.1   Ein Langstreckenlauf, kein Sprint

Kundenbindung ist die letzte Phase, die Königsdisziplin, in der Customer Journey. Denn einen Kunden zu gewinnen, ist das eine. Ihn an sich zu binden, das andere. Die Chance, dass dieser Kunde ein Kunde bleibt, ähnliches oder neues kauft, dich weiterempfiehlt bzw. eine Referenz abgibt, ist groß – wenn du sein Vertrauen und seine Loyalität gewonnen hast. Schauen wir uns dazu die fünf Phasen der Kundenbindung auf dem Weg zum ökonomischen Erfolg an. Auf mögliche Kundenbindungsprogramme gehe ich in Kapitel 2.5.3 ein.

**Abb. 17:** Fünf Phasen der Kundenbindung

Einen »Wiederholungstäter« bei Laune zu halten ist wesentlich günstiger, als einen Neukunden zu gewinnen. Aber nicht unbedingt einfacher.

Kundenbindung ist kein Sprint, sondern ein Langstreckenlauf. Das ist ein gegenseitiges Geben und Nehmen. Das ist das Aufbauen einer Beziehung – indem du mit dem Kunden in Kontakt stehst und bleibst. Ihr trainiert in ständiger Kommunikation, wie ihr über eine lange Distanz gemeinsam zum Ziel kommt: zu Zufriedenheit und Begeisterung, die hoffentlich in einer lange währenden Kundenbindung mündet. Auf diesem Weg geht es um Beschwerdemanagement, interne Kommunikation, Aftersales-Service und Mitarbeiterführung – und natürlich auch um den Erfolgsfaktor Mensch. Besondere Momente, die du dem Kunden schenkst oder die ihr gemeinsam erlebt, können euch für ein ganzes Leben verbinden. Dazu erzähle ich dir jetzt die Geschichte von dem niederländischen Haute-Couture-Designer Addy van den Krommenakker und mir.

### 2.5.2   Wie ein Kleid mich zur Botschafterin machte

Vor einigen Jahren habe ich in der niederländischen Stadt Den Bosch eine Kunstaus-stellung anlässlich des 500. Todestages von Hieronymus Bosch besucht. Auf dem Weg zum Museum kam ich bei *dem* Haute-Couture-Designer der Niederlande, Addy van den Krommenakker, vorbei und sah in seinem Geschäft ein traumhaftes Kleid, inspi-riert von Boschs Werk »Der Garten der Lüste«. Ich hatte drei Tage später eine Pres-sekonferenz mit 60 Journalisten und 100 geladenen Gästen in der niederländischen Botschaft in Berlin und zweifelte, so wie Frauen das gut können, noch immer an mei-nem Outfit. Da bin ich in den Laden gegangen, Addy selbst war im Geschäft. Stell ihn dir vor wie eine Mischung aus Wolfgang Joop und Andy Warhol. Ein toller Mann, ein echter Typ. Ich probierte das Kleid an und war begeistert. Ich erzählte ihm von der Pressekonferenz und fragte frech und freundlich: »Würdest du mir dieses wunder-schöne Kleid für den Abend ausleihen?« Er ging wortlos zur Kasse und flüsterte sei-ner Assistentin etwas zu. Ich hatte kurz Angst, dass sie mich rausschmeißen würden. Aber weißt du was? Er kam auf mich zu und sagte einfach Ja! Ich war schon vorher begeistert von ihm, doch damit hatte er mich als ewige Ambassadeurin gewonnen. Dienstags war die Pressekonferenz in Berlin und den Samstag darauf war bereits seine große Modenschau in der Grote Kerk in Den Bosch, in der ein Model das Kleid tragen sollte. Diese Ruhe muss man erst einmal haben. Was für eine Coolness und Flexibili-tät! Und natürlich war das Kleid pünktlich zurück bei ihm. Diesem Designer bin ich auf ewig dankbar und verbunden, ich bin Kundin, berichte von ihm und empfehle seine hochwertige Kleidung, wo ich nur kann.

### 2.5.3   Persönlich ist Programm

Um Verbundenheit und Bindung mit bestehenden oder neue Kunden aufzubauen und aufrechtzuerhalten, reichen häufig kleine Aktionen. Ein Newsletter zum richtigen Zeit-punkt mit einem neuen, zum Adressaten passenden Angebot, eine freundliche Mail zum Geburtstag, ein Anruf, dass die neue Kollektion da ist, eine WhatsApp mit dem Hinweis auf den Private Premium Sale mit 30 Prozent Rabatt, Gutscheine, Kunden- oder Wertkarten. Das sind nur einige Beispiele für Kundenbindungsprogramme (Loy-alty-Programme) – natürlich sind deiner Kreativität keine Grenzen gesetzt. Lass dir etwas Besonderes, Persönliches einfallen, wiederhole es regelmäßig und dein Gegen-über wird begeistert sein!

**Abb. 18:** Kundenbindungsprogramme und ihre Wirkung

Vermeide (offensichtlich) standardisierte, veraltete oder unspektakuläre Angebote. Je umfangreicher und konkreter sie sind, je mehr sie auf die Wünsche und Werte der Kunden eingehen, desto erfolgreicher werden sie sein.

Die sehr interessante Retail-Loyalty-Studie von Ingenico hat folgende acht Kernaussagen getroffen (Ingenico, 2020):

⇨ Konsumenten nutzen Loyalty-Programme deutlich mehr.

⇨ Die Erwartungshaltung an Loyalty-Programme sind bei jungen Kunden ausgeprägter.

⇨ Die Hälfte der Konsumenten sind nicht begeistert von Loyalty-Programmen.

⇨ Der soziale Beitrag ist mitentscheidend für erfolgreiche Programme.

⇨ Rund 2/3 der Konsumenten würden bei passenden Incentives die Einkaufshäufigkeit steigern.

⇨ Eine integrierte Bezahlfunktion ist für junge Menschen ein wichtiger Grund zur Teilnahme an einem Loyalty-Programm.

⇨ Der Datenschutz ist für junge Kunden der Hauptgrund für Nichtteilnahme an einem Loyalty-Programm.

⇨ Es gibt einen steigenden Wunsch nach mobiler Identifikationsmöglichkeit bei Loyalty-Programmen.

Ein weiteres Ergebnis der Studie: Konsumenten, die nicht an Loyality-Programmen teilnehmen, geben häufiger als der Durchschnitt an, dass sie nicht mit ihren Händlern verbunden sind (44,9 Prozent).

### 2.5.4   Kundentreue hat viele Facetten

Interessanterweise hat Coca-Cola die Einstellung seines langjährigen Bonusprogrammes ohne nennenswerte Konsequenzen überstanden. Die Kunden sind dem Konzern gegenüber genauso loyal wie vorher. Auch Apple setzt nicht auf Treuebonus-Konzepte, sondern liefert immer und immer wieder aufeinander aufbauende, innovative Lösungen und Produkte. Laut einer Studie von CEB Inc. (jetzt Gartner) nennen 64 Prozent der Verbraucher, die eine Beziehung zu einer Marke aufgebaut haben, sich deckende Wertevorstellungen als Hauptgrund für ihre Verbundenheit, also keine finanziellen Vorteile oder andere Bindungsprogramme. Es geht offensichtlich primär darum, wofür die Marke steht und wie die Werte, die sie vertritt, mit denen der Kunden übereinstimmen. Fast 70 Prozent der Chief Marketing Officers (CMOs) sagen, dass das soziale Engagement ihrer Marke ein wichtiges Asset ist, um Verbraucher zu binden. Doch es gibt auch andere (ergänzende) Ergebnisse. Das Wirtschaftsmagazin Fokus Money hat 2020 eine Treue-Studie durchgeführt und dabei kam unter anderem heraus, dass Kunden in der Regel wiederkommen, wenn sie eine angemessene Leistung für ihr Geld bekommen haben. Weitere Umfragen zeigen, dass Frauen beim Einkauf mehr Wert auf den persönlichen Kontakt legen als Männer, dann aber auch die treueren Kunden bzw. Kundinnen sind.

Mit diesen Studienergebnissen möchte ich dir beispielhaft zeigen, dass es nicht den einen Grund oder die eine Strategie für ein erfolgreiches Loyalty-Programm gibt. Du darfst – erneut – immer und immer wieder auf deine Zielgruppe schauen und austesten, was sie brauchen und wie du eine persönliche Bindung mit kleinen oder größeren Aktionen dauerhaft erzeugst.

### 2.5.5   Customer Intimacy – Baue Kundennähe auf

Unternehmen, die einer Customer-Intimacy-Strategie folgen (siehe Kapitel 1.2.4), sorgen für den persönlichen Kontakt und konzentrieren sich auf die Nähe zum Kunden. Dieser Ansatz, diese Haltung, baut eine tiefe, vielschichtige Beziehung zum Kunden auf und ermöglicht es, in jedem Kontaktmoment und jeder Interaktion weitere Informationen zu erhalten, diese anschließend zu analysieren und beim nächsten Mal anzuwenden. Auch bei der Customer-Intimacy-Strategie geht es darum, besondere Erlebnisse zu schaffen, schöne, begeisternde Erfahrungen zu ermöglichen. In Kontakt zu kommen sollte für den Kunden einfach und intuitiv sowie auf unterschiedlichsten

Medien und Kanälen möglich sein. Mit diesem stetig zunehmendem Wissen sorgen Unternehmen für entsprechende Produkte und Dienstleistungen sowie für Marketing-kampagnen, die dann noch mehr und noch individueller auf die Wünsche der Zielgrup-pe eingehen können.

### 2.5.6   Fans fürs Leben

Ich möchte treue Kunden am Beispiel von Fußballfans beschreiben. Es gibt meines Erachtens wohl keine »Kunden«-Bindung, die enger ist als die zum eigenen Verein. Du entscheidest dich als Kind für deinen Club und du stirbst als Fan für denselben Verein. Ein Wechsel ist ausgeschlossen. Das ist Loyalität auf Lebenszeit. Diese Treue gibt es meines Erachtens sonst nirgendwo. Und das ist für viele auch völlig unabhängig von der Leistung und dem Erfolg der Mannschaft.

> **Komprimiert!**                                                                      **!**
> Jede Marke wünscht sich so treue Fans wie beim Fußball! – Da bin ich mir sicher.

Was können wir also von den Fußballvereinen und der Bindung zu ihren Fans lernen? Als großer Fan des 1. FC Köln bin ich umso glücklicher, dass der Marketingleiter des Vereins, Frank Sahler, hier zu Wort kommt.

### 2.5.7   VIP: Frank Sahler, Leiter Marketing & Vertrieb des 1. FC Köln

Aus Fans werden Käufer.

**Frank Sahler, aufgewachsen in einer Einzelhandelsfamilie, hat über 20 Jahre Er-fahrung in Marketing & Vertrieb. Sein Fokus liegt auf den Bereichen Fast-Mo-ving-Consumer-Goods-(FMCG)-Markenartikel, Handel, Sport und Hotel. Mehr Informationen auf** https://fc.dc/fc-info/startseite/ **und** www.linkedin.com/in/frank-sahler-195538126/.

**Lieber Frank, wie zeigt sich die Bindung mit den Fans und was macht ihr, damit es so bleibt?**

Wenn wir Wachstum unter den Fans verzeichnen, sei es durch gestiegene Reichweiten auf den Social-Media-Kanälen, im Stadion, bei den Mitgliedschaften oder ganz allge-mein, ist das gut und ein Zeichen dafür, dass das Interesse rundum den 1. FC Köln wächst. Unser Ziel ist es auch, dass wir aus Sympathisanten Follower machen, aus Followern Fans und aus Fans Käufer und/oder Mitglieder.

Natürlich freuen wir uns auch, wenn die Interaktionsrate kontinuierlich steigt, weil das zeigt, dass sich die Fans auch mit uns auseinandersetzen.

Damit das so bleibt bzw. kontinuierlich wächst, erweitern und verbessern wir ständig unser Angebot. Zum Beispiel beim Thema Content, im Merchandising-Sortiment, durch Innovationen innerhalb der jeweiligen Customer Journey (z. B. Mobile Ticketing, Mobile Payment, Bestellung wird an den Platz geliefert etc.) oder durch die letzte Saison eingeführte 24/7-Dokumentation. Aber ohne sportlichen Erfolg ist alles andere leider nahezu nichts wert!

**Warum ist die Bindung so wichtig im Marketing?**

Nennen wir es Fans oder Stammkunden. Am Ende lebt jedes Unternehmen vom Umsatz. Ohne Käufer kein Umsatz. Je mehr Menschen ich für meine Dienstleistung oder mein Produkt begeistern kann, also binden kann, desto besser. Und desto weniger erhält mein Wettbewerber. Das gilt auch im Fußball. Natürlich ist unser Hauptwettbewerb auf dem Platz. Ein Gladbach-Fan wird wohl kaum FC Artikel kaufen oder FC-Content konsumieren und im Sponsoring gibt es kleinere Schnittmengen. Aus Kunden Fans machen, das ist das Ziel! Nicht nur im Fußball.

**Wie kann man durch Bindung Menschen erreichen und begeistern?**

Es geht im Fußball in erster Linie natürlich um die emotionale Bindung. Viele Unternehmen versuchen, ihre Marken emotional aufzuladen und suchen nach Content, welchen sie teilen können. Wir im Fußball haben es dahingehend etwas einfacher. Emotionen haben wir, sobald wir z. B. das Stadion öffnen und Content generieren wir jeden Tag aufs Neue. In der Regel findet man seinen Lieblingsverein in den ersten zehn Lebensjahren und wechselt ihn dann auch nicht mehr.

**Kann man diese Bindung auch digital erreichen?**

Natürlich, muss man sogar. Die Customer Journeys funktionieren ja offline und online, wechseln sich da auch je nach Kundensegment ab. Es gibt unterschiedliche Touchpoints, welche man attraktiv halten muss und das in unterschiedlichen Social-Media-Kanälen, welche man emotional bespielt, zum Beispiel auch durch Innovationen wie Virtual Reality oder Augmented Reality.

**Hast du ein erfolgreiches Beispiel, wie ihr Bindung im Marketing umsetzt?**

Erstmalig in der Saison 2013/2014 haben wir, passend zur Markenidentität des 1. FC Köln, ein Karnevalstrikot eingeführt. Dieses Jahr gibt es das bereits das siebte Mal.

**Komprimiert!**

Dieses ist eines der vielen Beispiele, das zeigt: So leben wir authentisch ein Stück Marken-identität und machen zudem noch Umsatz.

!

Erstmalig in der letzten Saison haben wir eine 24/7-Dokumentation umgesetzt. Näher dran kann man als FC-Fan nicht sein. Wir spielen exklusiven Content aus und auch hier verdienen wir Geld damit.

## 2.6 NachhaltigkEit

*Zukunft ist kein Schicksalsschlag, sondern die Folge der Entscheidungen,*
*die wir heute treffen.*
Franz Alt

### 2.6.1 Drei-Säulen-Modell

Bin ich bereits nachhaltig, weil ich nur noch Papiertüten nutze, aus Wasserflaschen trinke, weniger mit dem Flugzeug reise, meine Kleidung zum Secondhand bringe, Müll trenne und Bio-Obst esse? Mich also in meinem Verbrauch reduziere, neu nutze, recycle, repariere bzw. nicht annehme, wie es das Green Marketing beschreibt? (siehe Grafik in Kapitel 2.6.2)

Es gibt unterschiedliche Definitionen für Nachhaltigkeit. Mich überzeugt jene, die auf diesen drei Säulen aufbaut: Ökologie, Ökonomie und Soziales.

»Zentral im Drei-Säulen-Modell ist, dass alle Säulen gleichgewichtet und gleichrangig sind, da es auf der Vorstellung basiert, dass eine nachhaltige Entwicklung nur zu erreichen ist, wenn umweltbezogene, wirtschaftliche und soziale Ziele gleichzeitig und gleichberechtigt umgesetzt werden, wobei sich die verschiedenen Ziele gegenseitig bedingen. Auf diese Weise soll die ökologische, ökonomische und soziale Leistungsfähigkeit einer Gesellschaft sichergestellt und verbessert werden.« (utopia.de, 2020) Oder kurz gesagt: Die Nachhaltigkeit zielt auf eine ökologische Verantwortung ab. Wir müssen achtsam mit den vorhandenen Ressourcen umgehen, damit sie dauerhaft erhalten bleiben und der Bestand auf natürliche Art und Weise erneuert werden kann.

Corporate Social Responsibility, der (freiwillige) Beitrag zu Nachhaltigkeit bzw. nachhaltiger Entwicklung, ist schon lange ein Thema, doch rückt es in den letzten Jahren verstärkt ins Bewusstsein der Menschen, und das nicht erst durch Greta Thunberg. Wir erkennen, so mein Empfinden, immer mehr die Notwendigkeit. Deutsche entwickeln immer mehr Umweltbewusstsein, wie das zukunftsInstitut und eine GfK-Studie (2015) verdeutlichen. Die GfK-Studie belegt, dass 58 Prozent der Befragten in Deutschland nur Produkte oder Dienstleistungen kaufen, die ihren Überzeugungen, ihren Werten oder Idealen entsprechen. Eine andere Studie (Serviceplan, Sustainable Image Score) ergänzt, dass Nachhaltigkeit einen emotionalen Mehrwert bedient, für den Verbraucher auch mehr zahlen – und der nicht so leicht von der Konkurrenz imitiert werden kann. Und das Thema Nachhaltigkeit ist nicht nur wichtig für Verbraucher, sondern auch für Mitarbeiter. Eine Onlinebefragung des Meinungsforschungsinstituts YouGov für das Handelsblatt kommt zu folgendem Resultat: »Für 68 Prozent der Befragten ist es wichtig oder sehr wichtig, dass sich ihr Arbeitgeber ökologisch engagiert.«

### 2.6.2   Green Marketing

**Abb. 19:** Green Marketing

Nachhaltigkeit ist inzwischen mehr als ein Trend – sie wird immer mehr zu einer Überzeugung und Haltung, auf die auch immer mehr Unternehmen einzuspielen versuchen. Einerseits mit ihrer Marke, ihrem Produkt und ihrer Dienstleistung, andererseits
mit grünem, also nachhaltigem Marketing. Ziel ist, beim grünen Marketing wirtschaftlichen Erfolg zu erzielen und dabei auf ökologischen und sozialen Mehrwert zu setzen.
Firmen wie Toyota, Ben & Jerry's, Edeka oder Ikea zeigen, dass diese Strategie erfolgreich funktioniert.

> **Komprimiert!**
>
> Green Marketing ist keine hübsche Marketingstrategie, sondern meint authentisch gelebte
> Unternehmenswerte. Alles andere (Stichwort Greenwashing) verzeihen dir die (potenziellen)
> Kunden nicht.

Green Marketing kann man laut Christoph Schulz, Geschäftsführer von Care Elite, in
vier Arten einteilen (Schulz, 2019):
⇨ **Passiv:** Wie der Name schon erwarten lässt, werden die eigenen Marketingaktivi-
    täten nachhaltiger, weil (neue) Gesetze und Vorschriften eingehalten bzw. umge-
    setzt werden.

⇨ **Selektiv**: Unternehmen lassen ihre eigenen Aktivitäten vom Verhalten der Konkurrenz leiten und wagen maximal einige Versuche aus Eigenantrieb.

⇨ **Intern**: Hier lassen sich Unternehmen zuordnen, die zwar mit den Prozessen innerhalb der Organisation, aber weniger mit den angebotenen Produkten nachhaltig sind.

⇨ **Innovativ**: Umweltschutz und Nachhaltigkeit haben hier Priorität – sowohl intern als auch extern. Es wird eine umfassende Strategie zur Lösung bestimmter Missstände oder Umweltprobleme geschaffen.

Wie kann man grünes Marketing umsetzen? Wie können Unternehmen das Thema Nachhaltigkeit in ihrem Marketing nutzen? Niels Klamma von Toyota hat hierzu richtig gute Antworten.

### 2.6.3   VIP: Niels Klamma, General Manager Brand & Marketing Communication bei Toyota Deutschland GmbH

Nachhaltige Marketingkommunikation

**Als General Manager Brand & Marketing Communications ist Niels Klamma für die strategische Kommunikation, die Customer Marketing Journey und die Führung der Marke Toyota verantwortlich. Nach langjähriger Agenturtätigkeit in der strategischen und internationalen Markenführung ist er seit 2007 bei Toyota. Mehr Informationen auf** www.linkedin.com/in/niels-klamma-554517170/**.**

Nachhaltigkeit im Kontext der Marketingkommunikation hat meiner Meinung nach verschiedene Aspekte und ist zurzeit wichtiger als je zuvor. Ich schreibe diese Zeilen 2020, also in dem Jahr, das sehr wahrscheinlich als das »Corona-Jahr« in die Geschichte eingehen wird. Die Corona-Pandemie hat in der Gesellschaft zu einem stärkeren Nachdenken über Zukunftsthemen geführt. Dazu gehören Aspekte wie das Bewusstsein für Umwelt- und Klimaschutz. Überall sehen wir Kampagnen, die diese Themen aufgreifen. Es scheint zurzeit fast kein Unternehmen und kein Produkt zu geben, dass sich nicht den Stempel der Nachhaltigkeit aufgedrückt hat. Ohne Frage ist die »Ware« Nachhaltigkeit zu einem Wachstumsmotor geworden und erscheint in den meisten Marketingabteilungen als ein unausweichliches Muss, um im Trend der Zeit im Markt vertreten zu sein.

**Von Greenwashing bis zur Buzzword-Methode**
Man kann momentan sehr unterschiedliche Kommunikationsstrategien beobachten. Die wohl einfachste Variante, mit dem Thema Nachhaltigkeit in die Kommunikation zu gehen, ist die der »klimaneutralen Kampagne«. Das bedeutet, alle $CO_2$-Emissionen einer Mediakampagne werden kompensiert. Zum Beispiel wird der $CO_2$-Ausstoß der

Produktionsfahrzeuge oder das entstandene $CO_2$ durch die Ausspielung digitaler Banner durch klimaneutralisierende Maßnahmen ausgeglichen. Dies geschieht beispielsweise durch das Pflanzen von Bäumen. Allerdings kommen diese Maßnahmen selten über den Aspekt des Greenwashings hinaus.

Eine weitere Variante ist die Verwendung sogenannter Buzzwords, das heißt., es werden Begriffe aus dem Kontext der Nachhaltigkeit verwendet, um so Aufmerksamkeit zu erzeugen. Die Buzzword-Methode formuliert Aussagen, ohne diese zu begründen und hinterlässt einen großen Interpretationsspielraum. Oft wird ein Aspekt des Produktes, das als »nachhaltig« definiert werden kann, in den Fokus gestellt, obwohl das Produkt insgesamt überhaupt nicht nachhaltig ist. Zum Beispiel wird damit geworben, besonders langlebig und somit nachhaltig zu sein, obwohl der Produktionsprozess insgesamt sehr umweltschädlich ist.

Meiner Erfahrung nach sind beide Methoden nicht für eine nachhaltige Kommunikationsstrategie geeignet. Sie ermöglichen es zwar, den Trend »Nachhaltigkeit im Sinne der Umwelt« aufzugreifen, sind aber kein Instrument, um damit nachhaltig am Markt zu wachsen. Es ist unabdingbar das Thema Nachhaltigkeit auch *nachhaltig* zu kommunizieren. Dieses kleine Wortspiel verdeutlicht, dass es trotz des Nachhaltigkeitstrends in der Gesellschaft darauf ankommt, auch wirklich nachhaltig, das heißt langfristig glaubwürdig zu sein. Der aufgeklärte Kunde wird Kampagnen entlarven, die nicht zur Marken- bzw. Unternehmens-DNA passen. Authentizität ist angesagt! Nachhaltigkeit muss im Unternehmen oder in den Produkten verankert sein.
Doch was macht nun eine erfolgreiche und vor allem begeisternde Kommunikationsstrategie aus?

**Echter Benefit**
Habe ich als Unternehmen in meinen Marken oder meinen Produkten echte Aspekte von Nachhaltigkeit im Sinne von Umwelt- oder Klimaschutz oder auch gesellschaftliche Aspekte wie Wertschöpfung oder nachhaltige Prozesse, so habe ich die Grundvoraussetzung, dieses Thema in meine Marketingstrategie einfließen zu lassen. Trotzdem ist es wichtig zu überprüfen, ob die anzusprechende Zielgruppe für mein Produkt überhaupt an dem Thema »Nachhaltigkeit« interessiert ist. Gibt es einen echten Benefit aus Sicht der Zielgruppe? Nachhaltigkeit ist meist ein ideologischer Aspekt und selten ein faktischer.
Ein einfaches Beispiel ist die Bio-Banane. Es ist ideologisch ein Benefit, sich für die Bio-Variante zu entscheiden, weil die Banane ohne den Einsatz von Pestiziden produziert wird und dadurch umweltfreundlich ist. Faktisch ist sie aber 20 Prozent teurer als die herkömmliche Banane. Diesen Benefit empfinden jedoch nur wirklich vom Umweltschutz überzeugte Konsumenten. Fraglich ist, ob sie die Bio-Banane wirklich aus diesem Grund kaufen oder weil sie einfach besser schmeckt.

Was würde ich als Marketingverantwortlicher tun? Die Copy-Strategie mit dem zentralen Benefit »umweltfreundlich« oder mit »schmeckt besser« entwickeln?

Diese Frage kann ich nur beantworten, wenn ich die Zielgruppe sehr genau kenne. Es ist essenziell wichtig, die Motivation und den Wertekanon genau zu analysieren und die Kommunikationsbotschaft darauf auszurichten. Denn passt der Benefit nicht zur Zielgruppe, wird die Kampagne nicht funktionieren.

### Emotionale Erlebbarkeit

Habe ich es geschafft, die echten Benefits meiner Primär- und Sekundärzielgruppen herauszufinden, muss ich einen zweiten, absolut entscheidenden Schritt gehen: eine emotionale Erlebbarkeit erzeugen!

Fakt ist, dass Botschaften, die Emotionen auslösen, viel besser wahrgenommen werden. Das gilt insbesondere für ideologische Themen wie Nachhaltigkeit. Ich muss meine Mediastrategie also genau ausrichten und dabei beachten, welche Touchpoints meine Zielgruppe nutzt: zum Beispiel digitale Kanäle, Kinoformate, Out of Home und/oder Live-Events.

> **!**
>
> **Komprimiert!**
>
> Einen emotionalen Zugang zu finden heißt, die relevanten Benefits in möglichst emotionale Botschaften und Kreationen zu verpacken und diese zur richtigen Zeit am richtigen Touchpoint auszuspielen, Stichpunkt »Customer Journey«.

Entsteht durch die gewählte Kommunikationsstrategie ein echter Benefit und eine emotionale Erlebbarkeit, so wird sie für die angesprochene Zielgruppe relevant. Und Relevanz ist letztendlich der entscheidende Faktor für eine erfolgreiche und begeisternde Kommunikationsstrategie.

### Beispiel Toyota Hybrid

Ich habe das Glück, in einem Unternehmen zu arbeiten, in dem Nachhaltigkeit seit jeher in der Unternehmens-DNA tief verwurzelt ist. Toyotas Leitsatz »Ever better Mobility for All« bedeutet, immer nach einer Verbesserung zu suchen, ohne Natur und Gesellschaft mit etwaigen negativen Folgen zu belasten. So wird das Thema Mobilität stets weiterentwickelt mit der Maxime, den Alltag der Menschen zu erleichtern und die Ressourcen der Erde bestmöglich zu schonen. Toyota begann bereits in den 1990er-Jahren mit der Entwicklung von Antrieben wie dem Wasserstoff- und Vollhybridantrieb. Damals gab es keinen ausgeprägten Nachhaltigkeitstrend, sondern eher einen kleinen Kreis technisch Interessierter, die fasziniert waren vom Hybridantrieb. Hier lag der echte Benefit in dem Imagegewinn durch das Fahren eines Toyota Voll-Hybrid als technologischer Vorreiter. Sie nahmen Aufpreise und ein sehr progressives Fahrzeugdesign in Kauf. Die Kommunikation war dementsprechend sehr »techniklastig« ausgerichtet.

Mit zunehmendem Interesse an nachhaltiger Mobilität weitete sich die Zielgruppe von »technisch interessiert« auf »ichbezogen« und »emotionaler Kaufgrund« aus. Hier war es besonders wichtig zu erkennen, dass sich nicht die Zielgruppen an sich veränderten, sondern Strömungen entstanden, die von Meinungsbildnern erzeugt wurden. Unsere Aufgabe war es, die richtigen Meinungsbildner zu finden, für unser Thema zu begeistern und als Verstärker für größere Zielgruppen einzusetzen. Die Benefits waren nun völlig anders als die der damals technisch orientierten Zielgruppe. Wir änderten unsere langjährige Kommunikationsstrategie! Toyota Hybrid sollte emotional, cool und hip werden! Toyota war bisher für diese neuen Zielgruppen völlig irrelevant. So haben wir uns die so genannten »Love Brands« der Zielgruppen angeschaut und festgestellt, dass es eine Gemeinsamkeit gibt – und zwar den Aspekt der Nachhaltigkeit. In den Bereichen Fashion, Beauty und Technik haben wir geeignete Partner gefunden und durch eine Kooperation mit diesen Marken konnten wir uns den Zugang zu den Meinungsführern unserer neuen Zielgruppen verschaffen. Wir verbanden die Markenwerte der Love Brands mit den Markenwerten von Toyota und entwickelten im Sinne einer nachhaltigen Mobilität unterschiedliche Kreationen. Als Touchpoint erwiesen sich die Social-Media-Kanäle als erste Wahl, da die Partnermarken hauptsächlich hier mit ihren Zielgruppen kommunizieren. Hier entstanden sehr emotionale Filme, Beiträge, eine Hoodie-Kollektion und sogar ein Toyota Hybrid Snowboard. Als ergänzende Maßnahme und Live Experience entwickelten wir das Toyota Mobility Loft, ein mobiles »Markenhaus«, in dem alles zu Hybrid und Wasserstoff hautnah erlebt werden kann. Diese Strategie haben wir nicht am Reißbrett entwickelt, sondern haben durch etliche Versuche und Tests mit der Zielgruppe herausgefunden, welche die relevanten Botschaften, die relevanten Kanäle und die relevanten Emotionen sind.

Zurzeit scheint es, dass Nachhaltigkeit zu einem Mainstream-Thema wird. Ob sie ein entscheidender Kaufgrund für die Mehrheit der Konsumenten sein wird, bleibt abzuwarten. Fakt ist, das Thema Nachhaltigkeit im Marketing ist nicht neu und wird sich stetig verändern.

**Komprimiert!**                                                                                   **!**

Der Schlüssel zum Erfolg ist die Relevanz, egal ob im Megatrend oder in der Nische.

## 2.7 AuFmerksamkeit

*Aufmerksamkeit ist das Leben!*
Johann Wolfgang von Goethe (aus Wilhelm Meisters Wanderjahre)

### 2.7.1 Geht doch …

Ich war allein in einem 5-Sterne-Hotel auf Aruba im Urlaub und morgens und abends kam eine der überaus freundlichen Damen vom Personal an meinen Tisch und startete einen kleinen Plausch: »Susan, how are you doing today?«

Der Chef einer Freundin schenkte allen Mitarbeitern mit Kindern im Sommer 2020 Bücher-Gutscheine. Als Dank an die Kinder und ihre Geduld dafür, dass die Eltern während der Corona-Krise im Homeoffice so eingespannt waren.

Ich bin Vorstandsvorsitzende der Deutsch-Niederländischen Gesellschaft in Köln. Vor einiger Zeit besuchten wir mit 20 Mitgliedern das Wallraf-Richartz-Museum, um uns eine wunderbare Rembrandt-Ausstellung anzusehen. Ich hatte eine Führung gebucht. Und was passierte? Der Direktor selbst kam und führte uns durch die Ausstellung, er wollte uns seine Wertschätzung für den Verein zeigen. Er erzählte uns viele spannende Geschichten über den Künstler und dessen Werk, mit zahlreichen speziellen Insights. Wir waren alle schwer beeindruckt – auch, weil er sich die Zeit für uns genommen hat.

Das Kind meiner Lieblingsgeschäftspartnerin hatte Geburtstag, also rief ich an und beglückwünschte Kind und Eltern. Ich habe einen Aufmerksamkeitskalender, in dem sämtliche Geburtstage, Namenstage und Hochzeitstage der Menschen stehen, mit denen ich beruflich und privat zu tun habe. Wenn ich sie weiß, notiere ich mir darin dann eben auch die Geburtstage der Kinder. Auch die Todestage der Eltern meiner engsten Geschäftspartner und Kunden, Kollegen, Mitarbeiter und Freunden stehen in meinem Kalender. Denn gerade an diesen Tagen braucht es Trost und ganz besonders viel Aufmerksamkeit.

Ein Mitarbeitergespräch, das sehr gut vorbereitet ist und in dem die Führungskraft ein wertschätzendes Feedback gibt, kann einen Chef von anderen Führungskräften unterscheiden, die unvorbereitet in die Runde fragen, ob es eigentlich Gesprächsbedarf gebe – und dann wieder verschwinden.

Dies sind nur einige Beispiele, die meinen Schlüssel zum Erfolg aufzeigen: dem Kunden, Geschäftspartner oder Mitarbeiter seine Wertschätzung und Aufmerksamkeit schenken!

Für mich gibt es zwei relevante Ausgangspunkte beim Thema Aufmerksamkeit: einerseits das Aufmerksamsein im Sinne von Bewusstsein und andererseits die Aufmerksamkeit im Sinne von Wertschätzung.

### 2.7.2   Wertschätzung ist win-win

Wertschätzung und Interesse zeigen, sich Zeit nehmen und aufmerksam sein, Fragen stellen und sich die Antworten merken, um beim nächsten Kontakt wichtige Anknüpfungspunkte zu haben: Das ist die Basis! Dein Fokus sollte, du liest es zum x-ten Mal, immer auf dem Kunden liegen.

Der Brandshare™-Report von Edelmann (2014) zeigt auf, dass sich 80 Prozent der Befragten in Deutschland wünschen, dass Unternehmen ihr Feedback wertschätzen, indem sie sie bei Meinungsäußerungen und Beschwerden ernst nehmen und eine schnelle Lösung für Probleme finden. Und Wertschätzung fängt nun mal beim Zuhören an. Nur 13 Prozent der Befragten finden, dass Unternehmen dies aktuell tun. Alle anderen fühlen sich offenbar weder gehört noch verstanden. Nur 14 Prozent bejahen, dass die Beziehung zwischen Kunde und Marke von Wertschätzung geprägt ist. Hier gibt es also noch jede Menge Potenzial.

### 2.7.3   Die Aufmerksamkeitsspanne schwindet dahin

Vom Thema Wertschätzung kommen wir fast automatisch zum Thema »aufmerksam sein«.

Wie in Kapitel 1.1.1 bereits thematisiert, sinkt unsere Aufmerksamkeit durch die Flut an Informationen, die täglich auf uns einprasseln. Und die Zeitspanne, in der die Gesellschaft einem Thema ihre Aufmerksamkeit widmet, wird auch immer kürzer. Ganz im Sinne von: Was gestern noch in aller Munde war, ist heute schon vergessen. Ich nutze als Beispiel gerne die Aktualität und Beliebtheit von Hashtags auf Twitter. Während 2013 ein Hashtag durchschnittlich 17,5 Stunden in der Top-50-Liste war, blieb er dort 2016 nur noch durchschnittlich 11,9 Stunden. Dieser Trend hin zu Kurzlebigkeit kann auch auf unsere analoge Welt übertragen werden. Themen, die um die Aufmerksamkeit der Menschen konkurrieren, werden immer umfangreicher, komplexer und chaotischer. Es gibt auch immer mehr Kanäle, auf denen Inhalte und Botschaften transportiert werden. Die Konkurrenz ist riesig. Für ein einzelnes Thema bleibt somit immer weniger Zeit und damit Aufmerksamkeit. Das ist eine enorme Herausforderung – für den einzelnen und für unsere Marketingkampagnen.

### 2.7.4 Selektiv – anhaltend – geteilt – wechselnd

Oft gehört und ebenso oft angezweifelt heißt es, dass der Mensch nur eine Aufmerksamkeitspanne von acht Sekunden hat und sich daher in guter Gesellschaft mit Goldfischen befindet. Ich gehöre zu den Zweiflern. Allerdings glaube ich auch, dass wir uns schnell ablenken lassen und es einfach nicht mehr gewohnt sind, eine Sache wirklich konzentriert anzugehen und an ihr dranzubleiben. Und das hat natürlich auch seine Auswirkungen auf das Marketing und die Aufmerksamkeit.

In der Forschung werden unter anderem vier Arten der Aufmerksamkeit unterschieden:
1. **Selektive Aufmerksamkeit** (auch fokussierte Aufmerksamkeit) – die Fähigkeit, sich ausschließlich auf bestimmte Reize zu konzentrieren und gleichzeitig das Bewusstsein für konkurrierende Ablenkungen zu unterdrücken
2. **Anhaltende Aufmerksamkeit** – die Fähigkeit, die Aufmerksamkeitsaktivität über einen längeren Zeitraum aufrechtzuerhalten
3. **Geteilte Aufmerksamkeit** – die Fähigkeit, zwei oder mehr Aufgaben gleichzeitig Aufmerksamkeitsressourcen zuzuweisen
4. **Wechselnde Aufmerksamkeit** – die Fähigkeit, den Fokus von einer Aufgabe zur anderen zu verlagern

Selektive und anhaltende Aufmerksamkeit ist natürlich Wunsch und Ziel jedes Unternehmens und jedes Marketingexperten. Aber wie erlangen wir die ungeteilte und langfristige Aufmerksamkeit der Menschen?

**Aller Anfang ist ... Aufmerksamkeit**
Die Aufmerksamkeit gleich am Anfang des Marketingprozesses zu erlangen, ist das Ziel. Erinnere dich an das AIDA-Modell aus Kapitel 1.1.2: Awareness, Interest, Desire und Action. Wie kannst du in der Awareness-Phase eine große Reichweite erzielen?

Schwenken wir einmal zu dem Szenario, dass du vor Publikum etwas präsentieren möchtest. Da geht es auch darum, die Aufmerksamkeit von Anfang an auf dich zu lenken, um direkt zu punkten. Und auch hier weiß ich sicher: Bei jedem Vortrag, jeder Präsentation und jedem Pitch kommt es auf die ersten zwei Minuten an. In dieser Zeitspanne hast du die größte Aufmerksamkeit der Zuhörer. Bzw., wenn du es verpasst, direkt am Anfang das Interesse des Publikums zu wecken, wird es dir voraussichtlich die übrige Zeit nicht mehr folgen (wollen). Wenn du also an die letzten Gespräche, Produktpräsentationen oder Vorträge denkst, die du geführt bzw. erlebt hast: Wie gut wurden die ersten zwei Minuten genutzt oder auf welche Weise wurden sie vergeudet?

Es gibt verschiedene Möglichkeiten, damit ein starker Anfang auch im Marketing gelingt. Ich setze zum Beispiel auf die Kraft der Wiederholung – gezielt eingesetzt. Erneut greife ich Seitenbacher-Müsli und seine Werbespots auf, denn Wiederholung kann eindeutig penetrant wirken, aber sie wirkt! Nahezu jeder kennt die Marke.

Eine andere Möglichkeit? Auffallen! Im Sinne von anders sein, besonders sein, Neugier wecken. Das Besondere kann der Preis sein, das Design, der Nutzwert, der Extra-Service oder das Packaging (die Verpackung von Powerbeats-Kopfhörern etwa sieht aus wie eine edle Schmuckschatulle). Viele meiner 26 Elemente sorgen für genau diese extra Aufmerksamkeit.

Um Aufmerksamkeit erzielen zu können, braucht es aber auch Beharrlichkeit und Geduld. Unerlässlich – du ahnst es sicher – ist ein umfassendes Wissen über deine Zielgruppe, ihre Interessen, Wünsche und Sorgen, genutzte Medienkanäle sowie das richtige Timing, die richtige Ansprache, das richtige Storytelling. Es braucht eine kundenzentrierte Strategie, natürlich ein gewisses Budget und es braucht (deine) Kreativität. Letztendlich geht es darum, sichtbar zu werden.

> **Komprimiert!** !
>
> Ziel ist es, in der Botschaftenflut aufzufallen und dich bzw. dein Produkt oder die Dienstleistung einzigartig, relevant und aufmerksamkeitsstark zu positionieren.

Ich freue mich sehr, dass ich Klaas Weima für ein Interview gewinnen konnte. Er beschreibt Aufmerksamkeit sogar als die neue Marketingwährung.

### 2.7.5 VIP: Klaas Weima, Gründer und Geschäftsführer von Energize BV (NL)

Aufmerksamkeit, die neue Marketingwährung

**Klaas Weima ist Unternehmer, Autor, Speaker und Podcaster (CMOtalk). Seine Bücher wurden für den PIM Marketing-Literaturpreis nominiert, er bloggt zudem für die niederländische Marketingzeitschrift ›Marketingfacts‹. Klaas Weima ist Gastdozent an dem Netherlands Institute of Marketing und der Nyenrode Business Universität und NIMA Register Marketeer. Mehr Informationen auf** www.energize.nl **und** www.linkedin.com/in/klaasweima/.

**Lieber Klaas, was bedeutet Aufmerksamkeitsmarketing?**

Aufmerksamkeit ist – zusammen mit ihrem großen Bruder Vertrauen – ein rares Gut in dieser Zeit. Mittlerweile werden wir mehr als 10.000-mal am Tag mit Botschaften konfrontiert. Das Ergebnis: überquellende Mailboxen, explodierende WhatsApp-Gruppen und ein Overkill an Werbung. Das strukturelle Verdienen von Aufmerksamkeit ist eine

Kunst, eine ganz besondere Disziplin. Aufmerksamkeitsmarketing ist die neue Marketingdisziplin, die sich komplett darauf fokussiert.

> **!** **Komprimiert!**
>
> Aufmerksamkeitsmarketing geht weiter als nur Kommunikation. Es geht auch um die Entwicklung einer unverwechselbaren Markenstory und relevanter Angebote.

Aufmerksamkeit verdient man nur mit einer unverkennbaren Markenstory und einem relevanten Angebot für die Kunden, das zielorientiert und aktivierend kommuniziert wird.

**Wie kann man sich vom Wettbewerb in Bezug auf Aufmerksamkeit unterscheiden?**

Hierfür haben wir ein praktisches Tool entwickelt: das Earned Attention Canvas®. Es besteht aus vier Bausteinen: Marke, Markt, Ziele und Kommunikation. Der erste Schritt ist die Basis, die Marke. Die Marke ist dein kostbarster Besitz. Nicht umsonst hüten Konzerne wie Coca-Cola oder Apple ihre Marke wie ihren Augapfel. Deine Markenstory besteht aus einem Traumziel, Kernherausforderungen und einer Markenidentität. Wenn diese Story steht, kannst du raus in die Welt, auf den Markt. Dafür sind ein unverwechselbares Markenversprechen, relevante Angebote und ein deutliches Kundensegment erforderlich. Im dritten Schritt definierst du klare Ziele. Was willst du kommerziell und kommunikativ erreichen? Im vierten Schritt geht es darum, deine Geschichte zu kommunizieren. Marketingexperten, die diese Schritte ausführen und dabei experimentieren, schaffen die besten Voraussetzungen, um Aufmerksamkeit für ihre Marke zu verdienen.

**Wie kann man mit Aufmerksamkeitsmarketing Menschen erreichen und begeistern?**

Ohne Aufmerksamkeit ist man der sprichwörtliche Rufer in der Wüste. Es geht darum aufzufallen, und zwar auf eine relevante Art und Weise. Zusammen mit Prof. Dr. ir. Peeter Verlegh von der VU Amsterdam haben wir eine großangelegte wissenschaftliche Studie zu der Frage durchgeführt: Wie lässt sich Aufmerksamkeit beeinflussen und auf hohem Niveau halten, so dass man eine höhere Effektivität des Marketingeinsatzes erzielt? Aus dieser Studie geht hervor, dass es in deinem Mediamix – und somit auch bei den Direct Mailings – nicht um die Quantität geht, sondern viel mehr um die Relevanz. Man muss also genau wissen, was die Zielgruppe triggert. Dabei können die sechs bewährten Aufmerksamkeitserreger aus meinem Buch sehr gut behilflich sein: Emotion, Hilfe, Belohnung, Inklusion, Status und Aktualität.

**Klappt das auch digital?**

Sicher. Damit wir selbst ins Blickfeld der Chief Marketing Officers (CMOs) geraten und dort auch bleiben, haben wir vor sechs Jahren die Podcastserie CMOtalk gestartet. In Kooperation mit dem niederländischen Marketingfachmagazin Adformatie haben wir ein einzigartiges und crossmediales Format entwickelt. Jeden Monat interviewen wir einen Marketingdirektor und teilen das Ergebnis als Podcast, als Artikel und über soziale Medien. Nach den ersten zwölf Folgen haben wir mit der Organisation exklusiver Events begonnen, um CMOs miteinander zu vernetzen. Dadurch verfügen wir inzwischen über eine große Datenbank niederländischer CMOs, die unsere Agentur auch regelmäßig mit unterschiedlichen Projekten beauftragen. Mittlerweile organisieren wir sechs bis acht persönliche und virtuelle Events im Jahr und haben uns mit 65 Folgen zum bestgehörten Marketingpodcast der Niederlande entwickelt. Ende des Jahres lancieren wir unseren englischen Podcast. Auch interessant für den deutschen Markt!

**Hast du ein überzeugendes Beispiel für ein Unternehmen, das mit Aufmerksamkeitsmarketing erfolgreich war?**

Wir haben das Vergnügen, seit einigen Jahren für die Organisation KWF Kankerbestrijding (Krebsbekämpfung) zu arbeiten. KWF ist für die Finanzierung zu einem Großteil auf private Spenden angewiesen. Die Spendenbereitschaft nimmt jedoch seit Jahren ab. Dagegen hat KWF eine tolle Initiative entwickelt: die Laternenaktion. Die Zeit rund um die Feiertage kann für Krebspatienten besonders schwierig sein. Genau deshalb will KWF allen Krebspatienten Mut machen. Menschen spenden hierfür nicht nur Geld für den guten Zweck, sondern eine Laterne für einen geliebten Menschen. Auf jede Laterne schreibt ein ehrenamtlicher Helfer des KWF den Namen des Betroffenen. Das Ergebnis ist ein leuchtendes Herz, das aus 25.000 Laternen besteht. Jede Laterne symbolisiert eine individuelle, einmalige Geschichte. Digital kann man die Geschichten auf der Aktionswebsite nachlesen. Mit dieser wiederkehrenden Kampagne ist es dem KWF gelungen, die Entwicklung von rückläufigen Einnahmen in ein steigendes Spendenaufkommen umzukehren. Ein tolles, persönliches und berührendes Beispiel für Aufmerksamkeitsmarketing.

## 2.8  Gemeinsam

*Zusammenkommen ist ein Beginn, Zusammenbleiben ein Fortschritt,*
*Zusammenarbeiten ein Erfolg.*
Henry Ford

### 2.8.1  Kooperationsmarketing – Die Kraft des Kollektivs

Der afrikanische Spruch ›Alleine bist du schneller, gemeinsam kommst du weiter‹ begleitet mich seit vielen, vielen Jahren und danach lebe und arbeite ich. Ich habe mehr als 15 Jahre bei NBTC Holland Marketing gearbeitet. Dort hatten wir kein Marketingbudget zum »einfach« ausgeben, der Fokus lag auf dem Kooperationsmarketing.

Mit anderen Worten: Wir mussten andere Unternehmen von einer (Marketing-)Idee begeistern und dann gemeinsam die Kampagne, die Idee, das Konzept zum Leben erwecken und realisieren – ganz im Sinne der Überzeugung 1 + 1 = 3, **der Kraft des Kollektivs**. Das waren Kooperationen mit Tourismuspartnern aus den Niederlanden und Deutschland. Dazu gehörten der Freizeitpark De Efteling, die Deutsche Bahn, das Mauritshuis mit Vermeer-Kunstwerken und ein Ferienparkbetreiber. Es waren aber auch branchenübergreifende Kooperationen mit einer Restaurantkette, einem niederländischen Fahrradhersteller, einem Kinofilm, der in den Niederlanden produziert wurde, einer Online-Hundeplattform, einer To-go-Supermarktkette und einem Online-Blumenhändler. Kooperationspartner sind wertvoll, um einerseits die Kraft der anderen Marke zu nutzen sowie Kräfte zu bündeln, die Reichweite zu erhöhen, das Image zu stärken und sich gegenseitig zu inspirieren. Das Stichwort ist Cross-Selling. Andererseits erreicht man mit weniger finanziellem Einsatz mehr und kann ein interessanteres Storytelling aufbauen. Auf den Punkt gebracht: Es erschließen sich neue und größere Kundenkreise, Geschäftsfelder und Märkte.

**Abb. 20:** Kooperationsmarketing

### 2.8.2    Connecting Brands – Ein top Event

Ich habe an mehreren Matchmaking-Konferenzen von Connecting Brands in den letzten Jahren teilgenommen, ein tolles Event. Aus den Umfragen, die dort gemacht wurden, wird deutlich, dass die Gewinnung geeigneter Kooperationspartner, kreative Kooperationskonzepte und die Vermarktung der Kooperation den Erfolg von Markenkooperationen am stärksten machen. Die Top-3-Ziele sind dabei Neukundengewinnung, Erschließung neuer Zielgruppen und Schaffung von Mehrwerten. In der Umfrage wird auch deutlich, dass die Markenkooperationen fast zu 100 Prozent durch bestehende Geschäftskontakte bzw. das persönliche Netzwerk entstehen.

Traditionelle Branchengrenzen lösen sich immer mehr auf. Die Kraft liegt im WIR. Netzwerken hat einen klaren Mehrwert, beruflich und privat. Ich bin davon überzeugt, dass zukunftsstarke Marken diese zunehmende Verknüpfung auch zu ihrem Vorteil nutzen: Kooperation und Austausch sind die neuen Leitbilder. Das gilt nicht nur für gemeinsame Projekte, auch der Austausch und die engere Verknüpfung innerhalb eines Unternehmens sind wesentlich stärker als früher. Wo es Diskrepanzen gab zwischen Marketing & Sales oder Online & PR, sieht man heutzutage wesentlich mehr Abstimmung und Zusammenarbeit (siehe auch Kapitel 2.17, Element »Professioneller Vertrieb«). Es geht auch nicht mehr anders. Die Zeiten, in denen jeder gemacht hat, was er will, sind vorbei. Wir sind enger verzahnt miteinander, im Prozess, Finanzströme überlappen sich oft und fachlich gibt es auch Überschneidungen.

### 2.8.3    Wo wärst du ohne deine Kunden?

Das Gemeinsame gilt nicht nur im Hinblick auf Kooperationspartner, interne Abteilungen und Geschäftspartner, sondern auch in Bezug auf den Kunden. Auch hier ist eine deutliche, zunehmende Kraft zu spüren, zeigt sich durch die wechselseitige Interaktion für beide Seiten (finanzieller) Mehrwert und sorgt für eine stärkere Bindung.

Das wird möglich, indem Unternehmen ihre Kunden zunehmend etablierte oder neue Produkte testen und bewerten lassen, Feedback einholen. Sie legen also immer mehr Wert auf die Meinung derer, die das Angebot auch kaufen sollen. Es werden Challenges ausgerufen – Was ist deine Lieblingspizza? Welchen Geschmack hat dein Lieblingseis? – oder Mitmach-Kampagnen wie die von Coca-Cola (»Drink a Coke with …«) oder Fanta (Kapern der Marketingabteilung), wie bereits in Kapitel 1.2.5 beschrieben.

Kunden möchten wertgeschätzt, als seriös angesehen und einbezogen, um ihre Meinung gefragt werden. Wenn du das erkennst, in deine Kommunikation und Marketingaktivitäten aufnimmst und deinem Gegenüber vermittelst, dass du ehrlich an seinem

Feedback interessiert bist, wirst du sehen: All das schafft Gemeinsamkeit, die eine nachhaltige Bindung ermöglicht.

Im folgenden Gastbeitrag wird Susanne Fotiadis von der Deutschen Welthungerhilfe uns dazu eine Menge Interessantes erzählen.

### 2.8.4   VIP: Susanne Fotiadis, Vorständin Marketing & Kommunikation bei der Deutschen Welthungerhilfe e. V.

Jede Beziehung braucht Gemeinsamkeit.

**Susanne Fotiadis ist Vorständin Marketing & Kommunikation der Welthungerhilfe. Zuvor war sie Mitglied der Geschäftsleitung bei UNICEF Deutschland. Vor ihrem Wechsel in den NGO-Bereich arbeitete sie in verschiedenen Führungspositionen im nationalen und internationalen Konsumgütermarketing. Mehr Informationen auf www.welthungerhilfe.de.**

›Gemeinsamkeit‹ gehört wahrscheinlich nicht zum Standardvokabular von Marketing Professionals. Und doch – wie in einer Partnerschaft braucht es in der Kundenbeziehung Gemeinsamkeiten, sonst funktioniert das Miteinander nicht.

Gemeinsamkeit setzt voraus, dass ich weiß, wie mein Gegenüber tickt. Welche Bedürfnisse hat mein/e KundIn? Wofür interessiert sie/er sich? Passen wir zusammen? Bin ich als Unternehmen bereit, das anzubieten, was gewünscht wird? Dazu braucht es Dialog auf Augenhöhe. Außerdem die Bereitschaft, Partizipation zuzulassen. Das kann ganz schön anstrengend sein. Aber Unternehmen, denen es gelingt, werden reich belohnt. Mit zufriedenen KundInnen, die im Idealfall zu MarkenbotschafterInnen werden. Und mit interessanten Ideen und Denkanstößen.

Wie lässt sich im Marketing ein Gefühl von Gemeinsamkeit erzeugen? Es gibt unzählige Möglichkeiten. Ein guter Ausgangspunkt ist die Überlegung, was ein gemeinsames Ziel sein könnte.

Ein Unternehmen kann seine KundInnen zum Beispiel in Innovationsprozesse einbinden oder um Rat bei der Optimierung vorhandener Angebote bitten. Geeignete Methoden sind dabei das Design Thinking oder auch Befragungen.

Auch Kundenrezensionen schaffen ein Gefühl von Gemeinsamkeit. Zunächst zwischen den KundInnen, die ihre Erfahrungen teilen und sich so gegenseitig helfen. Geht das Unternehmen mit Kritik konstruktiv um, kann es zu einem respektierten Teil dieser Community werden.

Eine weitere Möglichkeit sind Challenges zum Mitmachen. Die Welthungerhilfe bietet zum Beispiel für Laufbegeisterte regelmäßig einen Benefizlauf an, den #ZeroHunger-Run. Die Challenge besteht darin, in einer bestimmten Zeit möglichst viele Kilometer zurückzulegen. Die TeilnehmerInnen setzen damit ein Zeichen gegen den Hunger und sammeln Spenden für die Arbeit der Welthungerhilfe.

> **Komprimiert!** !
>
> Ein guter Startpunkt für Gemeinsamkeit ist ein Anliegen, das geteilt wird, zum Beispiel soziales Engagement.

Unternehmen können KundInnen dabei einbinden, indem sie einen Teil des Verkaufserlöses spenden oder zu Spenden aufrufen, die vom Unternehmen verdoppelt werden.

Besonders über digitale Kanäle lassen sich Menschen gezielt erreichen. Display- und Social-Media-Werbung ermöglicht durch Bilder und Videos eine emotionale Ansprache. Auch Influencer-Marketing bietet sich für viele Zielgruppen an. Wenn schon bei der Conversion (Kauf oder Teilnahme an einer Aktion) ein E-Mail-Opt-in eingeholt wird, ist die erste Voraussetzung für den direkten Dialog geschaffen.

Etwas gemeinsam zu erreichen kann große Kraft und Emotion entfalten. Diese guten Gefühle beruhen im besten Fall – so wie bei der Welthungerhilfe – auch auf Werten, die man miteinander teilt. Unternehmen und KundInnen fühlen sich verbunden etwa im Kampf gegen den Hunger in der Welt oder bei Aktionen gegen den Klimawandel. Gemeinsamkeit schafft Nähe und Sympathie. An etwas mitzuwirken, macht es zur »eigenen Sache«. Durch den Stolz, einen Beitrag geleistet zu haben, kann längerfristiges Engagement entstehen. Insbesondere dann, wenn andere – das Unternehmen oder die Community – Anerkennung für die Leistung zeigen. Dazu braucht es eine »Bühne« (soziale Medien, Website oder Newsletter), damit die Mitwirkenden sich verbeugen und den Applaus genießen können.

> **Komprimiert!** !
>
> Seine Zielgruppe ernst zu nehmen und glaubwürdig zu kommunizieren ist essenziell, um ein Gefühl von Gemeinschaft zu erzeugen.

Wer seine KundInnen fragt, was sie möchten, ist gut beraten, sich damit zu beschäftigen, wie diese Wünsche erfüllt werden können. Und Ideen zu entwickeln, wie der Dialog fortgesetzt werden kann. Denn wie in einer Partnerschaft will die einmal geschaffene Gemeinschaft gepflegt werden.

## 2.9    Hand aufs Herz

*People don't buy for logical reasons. They buy for emotional reasons.*
Zig Ziglar

### 2.9.1    Emotionen – Welch starke Treiber

Wir haben zwei unterschiedliche Denk- und Entscheidungssysteme: die rationalen und die emotionalen. Und es gibt grob gesagt zwei »Lager«, wie damit umzugehen ist: Die eine Seite sagt, dass man auf das rationale System einspielen sollte mit Fakten, Vorzügen, Preisvorteilen. Die andere, dass wir sowohl im B2B- als auch im B2C-Kontext mehr über die Emotionen, unseren Instinkt und das Bauchgefühl entscheiden. Die Werbeforschung zeigt, dass eine emotionale Reaktion auf eine Anzeige eine zwei bis drei Mal größere Kaufabsicht hervorrufen kann als der tatsächliche Inhalt der Anzeige.

> **Komprimiert!**
>
> Eine Analyse von HubSpot von 1.300 erfolgreichen Anzeigen-Kampagnen hat gezeigt, dass die Kampagnen mit emotionalem Inhalt eine doppelt so starke Wirkung hatten (31 Prozent) wie die mit rein rationalem Inhalt (16 Prozent).

Im Marketing dreht sich sehr viel um Emotionen. Der amerikanische Forschungspsychologe Carroll Ellis Izard definiert drei Verhaltensebenen der Emotionen:
1.   Eine Person hat ein subjektives Erlebnis.
2.   Es werden neurophysiologische Vorgänge ausgelöst.
3.   Am Ausdrucksverhalten lässt sich die Wirkung beobachten.

Emotional relevante Inhalte lenken Aufmerksamkeit auf sich, rufen beim Konsumenten eine Erregung oder Aktiviertheit hervor. Dabei ist Stärke, Richtung und Qualität der Emotion entscheidend. Je stärker ein Konsument emotional aktiviert wird, desto höher ist seine Aufnahmebereitschaft und desto besser seine Informationsverarbeitung. Und auch, wenn es banal klingen mag: Positive Emotionen sind fördernder als negative.

Also: Erzeugen wir doch genau diese positiven Emotionen, denn, und da bin ich sicher: Jeder Kunde mag positive Gefühle und Erlebnisse. Laut einer Studie von Vision Critical würden 86 Prozent der Verbraucher für ein besseres Kundenerlebnis auch mehr bezahlen. Unternehmen, die das besondere Kundenerlebnis priorisieren, verbuchen 43 Prozent Umsatzsteigerung. Und da ist er schon, der deutliche Mehrwert für beide Seiten. Und das erkennen auch die CMOs an. Denn nur ein passendes Produkt oder eine Dienstleistung ist heutzutage nicht mehr ausreichend, um Kunden zu überzeugen und zu begeistern. Es gibt bereits zu viele Angebote, die sich auch nicht mehr richtig differenzieren.

Laut einer Studie von Adweek sind 71 Prozent der CMOs der Meinung, dass Kampagnen, die erlebnisorientiert Emotionen vermitteln, eher Bestand haben als herkömmliches Messaging. Und genau das ist es, was Unternehmen und ihre Marken bieten sollten, wenn sie Kunden an sich binden möchten: Emotionen. Viele Unternehmen beherzigen dies bereits überzeugend in ihren Marketingkampagnen. Zwei Beispiele: Die Weihnachtswerbung von Edeka, in der ein Großvater seinen Tod simuliert, um letztlich mit den Kindern und Enkeln gemeinsam feiern zu können, hat sich eindeutig für emotionales Storytelling (siehe auch Kapitel 2.26) entschieden. Und der Werbespot von Nike »You can't stop us«, der mit sehr emotionalen Bildern und dazu passender Musik auf unser Gefühlsleben zielt. Denn gerade Musik und Bilder sind starke »Transporter« von Emotionen.

Emotionen sorgen zudem dafür, dass Inhalte viral gehen. Statista führt in einer Studie neun primäre Emotionen auf, die Online-Content viral gehen lassen.

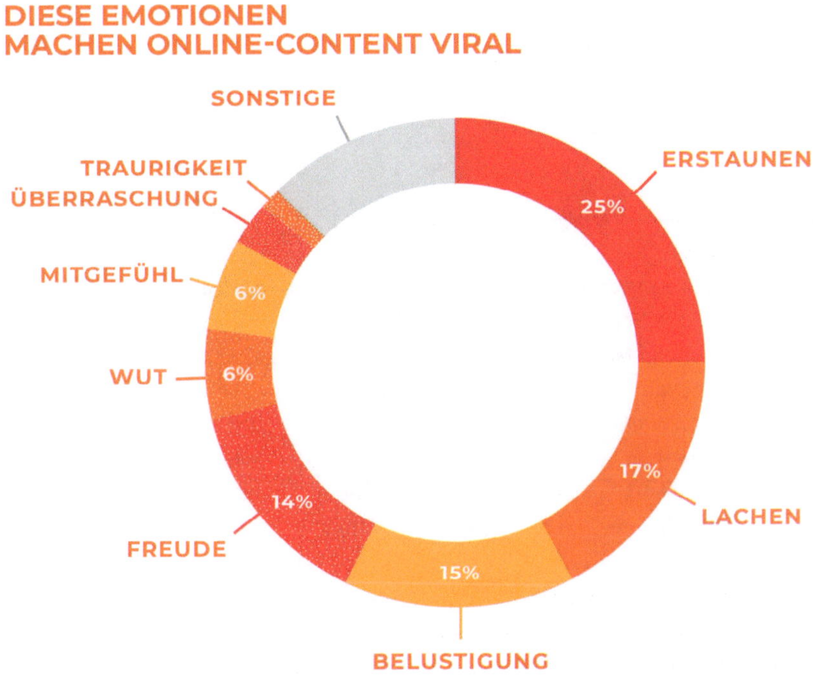

**DIESE EMOTIONEN MACHEN ONLINE-CONTENT VIRAL**

SONSTIGE
TRAURIGKEIT
ÜBERRASCHUNG
MITGEFÜHL — 6%
WUT — 6%
FREUDE — 14%
BELUSTIGUNG — 15%
LACHEN — 17%
ERSTAUNEN — 25%

**Abb. 21:** Viraler Effekt von Emotionen

Wie du siehst: Die größten Treiber sind die positiven Emotionen! Und dazu gehört auch eine gute Portion Humor, wie du in Kapitel 2.16 lesen kannst.

### 2.9.2   Farben – So bunt wie ihre Wirkung

Auch Farben spielen eine wichtige Rolle und lösen Emotionen in uns aus. Angelehnt an mehrere Onlinemodelle hier die acht wichtigsten Farben und ihre Wirkungen:

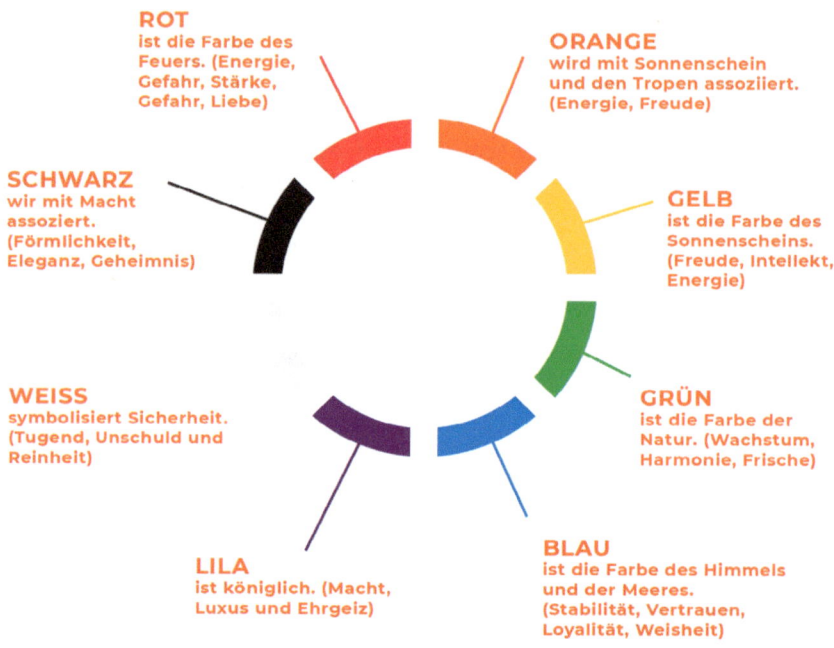

**ROT**
ist die Farbe des Feuers. (Energie, Gefahr, Stärke, Gefahr, Liebe)

**ORANGE**
wird mit Sonnenschein und den Tropen assoziiert. (Energie, Freude)

**SCHWARZ**
wir mit Macht assoziert. (Förmlichkeit, Eleganz, Geheimnis)

**GELB**
ist die Farbe des Sonnenscheins. (Freude, Intellekt, Energie)

**WEISS**
symbolisiert Sicherheit. (Tugend, Unschuld und Reinheit)

**GRÜN**
ist die Farbe der Natur. (Wachstum, Harmonie, Frische)

**LILA**
ist königlich. (Macht, Luxus und Ehrgeiz)

**BLAU**
ist die Farbe des Himmels und der Meeres. (Stabilität, Vertrauen, Loyalität, Weisheit)

**Abb. 22:** Farben und ihre Wirkung

»Farben in Marketing und Werbung sollten stets bewusst gewählt werden, denn ihnen kommt eine große Bedeutung zu. Dein Gehirn kann anhand von Farben Eigenschaften von Produkten und Marken, die sie herstellen, erkennen. Ein Hellgrün, das für einen PC passend ist, kann bei einem Cupcake für Brechreiz sorgen.« (Lant, 2020)

Alle, die mich kennen, wissen, dass die Farbe Orange in meinem Leben eine besondere Rolle spielt. Passend zu meiner niederländischen Herkunft. Ich setze die Farbe immer wieder, aber gezielt ein. Sei es bei meiner Kleidung, in Präsentationen oder in diesem Buch und auf dem Cover, wie dir wahrscheinlich schon aufgefallen ist. Es ist meine Farbe, sie passt zu mir und zu dem, was ich ausstrahlen will. Die Farbpsychologie ist eine Wissenschaft für sich und ich möchte das Thema hier nicht weiter vertiefen. Aber ich empfehle dir sehr, deine Farbwelt gut zu bedenken.

### 2.9.3   Sinne – Hören, sehen, riechen, schmecken, tasten

Emotionen werden durch die Wahrnehmung über unsere verschiedenen Sinne ausgelöst. Du riechst, schmeckst und/oder hörst etwas – und das triggert etwas in dir. Ziel sollte es sein, mit dem Marketing so viele Sinne wie möglich anzusprechen und ihre Wechselwirkungen zu steuern. Denn das macht die Kampagne erfolgreich. Im Optimalfall werden alle fünf Sinne angesprochen, um sich im Gedächtnis der Konsumenten nachhaltig zu verankern (man nennt es auch Sensory Branding): sehen (Optik), hören (Akustik), riechen (Olfaktorik), schmecken (Gustatorik), tasten (Haptik). Die einzelnen Sinne spielen bei Kaufentscheidungen unterschiedlich große Rollen. Multisensorische Erlebnisse zu erzeugen, wie du es vielleicht auch aus tollen Restaurants kennst, wo das Essen, die Musik, der Geruch aufeinander abgestimmt sind und du das Essen auf verschiedene Art zu dir nehmen kannst, also auch die Haptik eingesetzt wird.

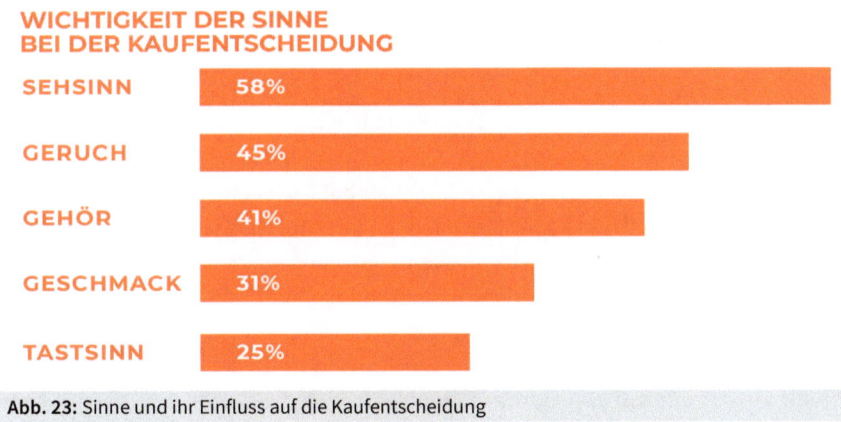

**WICHTIGKEIT DER SINNE BEI DER KAUFENTSCHEIDUNG**

- **SEHSINN** 58%
- **GERUCH** 45%
- **GEHÖR** 41%
- **GESCHMACK** 31%
- **TASTSINN** 25%

**Abb. 23:** Sinne und ihr Einfluss auf die Kaufentscheidung

Auch dieses Thema ist ein eigenes Buch wert. Ich kratze hier nur an der Oberfläche, möchte dir damit aber gerne klarmachen, dass du dir über mögliche (Wechsel-)Wirkungen von Sinnen und Emotionen bewusst wirst und auch diese einsetzt und mit deinen Kunden immer wieder ›austestest‹.

### 2.9.4   Wertschätzung – Fang bei deinen Mitarbeitern an

Zum Abschluss ein kurzer Perspektivwechsel: Betrachte die (emotionale) Welt nicht nur aus den Augen deiner Kunden, sondern auch aus denen deiner Mitarbeiter. Sie sind ein immanent wichtiger Bestandteil deines Erfolges. Führe und handele nicht nur mit dem Verstand, sondern auch mit dem Herzen. Empathie ist der Schlüssel, Wertschätzung einer der größten Motivationsfaktoren für Mitarbeiter. Echte Anteilnahme und Fürsorge, so den Gallup-Studien zu entnehmen, heben die Stimmung und stärken den Mut. Und wie deine Mitarbeiter sich fühlen und wie sie sich behandelt fühlen, hat sehr großen Einfluss auf ihren Umgang mit den Kunden (siehe auch Kapitel 2.7, Element »AuFmerksamkeit«).

Freue dich jetzt darauf, gemeinsam mit Dr. Monika Hein die Empathie persönlich kennenzulernen.

### 2.9.5  VIP: Dr. Monika Hein, Stimm- und Sprechtrainerin und Empathie-Expertin

Ein paar Fragen an die Empathie

**Dr. Monika Hein, auch Business Coachin, Rednerin und Autorin, begleitet Menschen dabei, ihre eigene Stimme zu finden, sie zu nutzen und sie empathisch einzusetzen. Damit unsere Welt mit jedem bewussten Ton besser klingt. Mehr Informationen auf www.monikahein.de.**

**Liebe Empathie, wer bist du und was macht dich gerade in dieser Zeit aus?**

Hallo, gestatten, mein Name ist Empathie. Leider habe ich keinen allzu guten Ruf, gerade in Unternehmen. Dabei kann ich so viel – und das Tolle ist, jeder Mensch hat mich schon als Mensch in die Wiege gelegt bekommen – und vergraben, unter vielen Blockern und Krusten. Ich versuche mich mit diesem Text, ein bisschen an die Oberfläche zu wühlen. Denn ich bin echt ne coole Socke!

Ich fühle mich aber oft missverstanden, denn jeder denkt gleich an Räucherstäbchen, grünen Tee und einen Gesprächskreis, wenn man über mich redet. Aber das ist echt ein billiges Klischee! Ich bin ein tiefgründiges, komplexes Wesen, habe viel zu geben, aber: Ich bin auch extrem anspruchsvoll!

**!  Statement 1**

Wer glaubt, dass er mich alleine durch »nett sein« in der Tasche hat, irrt gewaltig!

Ich bin umständlich, unbequem und oft genau das Gegenteil von dem, was Menschen als erstes denken und was sie tun möchten. Daher bin ich schon echt ein guter Fang, wenn man mich mal machen lässt!

Was ich genau bin? Ich bin die Fähigkeit, Gefühle anderer zu erkennen, zu verstehen und angemessen zu handeln.

Das sind drei Schritte, die sich jeder, wirklich jeder, erobern kann. Gefühle erkennen klappt meistens. Menschen sehen es anderen Menschen an, wie es ihnen geht. Gefühle haben eine universelle Sprache – das ist eigentlich nicht schwer. Ob sie dem, was sie da wahrnehmen, wirklich Beachtung schenken, hängt von vielen Faktoren ab – auch davon, wie eng ihre Scheuklappen sind und ob sie Gefühle wirklich ernst nehmen. Oder ob sie diese als grundsätzlich unangemessen abtun.

Der zweite Schritt, Gefühle verstehen, ist schon schwieriger – ich habe ja gesagt, ich bin anspruchsvoll! Nehmen sich Menschen die Zeit, andere wirklich zu verstehen? Wieviel kostet dieser Satz heute, »Ich verstehe dich«? Oftmals scheint er leider sehr teuer zu sein. Der dritte Schritt ist das angemessene Handeln – oh weh, hier wird es oft düster. Aber angemessenes Handeln heißt NICHT, auf jedes Gefühl und jede Befindlichkeit zu reagieren, sondern Bedürfnisse wahrzunehmen: eigene, die des anderen und möglicherweise noch die des Unternehmens! Diese Vielfalt macht es oft so schwer im Alltag, mir Beachtung zu schenken.

Heutzutage ist es so, dass jeder seinen Zielen hinterherrennt. Die vielen Empathie-Blocker, gegen die ich jeden Tag angehen muss, sind zum Beispiel die Rechthaberei (mein größter Widersacher!), Vergleiche, Streben nach Ruhm und Geld, Neid und Eifersucht. All diese Dinge versperren mir den Weg zu den Herzen der Menschen. Dabei kann jeder Mensch wachsen und versuchen, diese Dinge immer genauer wahrzunehmen und sie eventuell sogar umzulernen – das geht!!!

**Bist du – auch für Unternehmen – erlernbar?**

Mich kann jeder (kennen)lernen, der es will: Verkäufer, Führungskräfte, Bosse – eben einfach jeder Mensch! Je offener die Herzen der Menschen sind, desto einfacher finden sie mich. Bei manchen ist das echt harte Arbeit: In manchen Firmen herrscht so ein rauer Ton, so viel Unmenschlichkeit, dass ich nicht gut zurechtkomme. Ich werde nie gesehen! Keiner ist bereit, mal seinen Blickwinkel zu verändern!

> **Statement 2**
> Genau darin liegt meine Magie: Ich kann Gedanken verändern, Situationen neu deuten, kann Verständnis erzeugen und dennoch wirtschaftliche Entscheidungen treffen!     **!**

Von wegen weich, pah! Ich bin all die Mühe wert, das kann ich versprechen! Wenn Menschen sich dafür entscheiden, Dinge anders zu sehen, kann extrem viel passieren.

**Wie kann man mit dir Menschen (Kunden) erreichen und begeistern?**

Mit mir an Bord kann ein Unternehmen nur gewinnen: Die Bedürfnisse von Menschen werden gesehen und man handelt im Sinne der MitarbeiterInnen und der Unternehmenskultur. Auf Augenhöhe, mit offenen Gesprächen und man sieht den einzelnen Menschen – das ist ein so tolles Arbeiten, wenn das geschieht! Die Stimmung ändert sich, Menschen REDEN tatsächlich miteinander, sie wenden sogar Übungen an, um mich zu ihren Themen einzuladen! Das ist so schön, ich bin immer unheimlich froh, wenn ich dabei sein darf! Ich wünschte, ich dürfte das öfter, denn ich würde so gerne expandieren.

**Kann man dich auch digital finden und zeigen?**

Ich funktioniere sogar digital, natürlich! Gerade da bin ich wichtiger denn je – wenn uns zwei oder mehr Computer voneinander trennen, dann ist Verbindung und Verständnis noch wichtiger! Wenn Menschen nicht beieinander sind, ziehen sie oft voreilige Schlüsse. Sie unterstellen, bevor sie fragen, deuten Aussagen falsch – das kann ich verhindern! Eine sehr charmante Eigenschaft von mir ist: Ich frage nach! Ich frage Dinge wie: »Was brauchst du gerade, um die Situation zu lösen?« Oder »Habe ich dich gerade richtig verstanden?« Selbst dafür nimmt man sich digital oft nicht mehr die Zeit – dabei sind Fragen so zauberhaft! Das ist vielen vielleicht in der Theorie klar, aber an der praktischen Umsetzung mangelt es ein wenig. Fragen sind toll, um das Erleben eines anderen Menschen zu verstehen.

**Hast du ein tolles Beispiel, wie Empathie im Bereich Marketing umgesetzt werden kann?**

Genau das hat eine Führungskraft gelernt, die mich in ihr Leben geladen hat. Dieser Mensch ist sehr zielstrebig und hat schnell Karriere gemacht, sogar so sehr, dass manche Menschen ihn für herzlos gehalten haben. Die klaren Ziele haben ihn über andere Menschen hinweggehen lassen, doch er hatte viel Freude daran, die Dinge grundsätzlich anders zu betrachten. Er hat gelernt, die Bedürfnisse seiner Mitarbeiter zu sehen, ihre Persönlichkeiten zu beachten, Fragen zu stellen und die MitarbeiterInnen da einzusetzen, wo ihre Stärken liegen. Das war eine wunderbare Entwicklung, von der sehr viele Menschen um ihn herum profitierten – ich gehöre einfach dazu, wo Menschen zusammenarbeiten!
Wann darf ich bei dir vorbeikommen?

## 2.10 Kreativität

*Das Geheimnis des Erfolgs? Anders sein als andere!*
Woody Allen

### 2.10.1 Innovationsfreude – Machen hält gesund

1923 war der skandalträchtige Amerikaner John R. Brinkley davon überzeugt, ein Mittel gegen Impotenz gefunden zu haben. Doch er wusste nicht, wie er die Öffentlichkeit darauf aufmerksam machen sollte, die Werbung steckte noch in den Kinderschuhen, im Radio gab es noch keine Werbeblöcke. Also gründete Brinkley seinen eigenen Radiosender, in dem er sein Produkt zwischen Countrysongs und Bibelpsalmen bekannt machte. Eine neue Ära in der Marketinggeschichte – Radio mit Werbespots!

Warum dieses Beispiel? Weil ich die Frage stellen möchte: Wie sieht es heutzutage mit der Innovationsfreude aus? Die Studie der Bertelsmann-Stiftung »Innovative Milieus – Innovationsfähigkeit von deutschen Unternehmen« hat Ende 2019 folgendes Ergebnis gezeigt: »Deutsche Unternehmen bewegen sich zu häufig auf ausgetretenen Pfaden. Einer relativ kleinen Speerspitze von innovativen Unternehmen steht hierzulande eine Mehrzahl von innovationsfernen Firmen gegenüber. Rund ein Viertel der deutschen Unternehmen zeichnet sich durch Innovationsfreude und Technologieführerschaft aus. Doch in rund der Hälfte der hiesigen Firmen werden Innovationen nicht aktiv vorangetrieben. Hier fehlen vor allem Risikobereitschaft und eine Innovationskultur, die Mitarbeiter ermutigt, neue Wege zu gehen.« (Bertelsmann, 2020) Als ein weiteres Ergebnis kann extrahiert werden: Je innovativer ein Unternehmen, desto größer ist der wirtschaftliche Erfolg und desto dynamischer wachsen die Mitarbeiterzahlen.

Zudem hat die Studie sieben Innovationstypen identifiziert:

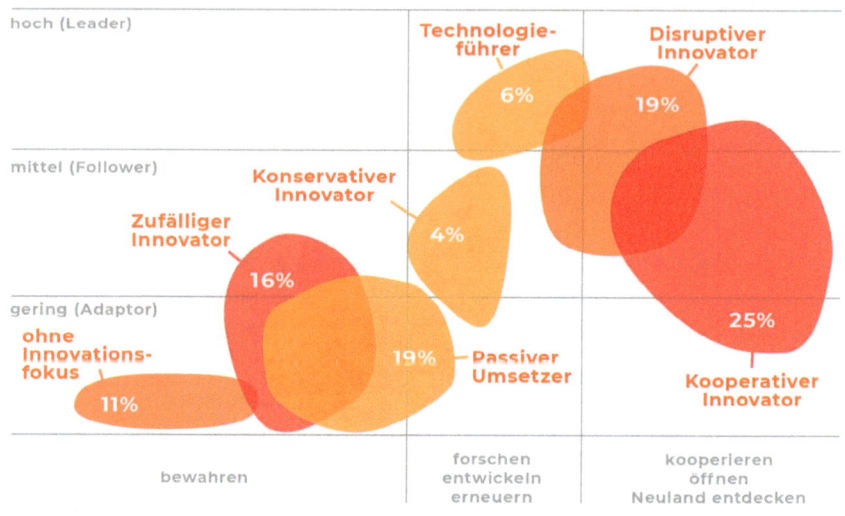

**Abb. 24:** Innovative Milieus 2019

Wir sehen in der Grafik ein großes Cluster derjenigen, die du vielleicht auch oft sagen hörst: »Das habe ich immer schon so gemacht.« »Das hat immer schon so funktioniert.« Oder aber: »Das hat noch nie etwas gebracht.« Es sind die Unternehmen ohne Innovationsfokus, die zufälligen Innovatoren und passiven Umsetzer. Doch gerade im Marketing braucht es meines Erachtens mehr. Einerseits braucht es die, und die sehen wir hier in der Studie auch vertreten, die den Kooperationsgedanken in sich tragen und gerne mit anderen Neues ausprobieren (weil das sich vielleicht sicherer anfühlt?). Andererseits braucht es aber auch die Early Adopters, oder wie in der Studie genannt, die disruptiven Innovatoren und Technologieführer, um Neues auszutesten, weiterzukommen und effektiver zu werden. Es braucht die, die sich trauen, die ersten Schritte auf Neuland zu gehen. Gehörst du dazu?

## 2.10.2   Kreatives Marketing – Trau dich

Die Bertelsmann-Studie zeigt, wie wichtig das Thema Innovation und Kreativität ist. Und automatisch stellt sich die Frage: Wie kann sich Kreativität im Marketing zeigen? Wie zeigt sie sich? Wie macht man Dinge ganz anders als alle anderen? Wann ist man ein disruptiver Innovator, wann ein Technologieführer und wann ein kooperativer Innovator?

Es gibt unterschiedliche Herangehensweisen.

### Kreativität im Produkt selbst

Zunächst geht es natürlich um die Kreativität im Produkt selbst, wie es oft bei Start-ups zu sehen ist: Zuckerwürfel in Form eines Segelschiffs oder die unzähligen ideenreichen Apps, die entwickelt werden, wie die des Berliner Start-ups N 26, das aufgrund seines rasanten Wachstums zu den erfolgreichsten Jungunternehmen Deutschlands 2020 zählt. Die Girokonten sind kostenlos, Einnahmen und Ausgaben werden bequem über die App verfolgt.

Oder das kanadische Start-up »Vitality Air«, das seit 2014 frische Luft in Flaschen verkauft und damit das Produktsegment neu gegründet und besetzt hat. Genauso kreativ ist die Idee eines niederländischen Unternehmens namens »Divorce Hotel«. Hier werden scheidungswillige Paare an einem Wochenende im Hotel geschieden, mit professioneller Begleitung von Anwälten, Psychologen und Immobilienmaklern. Die kreative Idee von Jim Halfens hat es bis in die USA geschafft. Auch die Schokoladenpizza von Dr. Oetker war kreatives Neuland. Und hast du schon einmal Gurken- oder Zwiebeleis probiert? Die erfolgreiche Fernsehserie »Die Höhle der Löwen« zeigt, dass immer neue Ideen gefunden werden und dass es genügend Zuschauer gibt, die das auch sehen möchten – die Lust auf Innovation scheint vorhanden.

### Kreative Verpackungen

Der Kreativität sind auch im Packaging keine Grenzen gesetzt und bietet viele Möglichkeiten. Weinflaschen, die auf einmal keinen Korken mehr haben oder die Fastfood-Kette McDonalds, die ihre Verpackungen jetzt nachhaltiger anbietet, ohne Unmengen an Plastik. Die Firma Nivea hatte nach gefühlt 100 Jahren im Jahr 2013 ihr erstes großes Re-Branding und verpasste seinen blauen Dosen ein neues Design.

### Erfinderische Werbeformen

Und dann gibt es die kreativen Werbeformen, das Werbumfeld oder die Werbespots, wie zum Beispiel Gaffel Kölsch mit einem Corona-Werbespot (siehe VIP-Kapitel 2.10.6) oder das Beispiel von Ben & Jerry's. Mit Hilfe von Wetter-Targeting hat die Eismarke ganz kreativ Werbung gemacht. Das zahlte sich, wie die WuV 2017 berichtete, mit rund 30 Prozent mehr Aufmerksamkeit und Kaufbereitschaft aus. Weitere kreative Werbeformen erläutere ich im Element »EXtras« (siehe Kapitel 2.25.3, Guerilla-Aktionen).

Als Marketingexperte darfst du dich immer wieder neu fragen: An welchem Knopf meines Dashboards möchte ich drehen, damit das Produkt erfolgreich ist, wird oder bleibt?

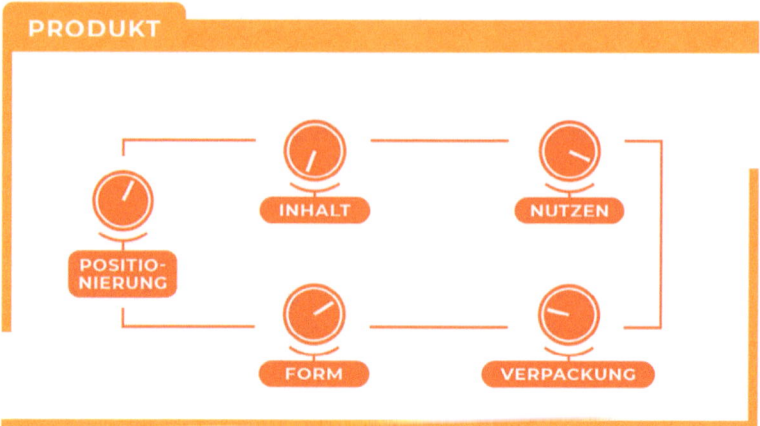

**Abb. 25:** Dashboard: Erfolgsfaktoren eines Produktes

Und natürlich: Nicht jede kreative Idee ist ein Erfolg. So wurde die Schokopizza von Dr. Oetker relativ schnell wieder aus dem Handel genommen. Aber ich bin der Meinung, es war den Versuch wert – wohl wissend, dass junge Unternehmen sich nicht zu viele Flops leisten sollten. Ich bin aber grundsätzlich Fan einer akzeptierten und guten Fehlerkultur. Denn: Wer nicht wagt, der nicht gewinnt! Wenn es mal nicht klappt, lerne daraus und mache es beim nächsten Mal besser. Wenn es die Umstände erlauben, finde ich, ist es besser, etwas auszuprobieren, als immer nur in Sicherheit zu operieren.

**!**   **Mein Motto**

Das Nein hast du – das Ja kannst du bekommen. Und wenn du Neues und Ungewohntes wagst, hörst du erstaunlich oft ein Ja.

### 2.10.3    Krise als Chance – Bleibe erfinderisch

Im Corona-Sommer habe ich mein zweites Buch »Lekker anders – Deutsche und Niederländer, Freunde mit Eigenarten« auf den Markt gebracht. Es war keine coole Party wie beim Launch meines ersten Buches »Upgrade yourself – Souverän und selbstbewusst als Frau im Job« möglich. Also habe ich mir überlegt, ich mache es lekker anders. Ich habe Geschäftspartnern, Freunden, Multiplikatoren und Journalisten ein »Lekker anders«-Buchpaket nach Hause geschickt. Neben dem Buch enthielt das Päckchen besondere Süßigkeiten, Weingummis aus den Niederlanden mit Champagner-bzw.

Sauvignongeschmack und Berliner Flocken, Popcorn mit Himbeergeschmack. Dazu habe ich einen persönlichen Brief gelegt mit dem Link und dem QR-Code zu einem Video, in dem ich mich noch einmal bei allen Beteiligten und Lesern bedankt habe. Daraufhin entstand eine Welle positiven Feedbacks (vor allem in den sozialen Medien) mit dem Hashtag #lekkeranders. Das war eben etwas, das es so noch nicht gab. Das Päckchen hat Erwartungen übertroffen, die gar nicht vorhanden waren. Es war mir gelungen, mit der Überraschung bei vielen ein Lächeln ins Gesicht zu zaubern. Jeder, ob Großunternehmen oder soloselbständig, kann kreative Lösungen umsetzen. Auch du! Also, überlege heute einmal 15 Minuten, was in ›einem Päckchen zu deinem Produkt‹ drin sein sollte, das auch dich zum Lächeln bringt.

Gerade in Krisenzeiten beobachten wir, dass Unternehmer kreativ werden. Denn wie sagt man so schön: Not macht erfinderisch. Im Jahr 2020 haben wir das vielfältig gesehen, es gab einen wahren Kreativitätsschub. In Amsterdam hat das vegane »Mediametic ETEN« zum Beispiel Essen in kleinen Gewächshäusern serviert. Der Spirituosenhersteller »Gin Sol« hat seine Produktion angepasst und vorübergehend Desinfektionsmittel produziert.

Till Eckel, Kreativchef von Jung von Matt/Spree schrieb im Mai 2020 einen wunderbaren Gastbeitrag in der Zeitschrift Horizont zum Thema (Corona und) Kreativität und der Befreiung von der Idee »One idea fits it all«. Hier ein Auszug: »Die Befreiung davon, als big idea geboren zu werden und dann als eierlegende Wollmilchsau verlängert, verwässert, adaptiert und versioniert auf dem Altar des kleinsten gemeinsamen Nenners aller Touchpoints geopfert zu werden. Ideen haben fortan eine Aufgabe, die sie wirklich erfüllen können – Kreative ebenso. Der daraus entspringende Wettbewerbsvorteil ist riesig. Denn gute Ideen haben die Kraft, Menschen zu berühren und somit eine Customer Journey aus dem Nichts heraus wahrscheinlich zu machen. Etwas, worauf kein CMO freiwillig als Wachstumstreiber verzichtet. Außerdem erlangen Ideen ihre Stärke zurück, Marken zu differenzieren. Das Research-Unternehmen Forrester warnte schon vor einem Jahr davor, dass ein rein performancegetriebenes Marketing eine schwerwiegende Nebenwirkung hat: die Austauschbarkeit der Marke.«

### 2.10.4   Kreativität ist erlernbar

Kreativität kannst du lernen. Es gibt unzählige Möglichkeiten der Kreativitätsfindung. Das Deutsche Institut für Marketing hat es wie folgt zusammengefasst:

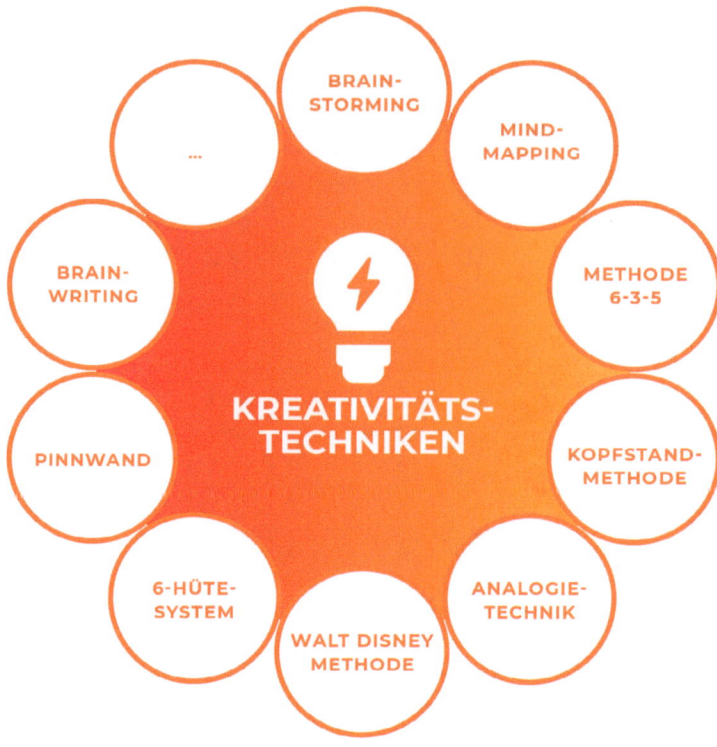

**Abb. 26:** Kreativitätstechniken

In der Übersicht findest du einige der unzähligen Methoden, um kreativ an eine Sache heranzugehen. Die meisten von uns kennen wahrscheinlich das Brainstorming, gemeinsam mit anderen (manchmal auch nur alleine) zu überlegen, welche Möglichkeiten, Alternativen, kreative Ideen es gibt.

Und es gibt noch kreativere Methoden, die zudem sehr viel Spaß machen. Die 6-Hüte-Methode – ich erläutere mal in eigenen Worten – erlaubt dir, (in Gedanken) einen Hut mit einer bestimmten Farbe aufzusetzen. Der schwarze Hut zum Beispiel denkt nur negativ, sieht alles schwarz und spielt den ›Teufels Advokat‹. Der gelbe Hut erlaubt nur positive Gedanken, sieht in allem eine Chance und hat eine tolle Idee nach der anderen, warum es klappen könnte. Der rosarote Hut ist verträumt, malt sich eine Fantasiewelt aus, in der wirklich alles geht, ob real oder nicht. Das kannst du im Team machen und jeden – imaginär oder echt – einen Hut aufsetzen lassen oder du setzt dir selbst die unterschiedlichen Hüte auf.

Vom gleichen kreativen Kopf, nämlich Edward de Bono, ein zweites Vorgehen: die Kopfstandmethode, die ich persönlich klasse finde. Hier geht es nicht darum, besonders tolle Lösungen zu finden, sondern vor allem darum, wie etwas NICHT funktioniert. Wie bekomme ich vor allem keine Kunden? Wie verkaufe ich kein einziges meiner Produkte? Wie vergraule ich Geschäftspartner, wie bekomme ich keine Besucher auf meine Webseite. Klingt komisch? Ist es vielleicht am Anfang auch, denn wir sind es nicht gewohnt, so zu denken, wenn wir nach Lösungen suchen. Aber ist es nicht auch bei dir so, dass es manchmal viel einfacher ist, für ein Problem eine Erklärung zu finden, als eine ganz neue Idee zu entwickeln? Und das tun wir hier: Wir malen uns das schlimmste Szenario aus, das es gibt. Das regt die Kreativität an und löst keinen Erfolgsdruck aus. Und trotzdem kommt man so zu einem (manchmal sehr überraschenden) Ergebnis, wenn man die Antworten ein wenig analysiert bzw. wieder auf den Kopf stellt. Dafür braucht man noch nicht mal Vorkenntnisse.

Die drei Pünktchen in dem Bubble in der Abbildung stehen für noch so viel mehr mögliche Kreativitätstechniken, so wie die Phasen der Design-Thinking-Methoden. Denn auch die können im Kreativitätsprozess behilflich sein. »Unter Design Thinking wird eine spezielle Herangehensweise zur Bearbeitung komplexer Problemstellungen verstanden. Das zugrundeliegende Vorgehen orientiert sich an der Arbeit von Designern und Architekten. Design Thinking ist dabei zugleich eine Methode, ein Set an Prinzipien, eine spezielle Denkhaltung und ein Prozess mit einer Vielzahl von unterstützenden Tools. Wesentliches Kennzeichen ist die fokussierte Anwenderorientierung.« (Wirtschaftslexikon, 2020)

**Abb. 27:** Design Thinking

Der Ablauf ist dynamisch und iterativ. Am Ende einer Phase kannst du feststellen, ob diese oder die vorhergehende Phase wiederholt werden muss. Das ist beispielsweise der Fall, wenn sich nach dem Test eines Prototyps herausstellt, dass das Problem noch nicht gelöst wurde. Beim Design Thinking sind die Sichtweise des Kunden und seine Bedürfnisse zentral. Teammitglieder, die in diesem Prozess zusammenarbeiten, kommen oft aus interdisziplinären Bereichen. Mit anderen Worten, mit unterschiedlichem Können, Denken und Background.

### 2.10.5   Originell und nützlich zahlt sich aus

Der Nutzen von Kreativität im Marketing ist in meinem Empfinden und meiner Erfahrung sehr deutlich. Eine Meinungsumfrage von Adobe (2019) stützt meine Ansicht:

⇨ 83 Prozent aller Befragten sind davon überzeugt, dass die Kreativität eines Unternehmens von besonderem Wert ist.

⇨ 85 Prozent der Arbeitnehmer und Arbeitgeber erwarten bei Unternehmen, die in Kreativität investieren, eine höhere Arbeitnehmerproduktivität.

⇨ 84 Prozent rechnen mit glücklicheren Mitarbeitern.

⇨ Die große Mehrheit der Befragten ist der Meinung, dass ein Investment in Kreativität Innovationen begünstigt (88 Prozent), zufriedenere Kunden schafft (86 Prozent), den Wettbewerb steigert (85 Prozent) und finanziellen Erfolg schafft (79 Prozent).

⇨ 79 Prozent der Verbraucher sind der Ansicht, dass kreatives Design und Marketing eine starke Markenwahrnehmung bekräftigen.

Die Zahlen sowie Sebastian Lenninghausen, der dir gleich spannende Einblicke gibt, verdeutlichen es noch einmal auf beeindruckende Weise: Mit Kreativität kannst du Menschen erreichen und begeistern.

### 2.10.6   VIP: Sebastian Lenninghausen, Produkt- und Innovationsmanager Marketing bei der Privatbrauerei Gaffel Becker & Co OHG

Kreativität ist in einem schrumpfenden Biermarkt gefragter denn je.

Zu Sebastian Lenninghausens Aufgabenbereichen gehören u. a. die strategische Marketingplanung, die Sortiments- und Produktentwicklung, das Sponsoring und die Mediaplanung des größten Kölsch-Anbieters in der Gastronomie. Weiterhin hat er als ausgebildeter Social Media Manager den Bereich Soziale Medien über die Jahre neu strukturiert und den erweiterten Marktanforderungen angepasst. Zudem will er sich als Nachhaltigkeitsmanager (TÜV) gemeinsam mit seinen Mitarbeitern, Partnern und Lieferanten umwelt- und verantwortungsbewusst für eine zukunftsfähige Gesellschaft einsetzen. **Mehr Informationen auf** www.gaffel.de **und** www.linkedin.com/in/lenninghausen.

### Lieber Sebastian, warum ist Kreativität im Marketing wichtig?

Mit guten Kreationen hebe ich mich von der Masse ab, bin sichtbarer und kann so meine Werbebotschaft durchsetzen. Eine gute Kreation setzt neben handwerklichen Dingen vor allem Kreativität voraus. Sie bleibt in den Köpfen der Menschen hängen und verbreitet sich im besten Fall viral. Emotionen spielen dabei eine wichtige Rolle. Zudem sollte die Werbebotschaft einfach und klar sein.

### Wie kann man Kreativität am besten erlernen und anwenden?

Kreativität kann erarbeitet werden. Ein wichtiger Faktor ist Individualität, aber auch Teamarbeit. Diese Kombination ist meines Erachtens der Schlüssel zum Erfolg.

> **Komprimiert!**
> Optimal ist natürlich, wenn man »ohne Schere im Kopf« unkonventionell denken kann.

**!**

Denn um auf neue und originelle Ideen zu kommen, ist Unabhängigkeit förderlich. Diese so kreierten Grundideen sollte man im Team besprechen sowie auf Plausibilität prüfen und praxisbezogen anpassen.

### Wie kann man Menschen mit Kreativität erreichen und begeistern?

Ich glaube, Erfolg ist eine starke Motivation, Neugier und Begeisterung, die Grundpfeiler der Kreativität, zu fördern. Neues und Originelles zu entwickeln und dann zu erleben, dass man die Menschen »draußen« erreicht, macht Lust auf mehr. Diese positiven Emotionen sind letztlich ein Katalysator für weiteres kreatives Arbeiten. Nicht zu unterschätzen sind auch der Spaßfaktor und die Eigeninitiative. Zudem braucht es einen kreativen Freiraum. Jeder hat sicher schon mal im Alltag erlebt, dass sich in einer unbeschwerten Situation oft ein guter Gedanke einstellt. Neurowissenschaftler haben herausgefunden, dass Kreatives dann entsteht, wenn unser Gehirn auf Bekanntes zurückgreift und neue Verknüpfungen erstellt.

### Kann man Kreativität auch digital umsetzen?

Die Umsetzung einer guten Kreation ist kanalunabhängig und funktioniert grundsätzlich auf allen Ebenen. Sie sollte nicht nur digital gedacht sein, denn durch die Digitalisierung gibt es zwar mehr technische Möglichkeiten, die unter Umständen aber nur eindimensional arbeiten.

> **!**   **Komprimiert!**
>
> Eine Kreation, die digital funktioniert, kann unter Umständen nicht analog umgesetzt werden. Analoges kann ich aber immer ins Digitale übersetzen und entsprechend anpassen.

**Hast du ein originelles Beispiel, wie Kreativität im Bereich Marketing umgesetzt wurde?**

Für unsere Kampagne »Mit Abstand das beste Kölsch« sind wir von der Marketing-Fachzeitschrift Horizont zur besten Kreation im April 2020 ausgezeichnet worden. Die Grundidee war, dass wir den ersten Corona-Lockdown mit einem Augenzwinkern in Print und Social Media bespielen wollten. Der erste Impuls kam von unserer Kreativagentur, den wir dann im Team optimiert und umgesetzt haben. Der dazugehörige Clip zeigt im Split-Screen, wie zwei Nachbarn in ihren Wohnungen zeitgleich in ihre Kühlschränke zu Gaffel Kölsch greifen, sich aber erst dann auf den Balkonen begegnen und mit Abstand zuprosten. »Mit Abstand das beste Kölsch« lautete dann der Abbinder.

## 2.11   Hier und Jetzt

*Es gibt nur zwei Tage im Jahr, an denen man so gar nichts tun kann: Der eine heißt Gestern, der andere heißt Morgen. Also ist heute der richtige Tag, um zu lieben, zu glauben, zu handeln und vor allem zu leben.*

Dalai Lama

Zeitpunkt, Timing, das Hier und Jetzt – ein ganz wichtiger Faktor im Marketing und ein Element, das häufig unterschätzt wird. Schauen wir uns einige Aspekte an, wie man mit gutem Timing Menschen erreichen und begeistern kann. Und es kann ein wenig widersprüchlich werden: Mal braucht es viel Zeit, um zu entstehen, mal ist es ›Just-in-time‹. Mal ist das Timing sehr wichtig und manchmal solltest du nicht zu viel Fokus darauf legen. Das zu entscheiden gilt im Hier und Jetzt.

### 2.11.1   Timing ist alles

Gutes Timing heißt im Marketing: zur richtigen Zeit am richtigen Ort für die richtige Zielgruppe zu sein mit dem richtigen Produkt und der richtigen Botschaft. Hier spielt auch die Customer Journey eine wichtige Rolle (siehe Kapitel 1.2.2). Denn was bringt eine Kampagne, ein Angebot, eine Anzeige, wenn der Kunde sich bereits für den Konkurrenten entschieden oder dort gerade erst gekauft hat? Es ist nicht immer einfach zu wissen, wann der richtige Zeitpunkt ist. Dafür muss man sich gut mit der Zielgruppe auseinandersetzen: In welchem Zyklus des Kaufprozesses befindet sich meine Zielgruppe aktuell? Timing ist alles! Dasselbe gilt auch für deine Produkte (siehe auch Kapitel 2.17, Element »Professioneller Vertrieb«). In welcher (Entwicklungs-)Phase befindet sich dein Produkt, befinden sich ähnliche Produkte auf dem Markt? Was ist im Hier und Jetzt attraktiv für deine Kunden und was gerade nicht? Ostereier zu Weihnachten, ein Discman im Jahr 2021 oder ein Samsung S10, obwohl es bereits das Samsung S21 gibt – das sind keine erfolgversprechenden Produkte in Kombination mit dem Zeitpunkt.

**Zeit haben, Zeit nehmen**
Häufig wirst du als Marketingexperte im (Entwicklungs-)Prozess viel zu spät hinzugezogen. Dann heißt es: »Und jetzt mach bitte schnell das Marketing zu unserem neuen Produkt.« Du hörst aber zum ersten Mal davon. Kennst du das auch?

Gutes Marketing braucht Zeit, Vorbereitung und eine wohlüberlegte Strategie. Marketing muss von Anfang involviert sein, muss den Aufbau eines Produktes verstehen und begleiten, um letztlich auch den Verkauf stimulieren zu können. Mal eben so Marketing zu machen, ist keine gute Idee und oft ein naiver Trugschluss anderer Abteilungen. Die Erwartungshaltung von Kollegen oder Kunden und das dafür vorgegebene

Timing kollidieren oft. Die Erwartung meiner Kunden war immer wieder erstaunlich: »Ihr schaltet für mich eine Anzeige mit unserem neuen Angebot und am Tag danach kommen dann die Buchungen rein, oder?« Oh nein, liebe Kunden, musste ich dann immer sagen: Das alles braucht Zeit. Es ist kein Erfolgsgarant, nur weil eine Anzeige geschaltet wurde, ein Spot gelaufen ist. Meistens braucht es einen langen Atem, um als Angebot wahrgenommen zu werden und dann durchläuft der potenzielle Kunde den gesamten Kaufprozess, der eben auch etwas länger dauern kann. Der Co-Founder und CEO von Chimpify, Vladislav Melnik, belegt, dass Inbound- und Content-Marketing sechs Monate bis zu einem Jahr benötigen, bis sie Erfolge erzielen. Also noch einmal: Es braucht Geduld, Wiederholung und Zeit.

**Leg los**

> **!**  **Das Dilemma**
>
> Timing ist alles und doch auch nichts. Denn es gibt eigentlich nie den richtigen Zeitpunkt für etwas. Auf den zu warten, wäre grob fahrlässig.

Es kann passieren, dass die Konkurrenz längst losgelegt hat, während du noch den perfekten Slogan überlegst, die richtigen Marketingtools abwägst, weitere Kundenstimmen hören möchtest. Der Konkurrent macht es in diesem Moment vielleicht weniger perfekt, aber dafür bereits mit einigen Learnings und Erfolgen mehr. Also verrenne dich nicht im Timing, sondern starte einfach. Lass bei der Planung, Ausarbeitung oder Umsetzung deiner Marketingaktion den Perfektionismus los und komme ins Tun.

### 2.11.2    Sense of Urgency – Veräppele deine Kunden nicht

Timing als effizientes Mittel kann im Marketing gut genutzt werden, indem du einen sogenannten Sense of Urgency (Gefühl der Dringlichkeit) ausrufst. Das heißt, du kreierst einen konkreten Anlass, der nur zu einem bestimmten Zeitpunkt stattfindet: Black Friday, Sommer-Sale oder Adventsangebot (natürlich kannst du dir auch kreativere Anlässe einfallen lassen!). Der Sense of Urgency funktioniert auch beim Thema Verknappung, indem du ein Dringlichkeitsbewusstsein beim Verbraucher evozierst: nur noch drei Plätze frei, nur noch zehn Exemplare auf Lager. Das Prinzip der Verknappung ist laut der Online-Datenbank ScienceDirect »ein psychologischer Auslöser, der tief in unserem Gehirn verwurzelt ist«.

In meiner kleinen Umfrage im Herbst 2020 reagierten die Teilnehmer allerdings sehr negativ auf das Thema Verknappung. Sie zeigten sich genervt, viele beschrieben das Prinzip als billiges Marketingtool. Die Umfrage ist nicht repräsentativ, dennoch glaube ich, dass es genug kritische Menschen und Zielgruppen gibt, die vor allem eine künstliche Verknappung (Fake) abstrafen.

Hast du schon einmal von dem Phänomen Fear of missing out (FOMO) gehört? FOMO ist ähnlich dem Dringlichkeitsbewusstsein und dem Verknappungsprinzip eine Form der (zwanghaften) sozialen Angst oder Besorgnis, ein befriedigendes oder ungewöhnliches Ereignis zu verpassen. Umgekehrt ausgedrückt geht es um den Wunsch, ständig mit dem verbunden zu bleiben, was andere tun oder haben.

### 2.11.3   Just-in-time-Marketing

Im Marketing wird der Just-in-time-Gedanke in vielen Firmen gelebt. Es werden erst dann Marketinginhalte erstellt, wenn sie auch gebraucht werden und diese werden auch erst dann an die Bedürfnisse der Kunden angepasst.

Der Just-in-time-Gedanke (»gerade rechtzeitig«) wurde bereits 1937 von Toyoda Kiichirō für die Produktion im Automobilbau (Toyota) entwickelt: Für die Produktion benötigte Materialien wurden erst dann geordert und geliefert, wenn sie benötigt wurden. Es handelt sich hierbei also um eine Produktionsphilosophie, bei der es um die Ausschaltung von Verschwendung im Bereich der Lagerhaltung und damit verbundener Kosten geht.

> **Komprimiert!**                                                                                    !
>
> Laut Accenture Interactive wurde bei 38 Prozent der Unternehmen, die nach dieser Just-in-Time-Marketing-Philosophie tätig sind, eine Steigerung des Jahresumsatzes von 25 Prozent festgestellt.

Wenn es zu deiner Branche passt, ist es sicherlich vorteilhaft, das Just-in-time-Prinzip zu übernehmen! Ein weiterer Vorzug: Es bleibt mehr Zeit u. a. für Kreativität und die Erstellung von passendem Content.

### 2.11.4   Achtsamkeit

Im Hier und Jetzt ist Achtsamkeit ein ganz wichtiger Bestandteil – bei Weitem nicht nur, aber eben auch im Marketing. Achtsamkeit bedeutet, dass wir den Blick wach und aufmerksam auf die Gegenwart und den Augenblick richten. Eine Haltung, die aus dem Buddhismus stammt und auch im Yoga viel praktiziert wird. Doch auch in unserer Um- und Unternehmenswelt spielen vermehrt Führungskräfte darauf ein – so zumindest meine Erfahrung. Zum einen mit Blick auf ihre Mitarbeiter, denn Achtsamkeit sorgt für weniger Stress, mehr Kreativität und mehr Zufriedenheit. Zum anderen hinsichtlich der Produkte und Dienstleistungen. Denke nur an die zunehmenden Feelgood-Angebote – das iPhone mit der Health-App zum Beispiel. Auch im Marketing ist Achtsamkeit zunehmend ein Thema: Kampagnen, die reale Bedürfnisse ansprechen,

Menschen wirklich wahrnehmen und aufmerksam auf ihre Wünsche eingehen und auf Augenhöhe kommunizieren.

Dass wir besser handeln als warten sollten, bis alles (scheinbar) perfekt ist, ist auch die Botschaft von Rabea Brozulat, die du im folgenden Interview kennenlernst.

### 2.11.5    VIP: Rabea Brozulat, Marketingleiterin bei Experiment e. V.

Better done than perfect: Wie deine Marketingstrategie im Hier und Jetzt erfolgreich wird!

**Rabea Brozulat ist Marketingexpertin, erfolgreiche Bloggerin und Social-Media-Expertin. Mehr Informationen auf** www.rabea-brozulat.de.

**Liebe Rabea, was bedeutet im Hier und Jetzt sein für das Marketing?**

Marketing im Hier und Jetzt klingt ein bisschen nach Krisenkommunikation – als sei diese Art der Kommunikation vor allem für unerwartete Notfälle reserviert. Dabei geht es vielmehr darum, die Kommunikation an den Alltag der KundInnen anzupassen und spontane Kaufentscheidungen abzupassen – quasi ein Echtzeitmarketing. Für die aktuelle Zielgruppe ist nicht mehr der Preis eines Produktes entscheidend, sondern Werte wie Vertrauen, (schnelle) Verfügbarkeit und Relevanz. Das macht das Hier und Jetzt zu einem der wichtigsten Treiber im Marketing.

Es passiert gerade ein spannender Wandel im Marketing vom Push- zum Pull-Marketing: Während bis in die frühen 2000er-Jahre noch Fernsehwerbung oder Anzeigen für die Aufmerksamkeitssteigerung und Emotionalisierung einer Brand genutzt und in den Markt gedrückt (Push) wurden, fokussieren sich Marketing und Sales seit den letzten Jahren vermehrt auf lösungsorientierten Content. Die Kunden suchen sich ihre Problemlösung und somit auch ihre Produkte selber aus (Pull). Im Hier und Jetzt zu sein ist daher für alle Werbetreibenden absolut unabdingbar geworden, denn nur wer »stattfindet«, wird gesehen.

Für die Zukunft stehen im Marketing demnach der Inhalt und die Begleitung der KundInnen auf ihrer Customer Journey im Vordergrund. Ganz konkret bedeutet das: Denke um! Der Switch von Off- zu Onlinemarketing ist unabdingbar, Mediaausgaben sollten umgeplant und neue Werbeformen ausprobiert werden, zum Beispiel Event-Marketing, Guerilla-Marketing, Influencer-Marketing.

Ich bin übrigens großer Fan klassischer Werbung und will das traditionelle Offlinemarketing nicht schlecht reden, doch die Emotionalisierung von Produkten findet im

Alltag und im Hier und Jetzt der KundInnen – also online – statt. Offlinewerbung kann die Marke aber darüber hinaus flankieren.

**Worauf kommt es beim Hier und Jetzt im Marketing an?**

Ganz wichtig für das Hier und Jetzt ist die Prämisse: *Better done than perfect.*

Wenn du nur eine Kernaussage aus diesem Interview mitnimmst, dann, dass es immer besser ist zu starten und Dinge auszuprobieren, als sie kaputtzudenken und zu perfektionieren. Man darf und sollte Dinge ausprobieren im Marketing – Schnelligkeit zahlt sich für Marketeers aus. Sei am Puls der Zeit und warte nicht auf die perfekte Gelegenheit. Die kommt nicht. Bis dahin ist die Konkurrenz schon an dir vorbeigezogen. KonsumentInnen verzeihen Fehler, aber sie verzeihen nicht, wenn sie ein Produkt gar nicht erst als ein solches erkennen, weil es nicht stattfindet.

**Kann man Achtsamkeit auch digital umsetzen?**

Unbedingt! Wir leben in einer Always-on- und Mobile-First-Gesellschaft – wer hier mithalten will, muss auch und vor allem digital präsent sein. Immer mehr soziale Kanäle werden zu erweiterten Kaufkanälen. So kann man seit Kurzem nicht nur auf Instagram, sondern auch auf Pinterest direkt shoppen und ist mit nur wenigen Klicks in den Kaufprozess involviert. Besonders die neue Instant-Buy-Mentalität online oder auch in den sozialen Medien erhöht die Chance eines Kaufs und hilft dabei, KundInnen an die Marke zu binden.

Der Anspruch der KäuferInnen ist gestiegen: Das Warten auf den Kauf oder den Versand von Produkten ist nicht mehr zeitgemäß. KundInnen wollen die Ware sofort kaufen und am liebsten am nächsten oder sogar am selben Tag erhalten. Nicht umsonst ist Amazon mit seinem Prime-Service so beliebt. Wer dieser neuen Schnelligkeit nicht gerecht wird, wird vom Markt bestraft und verpasst nicht nur Verkäufe, sondern verliert mittelfristig auch die Zielgruppe.

So anstrengend das Thema digitales Marketing auch klingt, es lohnt sich: KundInnen können im digitalen Raum viel leichter bestimmt, abgegrenzt und getargetet werden. Anhand von geografischen und demografischen Daten sowie durch Tracking der Kaufgewohnheiten lassen sich ganze Kampagnen auf die Zielgruppe anpassen.

Eine Marketingkampagne sollte aber niemals nur aus rein analytischen Daten bestehen, sondern ist ein komplexes Zusammenspiel von Technik, Strategie, Marketingexpertise und vielleicht auch ein bisschen Bauchgefühl. Neben der Präsenz im Internet (dem Hier) ist es daher auch wichtig, im richtigen Moment (Jetzt) da zu sein und die Kunden in der passenden Situation (emotional) abzuholen.

**!**  **Komprimiert!**

Frage dich: Welche Bedürfnisse möchten meine KundInnen gerade stillen? In welcher Lebenssituation erreiche ich meine KäuferInnen?

**Hast du ein tolles Beispiel, wie Hier und Jetzt von einem Unternehmen umgesetzt wurde?**

Uns alle hat im Jahr 2020 das Thema Corona umgetrieben und tut es 2021 natürlich immer noch. Ich fand es spannend zu beobachten, wie nur kurze Zeit nach dem ersten Lockdown im März 2020 die ersten Firmen mit Plakaten, Social-Media-Werbung und TV-Spots die aktuelle Krise aufgegriffen und für sich genutzt haben. Vor allem Supermärkte und Discounter waren schnell in der Umsetzung mit entsprechenden Kampagnen, die auf die emotionalen Treiber Solidarität und Zusammenhalt eingingen. Unter dem Hashtag #gemeinsamgehtalles stellte z. B. Aldi ein Video mit Handyclips von Mitarbeitenden und KundInnen online, welches das Wir-Gefühl der Menschen zu Lockdown-Zeiten stärkte.

## 2.12    Kommunikation

*Kommunikation ist die Kunst, auf das Herz zu zielen, um den Kopf zu treffen.*

Vance Packard

### 2.12.1    Dialog statt Monolog – Die Kunst des Zuhörens

Kennst du das auch? Du hast ein Gespräch mit einer Verkäuferin und hast das Gefühl, sie hört dir nicht richtig zu? Du bist im Gespräch mit einem Geschäftspartner und er lässt dich nicht zu Wort kommen, führt einen (gefühlt ewigen) Monolog und du hast innerlich schon längst abgeschaltet? Du sprichst mit einem Kunden und ihr redet die ganze Zeit aneinander vorbei, kommt nicht auf einen gemeinsamen Nenner?

Es gibt in Kunden- und persönlichen Beziehungen nichts Wichtigeres als die Kommunikation – verbal wie nonverbal. Gleichzeitig macht die Kommunikation es uns oft schwer. Das hat unter anderem mit den unterschiedlichen Sichtweisen des Senders und des Empfängers zu tun, der selektiven Wahrnehmung und der Komplexität der Kommunikation an sich. Je nach Perspektive sehen Dinge nun mal einfach anders aus. Halte dir nur einmal die Bedeutung des Wortes »Dialog« vor Augen: Zwiegespräch, sich unterreden, besprechen – da gehören immer mindestens zwei dazu, die sich zuhören und miteinander reden.

**Abb. 28:** Kommunikationsperspektive

Es ist essenziell, dass Unternehmen, Führungspersönlichkeiten, du und ich aufhören, ausschließlich von uns selbst auszugehen. Wir müssen fähig und willens sein, die Perspektive des anderen, des Gesprächspartners, des Kunden einzunehmen. Erst dann können wir verstehen und erfolgreich handeln! Ob in deinem eigenen Land, im nationalen Kontext, in dem du dieselbe Sprache sprichst, oder im internationalen Geschehen, wo unterschiedliche Kulturen und Sprachen aufeinandertreffen. Auch hier gilt: Kenne deine Zielgruppe und sprich ihre Sprache! Solltest du fürs internationale Marketing verantwortlich sein, dann kann es im europäischen Raum noch einige Gemeinsamkeiten innerhalb deiner Zielgruppe geben, aber davon solltest du nicht ausgehen! Bereits in Europa haben wir deutliche kulturelle Unterschiede zwischen den Ländern. Beachte also immer und erforsche länderspezifische Unterschiede und spiele je nach Land darauf ein!

**Ein kleiner Exkurs ins internationale Marketing**
Ich durfte in meinem Arbeitsleben als Russland-Direktorin des NBTC den russischen Markt eröffnen. Eine andere Kultur, eine andere Sprache. Auf der ersten Pressekonferenz in Moskau sollten der niederländische Botschafter und ich 30 Journalisten willkommen heißen. Meine Rede sollte übersetzt werden. Da sowohl die Übersetzerin als auch der niederländische Botschafter aus Moskau aufgrund von Stau auf sich warten ließen, versuchte ich es zur Überbrückung mit Small Talk. Alle Journalisten waren nämlich bereits anwesend und es war mucksmäuschenstill im Raum. Ich sprach sie in Englisch auf das Fußballspiel zwischen Spartak Moskau und Ajax Amsterdam am Abend zuvor an. Aber keine Regung bei den Journalisten, ein spontanes Gespräch war (aufgrund der Sprache) in dem Moment nicht möglich. Dann, als der Botschafter und die Übersetzerin da waren, hörten alle mir und meiner Rede voller Interesse und Begeisterung 30 Minuten lang zu. Diszipliniert und wertschätzend, denn es war schon anstrengend, dass nach jedem zweiten Satz die Dolmetscherin meine Wörter auf Russisch wiederholte. Anschließend hatten wir dann noch einen äußerst regen Austausch. Mir wurde nochmals klar, was Sprache manchmal ausmachen kann.

Ich durfte u. a. auch eine gemeinsame Marketingkampagne in den europäischen Ländern wie Spanien, Italien, UK und Skandinavien mit begleiten und ›live‹ lernen, dass es nationale, kulturelle Unterschiede gibt. Das Kampagnen-Hauptmotiv wollten wir länderübergreifend gleich gestalten, da hatten meine spanischen Kolleginnen aber ganz andere Vorstellungen als die englischen Kollegen – jeweils begründet aus Sicht der eigenen Zielgruppe, die auf unterschiedliche Schwerpunkte Wert legen bei der Gestaltung, dem Inhalt und vor allem bei der Botschaft. Also wurden aus einem Motiv dann doch mehrere.

Ganz besonders habe ich die Erfahrung gesammelt, wie unterschiedlich Kulturen sind, als ich in den letzten zwei Jahren meiner Tätigkeit als Marketingexpertin eine Strategie für ein ›digital tourism ecosystem‹-Projekt in China mit entwerfen und umsetzen durfte – das Chinalab, wie wir es nannten. Und ich kann ein weiteres Mal sagen: Die Sprache und Kultur ist eine komplett andere, und das erfordert natürlich auch eine komplett andere Kommunikation und Herangehensweise an das Marketing! Wesentlich digitaler. WeChat zum Beispiel ist nicht nur einfach ein Social-Media-Tool wie Facebook oder Instagram. Nein, es hatte weitere Funktionen, die es hier in Deutschland noch gar nicht gab bzw. gibt, u. a. eine Bezahlfunktion, den umfassenden Einsatz von QR-Codes sowie alle Informationen, Entertainment – faszinierende Möglichkeiten für Marketingexperten. Datenschutz in China ist allerding ein anderes Thema. Auch der Besuch in einem Hightech-Supermarkt hat uns staunen lassen und fasziniert, was an Kundenservice noch so möglich ist. Für eine respektvolle Kommunikation und Zusammenarbeit mit den Geschäftspartnern sollten wir die kulturellen Feinheiten kennen. Was aus der Zeit übrigens auch geblieben ist: mein chinesischer Name Su Yong Xing und ganz viel Begeisterung für dieses Land und seine spezifische Marketingwelt.

Aber unabhängig davon, in welchem Land wir uns aufhalten oder arbeiten: Kommunikation heißt immer miteinander reden, zuhören, fragen und antworten – verbal und nonverbal, emotional und rational, direkt und indirekt, auf Sach- und Beziehungsebene, intern und extern, in Bildern und Worten, analog und digital. Welchen Stil und welche konkreten Formen du wählst und einsetzt, ist abhängig davon, in welchem Land du dich befindest. Es gibt auf jeden Fall ein buntes und abwechslungsreiches Spektrum an Möglichkeiten.

## 2.12.2 Auffallen – Sei besonders und begeistere

Von Datenchaos und Information Overload hatte ich bereits geschrieben. Daher führe ich dir jetzt einmal vor Augen, was innerhalb einer Minute im Internet passiert.

Wie fällst du in dieser Masse von Botschaften noch auf? Wie kannst du dich absetzen und herausstechen? Das funktioniert, indem du deinen eigenen Stil findest und kontinuierlich (aus)lebst. Dass du authentisch bist (siehe Kapitel 2.2, Element »Authentizität«) und dich ganz intensiv mit den Bedürfnissen deiner Kunden auseinandersetzt. Wichtig ist, dass du auch genau dort präsent bist, wo deine Zielgruppe unterwegs ist und wo du auf potenzielle Käufer triffst.

**Abb. 29:** Eine Internetminute 2020 – Was innerhalb von 60 Sekunden passiert

Ich erinnere erneut an Kapitel 1.2.1: Du musst nicht alles für jeden sein, sondern ganz besonders für deine Zielgruppe.

> **! Komprimiert!**
>
> Was so wichtig ist – und dich erfolgreich macht:
> ⇨ Gehe persönlich auf dein Gegenüber ein.
> ⇨ Vermittle Relevanz.
> ⇨ Zeige Qualität.

Gehe in den persönlichen Dialog, interagiere empathisch und höre zu! Das ist dein Schlüssel in der Kommunikation – und dein Weg zu einem interessierten (potenziellen) Kunden.

Ich erinnere mich gern an einen Abend in Amsterdam. Wir waren in einem Restaurant und beim Dessert kamen wir ins Gespräch mit dem Kellner, der uns von der beeindruckenden Historie des Hauses erzählte. Es wurde im 17. Jahrhundert errichtet, manche Räume waren noch so wie damals, er erzählte ganz enthusiastisch viele interessante Details aus der Zeit Rembrandts und Vermeers. Es war toll. Das Essen war auf Sterneniveau, die Location authentisch und exquisit. Aber es war vor allem der Kellner, der den Abend zu etwas Besonderem machte. Er kommunizierte überaus freundlich und kompetent, auf eine angenehm zurückhaltende Art, und ging sehr aufmerksam auf uns ein. Er sorgte dafür, dass wir einen wundervollen Abend hatten.

Ein anderes wunderbares Beispiel, das zeigt, wie man sich von der Masse abheben kann:

Derek Sivers, US-amerikanischer Schriftsteller, hatte 1998 einen Onlineversand für CDs namens CD Baby gegründet. 10 Jahre später war CD Baby der weltweit größte Onlinehändler für CDs von unabhängigen Künstlern. Den einschlagenden Erfolg verdankt Sivers unter anderem einer Versandbestätigung, die in 20 Minuten getippt war. Er bezeichnet es heute als die erfolgreichste E-Mail, die er je geschrieben hat.

Zu Beginn des Unternehmens bekamen die Kunden die allseits bekannte 08/15-Benachrichtigung: »Ihr Packet wurde verschickt. Vielen Dank für Ihre Bestellung!« Nach ein paar Monaten fühlte sich das für Derek nicht mehr richtig an. Immerhin war es seine Mission, seine Kunden zu begeistern, sie zum Lächeln zu bringen. Ab diesem Zeitpunkt fanden seine Kunden folgende Zeilen in ihrer Mailbox:

### Der Text, der CD Baby zum weltweit größten CD-Onlinehändler machte

*Vielen Dank für Ihre Bestellung bei CD Baby!*

*Ihre CD wurde vorsichtig mit sterilen, keimfreien Handschuhen aus unserem CD Baby Regal genommen und auf ein Satinkissen gelegt. Ein Team von 50 Mitarbeitern hat Ihre CD begutachtet und poliert, um sicherzustellen, dass sie in Topform ist, bevor wir sie versenden. Unser weltbekannter Verpackungsspezialist hat eine Kerze aus lokaler Handwerkskunst angezündet und es wurde ganz ruhig im Raum, als er Ihre CD in die beste, mit Gold ausgekleidete Schachtel gelegt hat, die man nur bekommen kann. Danach haben wir gefeiert und sind alle gemeinsam die Straße hinunter zur Poststelle marschiert, wo die gesamte Bevölkerung der Stadt Portland Ihrem Paket »Bon Voyage!« gewünscht und ihm nachgewinkt hat. Es ist nun auf dem Weg zu Ihnen, in unserem privaten CD Baby Jet.*

*Wir hoffen, Sie haben Ihr Shoppingerlebnis auf CD Baby in vollen Zügen genossen. Als Erinnerung haben wir Ihr Foto als »Kunde des Jahres« an die Wand gehängt. Wir sind vollkommen erschöpft, können es aber kaum erwarten, dass Sie cdbaby.com wieder besuchen!!*

*Danke, danke, danke!*
*Hach …*
*Wir vermissen Sie jetzt schon! Wir sind gleich hier auf* cdbaby.com *und warten sehn-*
*süchtig auf Ihre Rückkehr.*

*All Ihre Freunde von CD Baby*

### 2.12.3   Absage mit Charme – Sage auch mal nein

Ich habe für mein erstes Buch beim Haufe Verlag prominente Frauen gefragt, ob ich ein kleines Interview mit ihnen führen dürfte, welches ich dann im Buch veröffentlichen wollte. Von 95 Prozent der Frauen habe ich keinerlei Reaktion bekommen, auch nach mehrmaliger, freundlicher Nachfrage nicht. Nur eine Dame hat schriftlich geantwortet, mit einer außerordentlich freundlichen Absage: Frau Dr. Angela Merkel. Persönlich und wertschätzend. Ich habe mich trotz Absage und obwohl es deutlich war, dass ihr Sekretariat das Schreiben verfasst hat, über diese Nachricht sehr gefreut.

Es ist so einfach und für viele doch so schwer zugleich: Der Ton macht die Musik – ob es um ein Dankeschön für einen Kauf, um das Behandeln einer Beschwerde oder eben um eine Absage geht. Wertschätzendes Feedback zu geben, zu reagieren, zu antworten – damit kannst du als Unternehmen, als Person heutzutage bereits punkten, denn viele reagieren teilweise schon gar nicht mehr auf Fragen oder eine Mail. Jegliches Feedback ist Wertschätzung dem Kunden gegenüber, auch, wenn du nein sagst, weil etwas schier nicht möglich ist oder du ein Bedürfnis bei allem Engagement nicht bedienen kannst. Das wird bei der Person hängenbleiben – und damit hast du schon das erste A aus dem AIDA-Modell (siehe Kapitel 1.1.3) erreicht: Awareness, Aufmerksamkeit. Und das funktioniert online und offline!

Dass gute Kommunikation und erfolgreiches Verkaufen mit Zuhören beginnt, zeigt dir Michael Rossié.

### 2.12.4   VIP: Michael Rossié, CSP, Keynote Speaker und Vizepräsident der German Speakers Association

Verkaufen heißt Zuhören.

**Michael Rossié ist Sprechercoach, Sachbuchautor (»Rhetorik ist keine Kunst, sondern kein Problem«) und Keynote Speaker mit dem Schwerpunkt Sprecher- und Medientraining. Mehr Informationen auf** www.michael-rossie.com **und** www.linkedin.com/in/michaelr8.

Sobald jemand die Möglichkeit sieht, mir etwas zu verkaufen, sei es persönlich, auf seiner Internetseite oder in einem Inserat, fängt er an, von sich zu erzählen. Wie lange er schon an sich arbeitet, wieviel hundert Jahre es seine Firma gibt und dass er gerade so glücklich ist, mich endlich begrüßen zu dürfen.

Das kann zweifellos interessant sein, wenn ich kurz davor bin, sein Produkt zu erwerben oder seine Dienstleistung in Anspruch zu nehmen. Eine Firma, die es lange gibt, erfahrene Entwickler und Verkäufer, die sich über Kunden freuen, können später ein Argument sein, ein Produkt zu kaufen. Aber eben erst kurz vor dem Kauf, als letzter Impuls sozusagen. Aber wenn ich nichts kaufen will oder Fan der Konkurrenz bin, nützt auch ein wieselflinker Verkäufer mit strahlendem Lächeln nichts.

**Komprimiert!**                                                                  **!**

Wenn der Referent auf der Veranstaltung anfängt mit »Erlauben Sie mir, dass ich Ihnen kurz unsere Firma vorstelle«, dann hat er nichts verstanden.

Auch Sätze wie »Sie wollen doch sicher ...« oder »Ich habe die Erfahrung gemacht, dass Führungskräfte wie Sie ...« oder »Bestimmt haben Sie sich schon mal Gedanken gemacht ...«, die überall in Verkaufstrainings unterrichtet werden, handeln nur scheinbar von mir und treiben mir die Zornesröte ins Gesicht. Was fällt dem ein, mir zu sagen, was ich denke. Diese Sätze wollen im Grunde wieder nur verschleiern, dass derjenige seine Erfahrung, seine Menschenkenntnis und die Qualität seiner Marktforschung unter Beweis stellen will. Um mich geht es wieder nicht.

**Komprimiert!**                                                                  **!**

Dabei wäre es doch so einfach: Warum fragt mich eigentlich keiner, was ich will?

Warum will keiner wissen, was ich brauche oder mir wünsche oder mir überlegt habe? Warum will mir jeder erklären, dass er das besser weiß. Auf der letzten Netzwerkparty wurde ich ununterbrochen von Menschen belagert, deren einziges Ziel darin bestand, mir möglichst schnell ihre Visitenkarte auszuhändigen, um dann zum nächsten potenziellen Kunden zu schweben. Die fallen abends erschöpft in den Sessel und sind sehr stolz, wie viele Visitenkarten sie verteilt haben. Alle diese Visitenkarten wandern bei mir in den Müll und erinnern konnte ich mich schon am nächsten Tag an niemanden mehr. Mit einer Ausnahme. Beim letzten Mal fragte mich Heike zur Gesprächseröffnung, was ich denn so mache. Ich war einen Moment verdutzt, dass sich auf einmal jemand für mich interessiert. Dann haben wir uns glänzend unterhalten. Als ich dann nach ein paar Minuten die Gegenfrage gestellt habe, hat sie mir gesagt, was sie macht und das, was sie von mir über mich gehört hatte, konnte sie passgenau einbauen, indem sie mich als Beispiel nahm.

Die Sache mit dem Elevator Pitch ist nicht mehr so attraktiv. Natürlich sollte jeder in zwei Sätzen sagen können, was er macht. Aber auf andere einreden, in der Hoffnung, da bahne sich anschließend ein Geschäft hat, halte ich für falsch.

Grundsätzlich bin ich dagegen, Gespräche durchzuplanen. Aber wenn ich Marketing betreiben will, wenn ich also eine Absicht im Gespräch habe, die übers einfache Plaudern hinausgeht, brauche ich eine Dramaturgie.

Dabei gehe ich am besten erst einmal von meinem Gegenüber aus. Ich versuche, ihn kennenzulernen und festzustellen, ob er ein Problem hat und wenn ja, wo. Wenn ich dann für dieses Problem eine Lösung habe, wird der Rest einfach.

Auch Kunden, die einen Laden betreten, bringen schon eine Menge Gedanken mit, die sie sich zu Hause gemacht haben. Aber für meine Gedanken interessiert sich meist niemand, weil der Verkäufer nach einem kurzen Blick auf meine Schuhe glaubt, mich durchschaut zu haben. Wenn es schlimm kommt, kommt dann seine Selling Story oder er ordnet mir eine von vier Farben zu. Das ist ein hübsches Gesellschaftsspiel, aber wissenschaftlich gibt es für die Einteilung von Menschen in vier Persönlichkeitstypen keinerlei Grundlage.

Auch Webseiten beginnen so oft mit der Gründung des Unternehmens, mit dem Sonderpreis diese Woche oder mit den 23 besten Möglichkeiten, mit der Firma in Kontakt zu treten.

Dabei sollte es um das Problem des Kunden gehen, um seinen größten Schmerz, um seine größte Sehnsucht. Wenn ich die anspreche, wird seine Aufmerksamkeit geweckt sein.

Wenn jemand beispielsweise eine mehrjährige Ausbildung anfängt, ist vielleicht sein größtes Problem, wie er da wieder rauskommt, wenn es ihm nicht gefällt. Dasselbe gilt für Schuhe, die jemand online kauft oder für einen Newsletter, den ein Interessent abonniert hat. In allen drei Fällen würde ich auf meiner Homepage sehr deutlich machen, wie man von der Ausbildung zurücktreten, die Schuhe zurückschicken und den Newsletter abbestellen kann.

Im zweiten Schritt ist es die Aufgabe von Marketing, einen erstrebenswerten Sollzustand zu beschreiben. Ich zeige, dass man das Problem lösen kann, dass es auch anders geht, dass es viel mehr Möglichkeiten gibt, als der Kunde oder Interessent im Moment noch glaubt.

Im dritten Schritt wird der Kunde jetzt etwas ganz von selbst tun und mir die Arbeit abnehmen: Er wird mich fragen, wie ich das dann hinkriegen will, wie das denn gehen soll. Er ist gespannt, wie ich diese tolle Lösung dann erreichen will.

Ich beschreibe dann in groben Zügen, wie es geht. Nicht die gesamte Technik ist wichtig, sondern dass es eine Technik gibt. Nicht alle Geheimnisse, nicht die technische Konstruktionszeichnung, sondern eine paar Grundbegriffe und Kernthesen zu dem, was ich mache. Wenn mein Gegenüber dann noch leuchtende Augen hat, dann steige ich noch ein bisschen tiefer ein, warum das bei uns so gut funktioniert. Jetzt kommen die Theorie, die Erfahrung, die zufriedenen Kunden, die leichte Erreichbarkeit und die schnelle Lieferung.

## 2.13   Leadership

*Leadership is lifting a person's vision to higher sights, the raising of a person's performance to a higher standard, the building of a personality beyond its normal limitations.*

Peter F. Drucker

### 2.13.1   Thought Leadership – Denke voraus

Steve Jobs, Elon Musk, Dr. Angela Merkel, Richard Branson, Judith Williams, Oprah Winfrey: Sie alle stehen für eine, für ihre Sache. Wir haben genau vor Augen, wer sie sind, was ihre »Marke« ist. Sie haben eine Persönlichkeit, sind charismatisch und zugleich Vorbild für viele. Thought Leadership ist im Marketing ein neues Buzzword. Hier geht es um Vordenker, um Menschen und Unternehmen, die eine Meinungsführerschaft zu einem Thema oder in einer Branche innehaben bzw. innovative oder einzigartige Lösungen anbieten. Dieses wird von der Öffentlichkeit, aber auch in Branchenkreisen als besonders wertvoll erachtet. Thought Leaders gelten als Experten auf ihrem Fachgebiet, doch ihr umfassendes Know-how allein reicht nicht aus. Es geht immer auch darum, eine Vision, eine klare Positionierung vor Augen zu haben, die Zukunft gestalten zu wollen und wie der Bestsellerautor Mitchell Levy im TedTalk sagte: Es gehört auch Verwundbarkeit, Integrität und Authentizität dazu.

Eine Persönlichkeit wie Branson oder Musk zu sein, diesen Vordenkerstatus zu haben, hat riesengroßen Einfluss auf das eigene Unternehmen. Denn in einem Markt mit großem Wettbewerb kann eine solch schillernde oder bedeutsame Person das Extra an Aufmerksamkeit schaffen. Denn das Image färbt ab und eine (im wahrsten Sinne) Persönlichkeit strahlt etwas Besonderes aus. Viele Menschen wollen sich diesen Menschen zugehörig fühlen, Teil ihrer Bewegung sein, von ihnen lernen, sich inspirieren lassen und sich somit auch an das Unternehmen und die Marke binden. Eine aktuelle Studie der Kommunikationsagentur Edelman und LinkedIn bestätigt das auch für den B2B-Kontext: »Thought Leadership sorgt im Unternehmen für eine deutliche Umsatzsteigerung, denn der Einfluss auf den Vertrieb ist sehr groß.« Vielleicht ist er noch um einiges größer, als manche Marketingverantwortlichen denken.

Darum ist es so wichtig, als Unternehmen eine Thought-Leadership-Position einzunehmen, aber auch in den eigenen Reihen einen Thought Leader zu haben. Eine Persönlichkeit, die hervorsticht und strahlt. Ein Leader, dem die Menschen vertrauen, innerhalb und außerhalb des Unternehmens, den sie mögen und respektieren, von dem sie lernen können, weil er eben ein echtes Vorbild und zugleich nahbar ist.

Ich habe in einer Eventagentur mit gleich zwei solcher »Typen« gearbeitet. Es waren die Geschäftsführer Rob & Rob. Der eine war der Kreative, der andere der Finanzmann, beide Niederländer auf dem deutschen Markt. Sie zeichneten sich nicht nur durch ihren sympathischen Akzent und ihre Professionalität aus, sie waren beide auch sehr speziell, im positiven Sinne.

**Komprimiert!** !

Auch das gehört zu echten Persönlichkeiten: Sie polarisieren. Sie sind nicht immer Everybodys Darling, da sie nun einmal selbstbewusst und meinungsstark sind.

Beide waren damals absolute Vordenker in der Eventbranche. Es machte Spaß, mit ihnen zusammenzuarbeiten, Teil dieses großen Ganzen zu sein und dann das tolle Ergebnis zu sehen, an dem man mitgewirkt hatte. Viele unserer damaligen Kunden aus der Autobranche, so glaube ich, haben nur wegen Rob & Rob mit uns zusammengearbeitet. Das Erfolgsduo, die zwei verrückten Holländer mit ihren großen Ideen.

## 2.13.2 Cultural Fit – Passen wir zusammen?

Ich halte die Unternehmenskultur mit all ihren Facetten wie Kommunikation (Du oder Sie), einer Kultur des Scheiterns, gemeinsam zu feiern usw. in jedem Unternehmen, ob groß oder klein, für sehr wichtig. Insbesondere denke ich, dass die Aspekte »Persönlichkeit und Leadership« im Unternehmen großen Einfluss auf die Unternehmenskultur haben. Gute Führungskräfte im Unternehmen sorgen dafür, dass Menschen erreicht und begeistert werden – intern und extern, Kollegen und Kunden. Laut einer Deloitte-Studie (siehe companymatch.me) glauben 94 Prozent der Führungskräfte und 88 Prozent der Mitarbeiter, dass eine ausgeprägte Arbeitsplatzkultur für den Geschäftserfolg wichtig ist. Auch der Cultural Fit, die Übereinstimmung von Arbeitgeber und Bewerber bezüglich Wertevorstellungen und Handlungsweisen, ist von enormer Bedeutung. Denn er legt die Basis für die künftige Zusammenarbeit und damit letztlich auch für den Unternehmenserfolg.

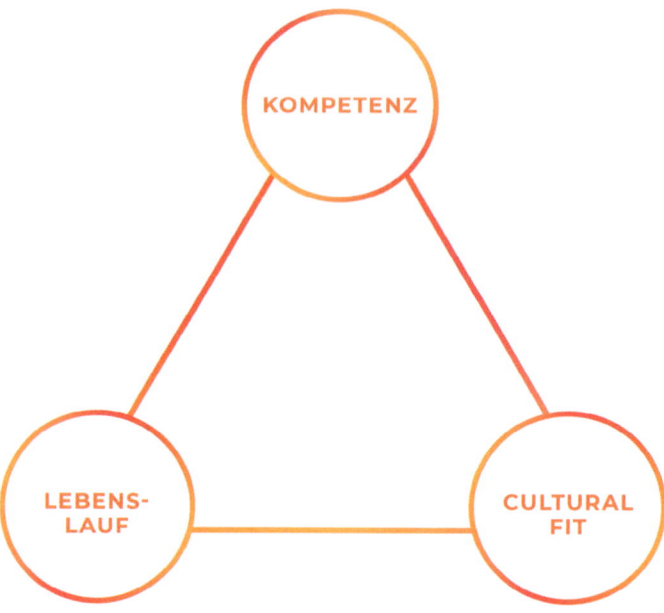

**Abb. 30:** Cultural Fit

Mitarbeiter, die mit hoch engagierten Führungskräften zusammenarbeiten, sind demnach ebenfalls hoch engagiert (59 Prozent). Führungskräfte sollten sich bewusst sein, dass sie durch ihr Verhalten einen maßgeblichen (!) Einfluss auf die Unternehmenskultur haben. Können sich die Mitarbeiter nicht mit Führungskräften und Unternehmenswerten identifizieren, entsteht auch keine emotionale Bindung.

Umso trauriger ist es, dass laut der Gallup-Studie 2019 lediglich 15 Prozent der Beschäftigten eine emotionale Bindung zu ihrem Arbeitgeber haben. Über zwei Drittel (69 Prozent) machen nur Dienst nach Vorschrift.

Auch die weiteren Zahlen sind besorgniserregend. Etwa sechs Millionen Beschäftigte (16 Prozent) glauben nicht an ihr Unternehmen und haben innerlich bereits gekündigt. Das erzeugt laut der Studie 122 Milliarden Euro Folgekosten und bringt sie zu folgendem Fazit: Schuld sind zu großem Teil die Führungskräfte. Ein Beispiel ist der Umgang mit Mitarbeitern im Wandel der Digitalisierung: Jeder dritte Mitarbeiter fühlt sich im Stich gelassen, nur jeder fünfte Mitarbeiter fühlt sich unterstützt. Und gerade Weiterbildung ist eine sehr gute Möglichkeit, die Bindung an ein Unternehmen zu erhöhen.

Die Zahlen zeigen es deutlich: Da ist noch sehr viel Potenzial für die Führungsetage, Room for growth, wie es so schön heißt. Um nur einige Aspekte zu nennen: Programme für Nachwuchsführungskräfte, ein Umdenken im Bereich Leadership und Unternehmenskultur, Aufbau von Kompetenzen in Teambuilding, Empathie, Kommunikation, Flexibilität, kritischem Denkvermögen, digitaler Affinität und visionärem Denken, Integrität und Authentizität. Wir könnten in Zukunft umgeben sein von tollen Persönlichkeiten, inspirierenden Führungskräften und Thought Leaders. Fangen wir doch gleich heute an, dafür zu sorgen!

Warum du mehr Mut haben solltest, deine Persönlichkeit zu sein und zu leben, erläutert Chérine De Bruijn auf wunderbare Weise.

### 2.13.3   VIP: Chérine De Bruijn, Gründerin von Corporate Kitchen und Kommunikationsexpertin

Mut zur Persönlichkeit

**Chérine De Bruijn ist Unternehmerin, Speakerin und Moderatorin. Mit 25 Jahren absolvierte Chérine einen internationalen Executive MBA in Berlin, Mailand und New York City – gefolgt von ihrer ersten Führungsrolle als Pressesprecherin in einer der größten inhabergeführten Digitalagenturen Deutschlands. Vor ihrer Selbstständigkeit beschleunigte sie als Geschäftsführerin die Entwicklung eines großen Branchenverbands und die Vernetzung der digitalen Wirtschaft sowie Start-ups in der Region und wurde für ihr Engagement als einer der »101 Digitalen Köpfe NRW« ausgezeichnet. Sie ist u. a. Botschafterin der DU BIST WERTVOLL STIFTUNG und Mentorin von STARTUP TEENS. Mehr Informationen auf** www.cherinedebruijn.com **und** www.linkedin.com/in/cdebruijn/.

**Liebe Chérine, warum braucht es Mut zur Persönlichkeit?**

Wir leben in einer Welt des kontinuierlichen Wandels. All die neuen Technologien, ein neuartiges Virus, ja auch neue Arbeitswelten locken uns aus der Reserve und machen deutlich, wie wichtig es ist, seine »Frau« oder seinen »Mann« zu stehen. Vor allem in unsicheren Zeiten setzen wir auf authentische Menschen, die mit ihrem Wesen für ihre Themen stehen. Und darin besteht eine enorme Kraft, mit der wir auch einen Mehrwert in der Gesellschaft stiften können und müssen. Genau deswegen ist das Thema »Mut zur Persönlichkeit« meine Leidenschaft, die ich zum Beruf gemacht habe. Seit vielen Jahren begleite ich Gründer und Unternehmer und habe »Persönlichkeit« als einen der zentralen Erfolgsfaktoren in der Wirtschaft ausgemacht. Das liegt für mich daran, dass Menschen gern mit Menschen reden und nicht mit Unternehmen. Diejenigen, die es schaffen, ihre Persönlichkeit als Sprungbrett zu nutzen, verschaffen sich so auch ein schlagkräftiges Verkaufsargument, dem man vertraut. Bei all den Herausforderungen, denen sich die Unternehmen mit ihren Produkten und Services stellen müssen, bleibt die Persönlichkeit doch stets ein starkes Fundament: Angebote entstehen in einer rasanten Geschwindigkeit und verschwinden auch teilweise wieder vom

Markt. Eine Innovation jagt die nächste. Doch das was bleibt, ist die Persönlichkeit in den Unternehmen. Der Erfolgsfaktor Mensch.

**Inwieweit sorgt die Persönlichkeit dafür, dass wir Menschen erreichen und begeistern können?**

Eine Person, die sich ihrer Stärken und Talente bewusst ist und diese wertvoll in die Gesellschaft und Wirtschaft einbringt, wird damit höchstwahrscheinlich direkt bei Menschen punkten können. Neben der Vision ist es auch vor allem die Umsetzungskraft, die Faszination weckt. Und was gehört deiner Meinung nach zu jedem ersten Schritt dazu? Richtig: Mut!

Meine Großmutter hat mir als Kind den Begriff Mut aus ihrer Sicht erklärt: Für sie stehen die drei Buchstaben für »Machen Und Tun«. Hinzu kommt aber noch ein weiterer Aspekt: Persönlichkeit entsteht gemeinsam. Sie entsteht erst in Gesellschaft, folglich entwickelt sie sich im Laufe des Lebens kontinuierlich und im sozialen Umfeld weiter.

Hast du schon einmal darüber nachgedacht, welche drei Persönlichkeiten dich besonders begeistern? Und was kannst du von ihnen lernen? Eine begeisternde Persönlichkeit kann sowohl Stärke ausstrahlen als auch mit Zweifel umgehen.

Es ist nicht immer das Perfekte, das uns erreicht. Es ist das Authentische, das uns begeistert. Das Handeln. Das Mutigsein. Von großer Bedeutung dabei ist ein echtes Interesse für das, was man tut und, mit Wertschätzung, für wen man »es« tut. Denn auch der Erfolg ist keine Einbahnstraße, sondern entsteht gemeinsam und mehrspurig. So erreicht Persönlichkeit Menschen und begeistert sie.

**Was macht das Persönliche und die Persönlichkeit aus?**

Es gibt unzählige Definitionen von Persönlichkeit, doch letztlich ist die Interpretation des Begriffs auch persönlich zu beantworten.

**!**   **Komprimiert!**

Für mich steckt die Bedeutung in der Persönlichkeit selbst. Denn das Wort entstammt dem lateinischen Wort »Persona«, das auch mit »Maske« übersetzt werden kann.

Jetzt fragst du dich vielleicht, was eine Maske mit dem Wert einer Persönlichkeit zu tun hat? Eine Maske klingt zunächst nach etwas Künstlichem, Aufgesetztem. Das Gegenteil ist jedoch gemeint: Im alten Venedig war die Maske ein Symbol der Freiheit. Zu sein wer man ist oder sein möchte. Diese Authentizität ist exakt die Eigenschaft, die wir uns am meisten im privaten und beruflichen Leben wünschen – und die uns auch am meisten herausfordert und auszeichnet. Deswegen sollte man auch den Mut haben, im authentischen Sinne zu handeln. Das ist das, was erfolgreiche Unternehmer verbindet und was sich auch in ihre Produkte und Services überträgt.

**Funktioniert das auch digital?**

Den Mut zur Persönlichkeit zeigt man durch das Handeln. Im digitalen Umfeld bieten sich auch zahlreiche spannende Möglichkeiten, die Facetten seiner Persönlichkeit zu zeigen und Verbindungen herzustellen – das gilt auch im beruflichen Kontext. Denn: Persönlichkeiten innerhalb von Unternehmen machen diese außergewöhnlich.

Doch wie können sie dort nachhaltig wirken? Ich sehe eine große Kraft in den Mitarbeitern und Führungskräften selbst – die als Team für das Unternehmen und dessen Angebote stehen. Jeder Einzelne ist Themenchampion auf seinem Gebiet und hat eigene Talente, die er auch digital zeigen kann. Hinzu kommt, dass wir den »Fähnchen im Wind« nicht trauen, sondern nach individuellen Menschen mit einer klaren Haltung oder Vision suchen. Es ist wie bei einem Symphonieorchester: Die Mischung der richtigen Töne macht die Musik – und den Mehrwert. Ob in sozialen Netzwerken, in Onlineartikeln oder Remote-Vorträgen – die Möglichkeiten sind vielfältig. Es gibt nicht nur erste Geigen, sondern jeder im Team verdient seine »echte« Rolle, die er – analog oder digital – mutig ausleben kann.

**Hast du ein Beispiel für eine Firma, wie Mut zur Persönlichkeit dazu beigetragen hat, dass Menschen erreicht und begeistert wurden?**

Ein schönes Beispiel für gelebten Mut zur Persönlichkeit findet man im Rheinland. Im Jahr 2014 gründeten die zwei Freunde Raphael Vollmar und Gerald Koenen die Rheinland Distillers GmbH. Mit 4.000 Euro Startkapital, harter Arbeit und viel Leidenschaft haben sie sich als branchenfremde Unternehmer mit ihrem handgefertigten Gin einem stark umkämpften Markt gestellt. Angefangen mit 200 Flaschen ihres »SIEGFRIED Rheinland Dry Gin« entwickelten sie sich rasant zum umsatzstärksten Craft-Gin-Hersteller mit weltweiten Auszeichnungen. Ihr Erfolg basiert sicher auf vielen Faktoren – doch vor allem beruht ihr Ansatz auf Authentizität, Originalität und Nahbarkeit – von innen und in der digitalen Kommunikation nach außen. Die Gründer glauben fest daran, dass Menschen keine künstlichen Markenwelten mehr möchten, es muss echt sein.

2016 legten sie den Grundstein für den nächsten Clou: Als Aprilscherz posteten sie einen Beitrag mit dem Titel »Siggi Light: Jetzt neu mit 0,0% Alkohol bei 100% Geschmack« und landeten einen Hit, mit dem sie selbst nicht gerechnet hätten. Als ihnen daraufhin nicht nur Gelächter, sondern aufrichtiges Interesse entgegen kam, wurden sie hellhörig und haben gehandelt: Als erster Spirituosenhersteller und unter ihrer Dachmarke SIEGFRIED haben sie 2018 mit »Wonderleaf« eine alkoholfreie Alternative zu Gin auf den Markt gebracht und wurden damit direkt zum Marktführer der neuen

Produktgattung im deutschsprachigen Markt. 2020 folgte die nächste Erfolgsmeldung: Denn ein weltweit führender Spirituosenkonzern steigt ein und hilft mit seinem Accelerator dabei, SIEGFRIED zu einer Weltmarke zu machen. Und jetzt rate mal, was die Investoren überzeugt hat? »Es waren die Leidenschaft, Innovation und Qualitätsbesessenheit, die wir bei Raphael und Gerald sahen, die uns zu ihrer Marke hingezogen haben.« Der Mut zur Persönlichkeit eben.

## 2.14   WirksaMkeit

*Schuhe verändern deine Körpersprache und dein Verhalten. Sie liften dich*
*körperlich und psychisch!*
Christian Louboutin

### 2.14.1   Der erste Eindruck – Ein Bild entsteht

Innerhalb einer Zehntelsekunde hat sich ein anderer ein (erstes) Bild von uns gemacht. Dieser erste Eindruck, aber natürlich auch der zweite, dritte und vierte, schafft
die Basis für eine Kundenbeziehung und hat Einfluss auf die Kaufabsichten und den
tatsächlichen Kauf eines Kunden – oder er zerstört alles. Das gilt auch für die ersten
Sätze in einem Gespräch. Darum ist gerade der Beginn eines Verkaufsgespräches so
wichtig – verbal wie nonverbal. Ist der Verkäufer, der mit dem Kunden ins Gespräch
geht, interessiert? Stellt er Fragen (siehe dazu auch Kapitel 2.12, Element »Kommunikation«) und hört er sich die Antworten aufmerksam an? Wendet er sich vom Kunden
ab, gähnt er, unterhält er sich stattdessen lieber mit einer Kollegin? Das klingt und ist
unverschämt, geschieht aber leider Tag für Tag.

Du kannst noch so viel Geld und Kreativität ins Marketing investieren: Wenn (am Ende)
ein Mitarbeiter die falschen Signale setzt, kann alles vergebens sein. Wichtig ist dabei auch die Wirksamkeit der Kommunikation und des Auftretens. Wie kannst du, wie
können deine Kollegen und Mitarbeiter mit guten Argumenten, die die Bedürfnisse
des Kunden treffen, mit ihrem Auftritt überzeugen? Wie stellst du dich dar, welches Erscheinungsbild erzeugst du, welche Kleidung trägst du? Wie präsentierst du dich, dein
Produkt und dein Unternehmen, die Marke.

### 2.14.2   HALO-Effekt – Heiligenschein oder Teufelshorn?

Der HALO-Effekt (engl. halo, Heiligenschein) beschreibt eine kognitive Verzerrung:
Menschen schließen von einer bekannten Eigenschaft einer Person auf weitere, unbekannte Eigenschaften. Wenn zum Beispiel Peter Sympathie für Lisa empfindet und
er zudem Menschen generell sympathisch findet, die kompetent sind, wird Peter an-
nehmen, dass Lisa kompetent ist, ohne dafür konkrete Hinweise zu haben. So hast
du zwar keinen Einfluss auf den HALO-Effekt an sich – aber du kannst sehr wohl dafür
sorgen, wie du beim Erstkontakt und natürlich auch bei weiteren Interaktionen er-
scheinst und wahrgenommen wirst! Ein sympathisches, empathisches und zugeneig-
tes Auftreten wird dir da weit schneller und nachhaltiger helfen als Desinteresse und

Unfreundlichkeit. Denn den negativen Eindruck musst du mit viel Energie erst einmal wieder ins Positive drehen – wenn der Kunde dir überhaupt noch eine Chance gibt.

Bei einer negativen Annahme spricht man übrigens vom Horn- oder Teufelshörner-Effekt.

### 2.14.3   Körpersprache – Hoch- und Tiefstapeln

Wir alle nehmen ganz automatisch eine Körperhaltung im Gespräch ein – sei es bei Präsentationen, bei Verhandlungen, im Kundenkontakt oder im Verkaufsgespräch. Die Frage ist: Wie kannst du durch nonverbale Kommunikation überzeugen? Welche Körpersprache hast du und was solltest du gegebenenfalls verändern, damit dein Gegenüber dich als offen und freundlich wahrnimmt? Und das gilt natürlich nicht nur für dich, sondern auch für dein Team, deine Mitarbeiter, deine Kollegen.

In der Körpersprache gibt es den sogenannten Hochstatus und den Tiefstatus. Wenn zwei oder mehrere Menschen aufeinandertreffen, dann nimmt jeder (manchmal automatisch, manchmal angepasst auf den anderen) ein Statusverhalten ein. Der eine »höher«, der andere »tiefer«. Im Hochstatus kannst du Kompetenz vermitteln, die Aufmerksamkeit auf dich ziehen, deine Punkte sehr deutlich benennen, da du viel Raum für dich einnimmst, den Kopf sehr gerade hältst und Blickkontakt zu deinem Gegenüber hast. Aber es ist nicht immer der Hochstatus, der dir Vorteile bringt. Er kann auch abschrecken, da du vielleicht ausladende Gesten machst, andere unterbrichst, dich laut und sehr selbstbewusst präsentierst. Das hängt auch sehr von der Branche, deinem Gegenüber und dem Anlass ab. Was den einen überzeugt, kann auf den anderen negativ, einschüchternd wirken.

Im Tiefstatus läufst du Gefahr, übersehen, überhört und unterbrochen zu werden und so deine Kompetenz nicht wirklich zu unterstreichen. Du bist eher leise, hältst kaum Blickkontakt zum Gegenüber, machst dich kleiner, als du bist, legst den Kopf schräg und schaust fragend. Es gibt aber auch Vorteile: Du kannst damit sehr sympathisch wirken, Menschen berühren, sie möchten dich schier umarmen in deiner Schüchternheit. Wenn dein Gegenüber auf jeden Fall hören will, was du zu sagen hast, kannst du durch diese Stille viel Aufmerksamkeit bekommen. Im Kundenkontakt kannst du mit einem leichten Tiefstatus manchmal mehr erreichen als mit dem Hochstatus. Aber auch hier gilt: Das ist abhängig von der Branche, deinem Gegenüber und dem Anlass.

Achte im nächsten Gespräch einmal ganz bewusst auf deine Körpersprache und auf die Ausstrahlung und Haltung deiner Kollegen. Und versuche einmal, dein Verhalten zu verändern und bewusst in den Hoch- oder Tiefstatus zu gehen. Dann beobachte, was das mit dir und deinem Gegenüber macht. Sobald du mit beiden Haltungen und

Nuancen davon spielen kannst, kannst du dich in jeder beruflichen Situation flexibel auf dein Gegenüber einlassen – und agieren, statt nur zu reagieren.

### 2.14.4   Kleidung – Sie sendet nonverbale Botschaften

Weißt du, was das Einzige ist, das vom internationalen Jahresmeeting eines Auftraggebers vor einigen Jahren bei mir hängengeblieben ist? Der rosafarbene, viel zu eng sitzende und teilweise dreckige Hosenanzug des Moderators. Im Saal saßen 80 Prozent sehr modebewusste Frauen und alle hatten umgehend eine Meinung, ein Bild. Innerhalb von Sekunden hatte der Mann verspielt, der Teufelshörner-Effekt setzte direkt ein.

Dein äußerliches Erscheinungsbild, deine Kleidung sind zentrale Bestandteile des erstens Eindrucks, den du machst. Achte also darauf, wer deine Zielgruppe ist, welcher Style zu ihr passt, was sie möglicherweise beeindruckt und was dir bzw. deinen Mitarbeitern eine noch bessere Wirkung verleiht. Ich traue einer Polizistin in Uniform mehr Autorität zu als derselben Frau im Sommerkleid. Die Frau im Sommerkleid wiederum strahlt Lebensfreude aus. Eine Ärztin wirkt kompetenter, wenn sie einen Kittel trägt. Kleidet sie sich leger, empfindest du sie hingegen womöglich als nahbarer. Gut gewählte Kleidung zeigt, dass du deine Zielgruppe respektierst, dich einfühlst, auch nonverbal ihre Sprache sprichst. Es mag oberflächlich klingen, das ist es aber überhaupt nicht.

> **Komprimiert!**
> Als Selbstmarketing-Expertin unterstreiche ich die kleine Weisheit: Kleider machen Leute. Mit Kleidung kannst du überzeugen und Eindruck hinterlassen. Das hat im Kundenkontakt ganz klar Vorteile.

!

Ich zumindest habe meinen eigenen Kleidungsstil. Meine Devise ist: Was ich trage, soll klare Botschaften vermitteln: Die Frau weiß, wie man mit Geld umgeht. Sie steht für Qualität. Sie ist kompetent und professionell. Ich möchte seriös und stilsicher wirken, aber auch einen individuellen Stil haben, lekker anders sein als andere eben. Das bedeutet, dass ich mir sehr gut überlege, welche Kleidung ich mir kaufe, welche Farbe, welchen Stoff, von welchem Hersteller sie sein soll und wann ich was tragen will.

Welchen Stil hast du? Welche Kleidung wählst du im Kundenkontakt? Was tragen deine Kollegen oder Mitarbeiter? Wie wirksam bist du deines Erachtens?

Wie wichtig die optische Präsenz ist, wirst du jetzt von der Imageexpertin Petra Waldminghaus erfahren.

### 2.14.5   VIP: Petra Waldminghaus, Geschäftsführerin des professionellen Beratungsnetzwerks CorporateColor

Erfolg durch optische Präsenz

**Petra Waldminghaus ist Image- und Brillenexpertin, Autorin, Ausbilderin und Speakerin. Mehr Informationen auf** www.petra-waldminghaus.de, www.corporatecolor.de **und** www.brillenexpertin.de.

**Wie dein Erscheinungsbild deine persönliche Wirksamkeit im Business beeinflusst**
Sieht man dir bereits an, was in dir steckt? Nicht so wichtig, meinst du, denn schließlich zählen die inneren Werte. Das mag für Menschen, die alleine im stillen Kämmerlein arbeiten, richtig sein – für Führungskräfte und alle, die im Job mit unterschiedlichen Gruppen interagieren oder nach außen repräsentieren, ergibt sich eine andere Wahrheit: Wer sich optisch passend präsentiert, ist erfolgreicher.

Warum ist das so? Wir Menschen sind Augentiere und urteilen schnell mit dem ersten Blick – heutzutage schon beim ersten Klick auf das Profilbild oder Video in den sozialen Medien oder auf der Webseite.

Dabei nehmen wir unser Gegenüber mit all unseren Sinnen wahr – über das Erscheinungsbild, die Körpersprache, die Stimme, die Ausdrucksweise und auch die Umgangsformen. Sind diese Signale stimmig, fassen wir Vertrauen und spüren die Echtheit, die Authentizität, unseres Gegenübers. Differieren die Eindrücke, werden wir misstrauisch.

**!   Komprimiert!**
Im Bruchteil einer Sekunde entscheiden wir, ob unser Gegenüber unsere Aufmerksamkeit bekommt, ob wir ihm trauen möchten, ihn sympathisch finden – oder eher ablehnend gestimmt sind.

Niemand wird also objektiv beurteilt. Das ist ungerecht, bietet aber auch Chancen. Kleidung, Brille, Haarschnitt, Schuhe und Accessoires sind ein wesentlicher Teil deiner Erscheinung, sie transportieren in Millisekunden Botschaften über den Träger. Wer sich dieser Signale bewusst ist und sie stilsicher einsetzt, verstärkt seine Wirkung gezielt und macht sich dadurch vieles leichter. Natürlich bekommen wir im persönlichen Kontakt meistens noch eine zweite Chance, aber warum nicht gleich beim ersten Ballkontakt punkten?

In den Medien ist die Wahrscheinlichkeit einer zweiten Chance eher selten, wenn das Bild und dessen Aussage dem Betrachter nicht passt. Klick und weg, lautet hier das Motto.

**Der erste Schritt: Erkenne dich selbst**

Wie bei jeder guten Beratung steht am Anfang die Ist-Analyse. In diesem Bereich ist es die Selbsterkenntnis: Was denkst du über dein Äußeres? Wie möchtest du auf andere wirken und weißt du, welchen optischen Eindruck du vermittelst? So lohnt es sich, zunächst erst einmal neutral Bilanz zu ziehen und positive sowie negative Attribute deines äußeren Erscheinungsbildes abzuwägen. Hilfreich können dabei auch externe Wahrnehmungen sein: Frage Menschen, die dir nahestehen, wie diese dich sehen. Stimmt deren Wahrnehmung mit deiner Selbstsicht überein? Eine Selbsteinschätzung scheitert jedoch häufig daran, dass sich Selbstbild und Fremdbild stark voneinander unterscheiden.

Abb. 31: Wirksamkeit – weibliche Selbsteinschätzung

Ist die Darstellung in der Grafik übertrieben? Nein, denn die langjährigen Erfahrungswerte meiner Tätigkeit als Imageberaterin belegen, dass sich insbesondere Frauen zu sehr auf ihre negativen Seiten konzentrieren und wesentlich wohlwollender auf andere Frauen schauen, anstatt die eigenen Stärken zu betonen.

**Typisch Mann**

**Abb. 32:** Wirksamkeit – männliche Selbsteinschätzung

Die meisten männlichen Manager sind davon überzeugt, dass allein Fachkompetenz und Werdegang den Erfolg generieren. Äußerlichkeiten sind dabei nebensächlich. Fakt ist allerdings, dass in unserer schnell taktenden und zunehmend digitalisierten Wettbewerbsgesellschaft die optische Präsenz – auch vor dem Bildschirm – entscheidend zur positiven Wahrnehmung beiträgt.

**Der zweite Schritt: Bleibe authentisch**
Dies ist mein wichtigster Tipp für eine gute Wirkung: Bleibe du selbst! Vergleiche dich nicht mit anderen – und eifere diesen auch nicht nach. Du bist einzigartig und auf diese besondere Weise auch unverwechselbar. Inszeniere deine optischen Vorzüge bewusst und mutig, dann treten deine – vermeintlichen – Mängel von alleine in den Hintergrund. Bevor du dich nach anderen richtest, probiere eigene Vorlieben aus. Und: Überprüfe deine negativen Glaubenssätze in Bezug auf dich selbst auf deren Wahrheitsgehalt.

**Der dritte Schritt: Sieht man dir dein Business an – und zwar schon auf den ersten Klick?**

Würdest du bei einem Optiker eine Brille kaufen, der selbst ein wenig passendes Model auf der Nase trägt oder dir von einer Bankberaterin mit ungepflegtem Erscheinungs-bild innovative Anlagestrategien verkaufen lassen? Wohl kaum oder nur mit Skepsis. Deshalb hinterfrage kritisch deine Außenwirkung: Passt sie zu deiner Dienstleistung oder deinem Produkt? Und: Wirst du so wahrgenommen, wie du es wünschst oder ist eine Optimierung deiner Präsenz angezeigt?

Mein Ansatz als Stil- und Imageberaterin ist dabei die Betonung der optischen Stär-ken, kombiniert mit einer guten Farb- und Kontrastwahl sowie dem richtigen Einsatz von Accessoires (wie insbesondere der Brille), um die optische Wirkung zu optimieren. Viel Spaß beim Lesen, Reflektieren und Umsetzen!

## 2.15    SinN

*Der Sinn des Lebens besteht nicht darin, ein erfolgreicher Mensch zu sein,*
*sondern ein wertvoller.*
Albert Einstein

### 2.15.1    Die zentrale Frage: Wofür?

Wofür stehst du jeden Morgen auf? Warum tut ihr in dem Unternehmen, in dem du tätig bist, genau das, was ihr tut? Wozu trägt euer Produkt, eure Dienstleistung bei? Was ist der größere Sinn hinter eurem Angebot?

Wie John Strelecky (»Das Café am Rande der Welt«) fragen würde: Was ist der Zweck deiner Existenz? Oder wie ich es mit meinem Upgrade Kompass (siehe Kapitel 1.2.3) herausarbeite: Was ist dein Kern bzw. der Kern des Unternehmens? Was ist dein Warum und dein Wofür?

Was du im Leben erreichen willst, unbewusst geformt von deinen Werten, das sollte Sinn machen. Das gilt auch für Unternehmen, die starten und Produkte oder Dienstleistungen auf den Markt bringen. Wer sein höheres Ziel kennt, der kann den Weg dorthin auch bestimmen. Um das Ziel zu erreichen, musst du deinen (Corporate) Purpose kennen: Es ist der höhere Zweck und die Motivation eines Unternehmens, einer Person, welche tief verankert ist, weit über die Gewinnorientierung hinausgeht und im besten Falle eine dauerhafte Gültigkeit hat.

### 2.15.2    Der goldene Kreis – Frag immer erst, warum

Ein ebenso einfaches wie starkes Kommunikationsmodell, das sich mit dem Warum beschäftigt, bietet uns der US-amerikanische Autor und Unternehmensberater Simon Sinek. Das Modell besteht aus drei ineinander liegenden Kreisen. Der äußerste Ring gibt das Was an, der zweite Ring das Wie und im Kern steht zentral die Frage nach dem Warum.

**Abb. 33:** Goldener Kreis nach Simon Sinek

Das Warum ist das, was wir im tiefsten Inneren erreichen, in unserem Umfeld ausleben und in die Welt tragen wollen. Es sind die grundlegenden Überzeugungen, die wir haben, und die höheren Ziele, die wir anstreben. Simon Sinek fordert jeden dazu auf, sein Warum zu finden, zu benennen und zu leben. Eine Richtschnur, um uns immer wieder die Frage zu stellen: Warum tun wir, was wir tun? Was will ich (das Unternehmen) in die Welt bringen? Warum bin ich hier und nicht woanders? Das Warum meint den Sinn des Lebens, den Zweck der Existenz des Unternehmens, den persönlichen und beruflichen Lebensplan.

**Das Warum am Beispiel einiger großer Marken**
- **Nike**: »To bring inspiration and innovation to every athlete* In the world.
  *If you have a body, you are an athlete.«
- **LinkedIn**: »To connect the world's professionals to make them more productive and successful.«
- **Google**: »To organize the world's information and make it universally accessible and useful.«
- **Tesla**: »To accelerate the world's transition to sustainable energy.«
- **Facebook**: »To give people the power to share and make the world more open and connected.«

> **!  Mein persönliches wie berufliches Warum**
>
> To move people for their inner gain.

Was treibt dich, dein Unternehmen an? Wenn du dein Warum kennst, dann kannst du auch deine Arbeit, deine Aktivitäten, dein Tun darauf abstimmen. Das gilt für dich als Person, für dich als ArbeitnehmerIn und/oder als UnternehmerIn.

John Strelecky schreibt in seinem aktuellen Buch »The Big Five for Life«, dass nicht nur Personen ihren Zweck der Existenz definieren, sondern auch Unternehmen, und diese auch ihr Personal danach ausrichten sollen. Alles Tun und Handeln macht letztlich nur dann Sinn, wenn alle hinter einer Sache stehen und gemeinsam auf ein Ziel hinarbeiten.

Wenn du auf einer Party oder bei einem Geschäftstreffen angesprochen wirst und dich jemand fragt: »Was machst du so und warum?« Kannst du diese Frage kurz und knackig beantworten?

### 2.15.3  Purpose – Der höhere Zweck deines Tuns

Wie wichtig das Streben nach etwas Größerem ist, zeigt auch eine Studie der Organisation Werbungtreibende im Markenverband mit der Strategieberatung diffferent aus dem Jahr 2019.

Die wichtigsten Erkenntnisse der Marketingexperten zum Thema Marketing und Purpose sind:
⇨ Purpose wird als die innere Haltung des Unternehmens im Kontext der Zeit wahrgenommen.
⇨ Purpose ist wichtig für den Umsatz.
⇨ Purpose-getriebener Konsum hat Wachstumspotenzial.
⇨ Purpose ist erklärungsbedürftig.
⇨ Unternehmen müssen nicht perfekt sein, um den Purpose-getriebenen Konsum zu bedienen.
⇨ Purpose-getriebener Konsum hat Statuspotenzial.

Auch Konsumenten wurden bei der Studie befragt:
⇨ Die Mehrheit (unabhängig von Alter, Ausbildung …) strebt nach Purpose-getriebenem Konsum.
⇨ Gesellschaftliches und ökonomisches Verhalten wird von Unternehmen erwartet.
⇨ 51 bis 64 Prozent (altersabhängig) sind bereit, mehr zu zahlen für guten Konsum.
⇨ Als gut empfundene Marken werden weiterempfohlen.

Erneut bestätigt sich, was bereits im ersten Kapitel deutlich wurde: Der Trend geht weg vom Oberflächlichen, hin zum Sinnhaften.

**Komprimiert!**                                                                !

Frage dich immer wieder – und habe Spaß daran: Was ist der Sinn hinter meinem Tun?

Warum der Sinn hinter dem Sinn so wichtig ist und was es mit Purpose (im tieferen Sinn!) auf sich hat, erfahren wir jetzt von Ines Imdahl.

### 2.15.4 VIP: Ines Imdahl, Dipl.-Psychologin, Geschäftsführerin und Inhaberin von rheingold salon

Was ist der Sinn vom Sinn?

**Die Arbeitsschwerpunkte von Ines Imdahl liegen in der psychologischen Markt- und Kulturforschung, besonders im Bereich Frauen- und Jugend- sowie Werbewirkungsforschung. Sie war über zwei Jahre Werber-Rat-Kolumnistin im Handelsblatt, zeigt mit ihrem Buch »Werbung auf der Couch« (Herder-Verlag), warum und wie Werbung uns wirklich berühren kann. Heute ist sie zusätzlich Expertin für den »Werbecheck« und Servicezeit-Psychologin in ihrer WDR-Sendung »5 Fallen – 2 Experten« zusammen mit dem Juristen Prof. Dr. Vogel. Mehr Informationen auf** www. rheingold-salon.de **und** www.linkedin.com/company/rheingold-salon/.

Mit Corona bekam das Purpose-Thema noch einen weiteren Schub. Neu ist das Thema hingegen nicht. Als Psychologen stellen wir uns die Frage: Welchen Grund hat das? Welchen Sinn macht es, dass sich diesem Thema verstärkt zugewandt wird?

**Komprimiert!**                                                                !

Jahrzehntelang waren Größe, Gewinn und Wachstum das zentrale Unternehmensziel. Abverkauf war das, was zählt. Teuer gleich gut, groß gleich erfolgreich, Gewinn gleich Sinn. Wachstum und Gewinn sind aber kein Purpose.

Das ist nicht nur eine psychologische Aussage. Tatsächlich darf man dies zumindest in Deutschland auch nicht als Unternehmensgrund eintragen lassen. Kein Unternehmen ist auf der Welt, um zu wachsen. Das ist eine Unternehmensgrundlage, aber kein Unternehmenssinn. Jeder Gründung lag einmal eine Kernidee, ein Mehrwert, ein Problem, das gelöst werden sollte, zugrunde, und zwar ein menschliches. Oft haben die Unternehmen das vergessen: ihren Unternehmenssinn. Den Grund, warum sie auf der Welt sind.

Die Fokussierung auf Wachstum und Gewinn ist nicht selten die Ursache gewesen, warum Menschen in den Unternehmen zunehmend nach einem Purpose rufen. Sie fühlen sich ausgelaugt vom ewigen Hamsterrad. Sie sind müde davon, immer nur mehr desselben zu finden wie 20 Konzepte und fünf Innovationen pro Jahr. Die persönliche Entwicklung dabei? Mehr Geld, mehr Macht, eventuell in der Hierarchie nach oben zu gelangen? Kein Wunder, dass ein Unternehmenswechsel alle zwei Jahre üblich geworden ist. Kaum jemand hängt an einer Marke, für die er arbeitet. Die Verbundenheit zum Unternehmen: aufgesetzt. Corona verstärkt die bereits lange angelegte Sehnsucht nach mehr Sinn. Im Lockdown gab es Zeit zum Durchatmen und zum Fragen, was wir wirklich wollen. Die Sinnsucht in diesen Zeiten ist schlüssig. Was liegt näher, als sich Klimaschutz, Nachhaltigkeit oder Diversity als Sinn-Rettungs-Anker auf die Fahnen zu schreiben. Aber auch das gibt Unternehmen noch keine Existenzberechtigung. Aus psychologischer Sicht ist auch das kein Purpose.

Ethische Grundausrichtungen von Unternehmen sind Existenzverpflichtung. Ohne Nachhaltigkeit (Klimaschutz, Diversity etc.) kann und darf heute kein Unternehmen mehr wirtschaften. Nachhaltigkeit muss mit der Wirtschaftlichkeit gleichgesetzt werden. Sie muss den gleichen Stellenwert haben. Für sich genommen geben diese Themen aber weder Unternehmen noch dem Markenerleben Sinn. Menschen wollen ihren Sinn heute nicht mehr nur außerhalb eines Unternehmens finden. Nicht nur in ihrer Freizeit. Sie wollen auch innerhalb des Unternehmens Sinn finden, um gern zu bleiben und sich zu engagieren. Das heißt, Unternehmen und Marken sollten mit ihren Produkten und Angeboten Sinn stiften für Menschen, Lösungen anbieten für ihr Leben, ihren Alltag.

> **!   Komprimiert!**
>
> Ein echter Purpose bedient die Motivlagen der Menschen an allen Kontaktpunkten und bietet sinnvolle Lösungen an.

Bleibt die Frage, wie genau geht das eigentlich? Wie genau berührt eine Marke die Menschen? Welche Themen sollen aufgegriffen werden? Hier gibt es durchaus Suchfelder, die Marken bei ihrer Sinnsuche bedenken können.

**1. Wiederkehrende Lebensthemen**: Menschen sind zunächst bewegt von den großen Lebensthemen und Lebensübergängen: erwachsen werden, Lebenspartner und Liebe finden, reifen, Kinder bekommen, altern und sterben. Marken können Übergangshilfen sein: Always hat eine tolle Kampagne für Mädchen auf ihrem Weg zum Frausein entwickelt (»Like a girl«). Die Anzahl der Datingportale spricht wohl für sich. Das Altern hingegen wird durch wenige Marken sinnvoll begleitet. Keine Marke will hier hin. Es sind nur Produkte, die das Leben erträglicher oder das Altern weniger sichtbar machen sollen. Hier gibt es viel Sinn, der besetzt werden kann, viel Bedarf, der ungenutzt von Unternehmen liegen gelassen wird.

**2. Alltägliche und innere Konflikte**: Wir tragen täglich und ständig Konflikte mit uns selbst und anderen aus: durchhalten versus aufgeben, (Schokolade) essen versus abnehmen, sich klein fühlen gegenüber dem großen Chef, aufschieben versus erledigen. Für all diese Neigungen können uns Produkte Lösungen anbieten, Hilfestellungen, Erleichterungen – sie brauchen gar keine neuen Needs zu kreieren. Besser ist, sie beschäftigen sich mit den in jedem Menschen bereits vorhandenen Bedürfnissen. Und einer der Konflikte, die uns mehrmals täglich einen inneren Kampf liefern, ist gut gegen »böse«. Wie bekommen wir unsere durchaus nicht immer freundlichen Neigungen gegenüber anderen in den Griff? Ja, die haben wir alle. Auf der Autobahn genauso wie auf dem Fahrrad. Wer sich hier nicht selbst schon mal fluchen gehört hat, lügt. Wir denken auch abwertend über Chefs, Kollegen und ja, auch über unsere Partner. Es ist eine ständige Herausforderung, dies wieder in ein kulturell verträgliches Maß zu bekommen. Chirurgen zum Beispiel haben Spaß am Schneiden. Am Menschen aufschneiden. Wenn sie gut sind, tun sie dies mit ungeheurer Präzision. Und mit einer großen Distanz zum Menschlichen. Sie reden lieber vom Bauch aus Zimmer fünf als von Herrn Müller. Sie haben aber ihre Neigung in eine kulturell verträgliche Form gebracht. Statt vielen tausenden Jack the Rippers haben wir viele tolle Chirurgen.

Neben der Berufswahl zur Verarbeitung unserer Neigungen können uns im Alltag Produkte und Marken helfen. Und dann endlich machen sie Sinn für uns! Das dürfen sie gern auch nachhaltig tun und sie dürfen dabei Gewinn machen. Aber sie müssen zuallererst für unseren Seelenhaushalt Sinn machen!

---

**Konzentriert!**                                                                      **!**

Marken mit Purpose fügen sich sinnhaft in den Lebensalltag der Menschen ein. Und das an jedem Touchpoint – auch digital.

## 2.16   HumOr

> *Witz und Humor erwecken Liebe und Zuneigung.*
> David Hume

### 2.16.1   Ein Prise Heiterkeit – Das geht auch im Marketing

Humor ist
⇨ die Fähigkeit, andere zum Lachen zu bringen,
⇨ die Fähigkeit, Unzulänglichkeiten der Welt und Missgeschicken im Alltag mit heiterer Gelassenheit zu begegnen,
⇨ auch sich selbst nicht so ernst zu nehmen.

Was davon ist dir heute schon gelungen? Hast du herzhaft gelacht oder einem anderen Menschen die Heiterkeit ins Gesicht gezaubert? Und mal ehrlich, wer lacht nicht gerne?

Tatsächlich bevorzugen laut der Nielsen Company (2015) 50 Prozent der europäischen und amerikanischen Verbraucher Humor im Marketing gegenüber anderen Kommunikationsstilen. Lachen ist nicht nur gut fürs Immunsystem, wir schauen auch positiver auf den Botschafter humorvoller Werbung. Wenn ich an eine Werbung denke, die mich zum Lachen bringt, dann ist das die von Old Spice: »The man your man could smell like.« Und als Niederländerin bin ich von allen Heineken-Werbespots begeistert, das ist genau mein Humor. Und wer darüber nicht lachen kann, der tut es eben an anderer Stelle (dazu gleich noch etwas mehr).

Humor im Marketing hat noch gar keine so lange Historie. Claude Hopkins, US-amerikanischer Werbetexter und Werbeunternehmer, formulierte 1923 die Überzeugung: »People do not buy from clowns.« Viele folgten ihm darin. Unter anderem auch David Ogilvy, der vielleicht berühmteste Werbetexter und Agenturgründer. Erst 1982 änderte er seine Meinung und soll gesagt haben: »I have reason to believe that … humor can now sell.« Auch wenn er nicht glaubte, dass viele Texter dazu in der Lage sind, wirklich lustige Werbung zu produzieren.

Im Essay »Humor in der Werbung« des Humor- und Kognitionspsychologen Dr. Bastian Mayerhofer werden folgende Aspekte für die Anwendung in der Werbung genannt:
⇨ Humor führt zu positiven Emotionen.
⇨ Humor hat einen evolutionspsychologischen Vorteil (d. h., Humor ist sexy!).
⇨ Humor geht mit einem kognitiven Stil einher, der starke neue Assoziationen ermöglicht.
⇨ Humor ist in erster Linie nicht zielorientiert.

⇨ Humor kann zu einem Überlegenheitsgefühl führen (aber auch als beleidigend empfunden werden).

⇨ Humor erlaubt Tabubrüche (Ventilfunktion).

## 2.16.2  Auch Humor ist Geschmackssache

Attention please! Nicht jeder Witz schmeckt jedem, wird nicht von jedem als solcher verstanden und Humor kann sehr polarisierend wirken. Worüber der eine herzlich lacht, darüber kann der andere nur befremdet staunen oder sich gar persönlich angegriffen fühlen.

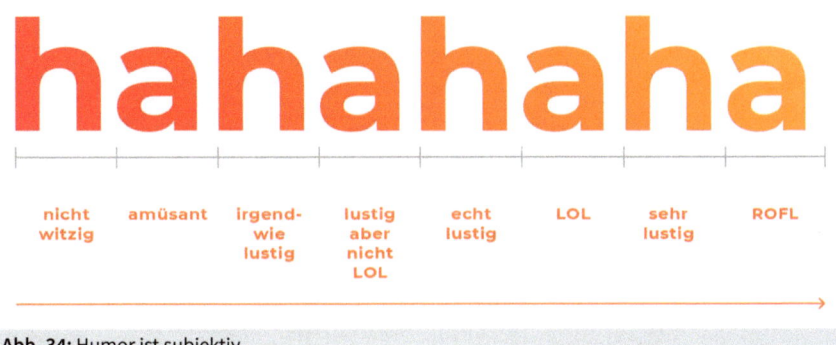

**Abb. 34:** Humor ist subjektiv

Wie sagt man so schön? Es gibt immer etwas zu lachen, aber eben nicht mit jedem.

**Die richtige Prise**
Wenn du es schaffst, andere zum Schmunzeln, zum Lachen zu bringen, setzt das Emotionen frei, ist entwaffnend, öffnet Herzen und nimmt einfach mal Druck und Ernsthaftigkeit raus. Dann ist Humor ein starkes (Marketing-)Tool.

**Komprimiert!**
Studien belegen, dass das Lachen in Verbindung mit einer höheren Merkfähigkeit steht. Zudem kann es Differenzierung schaffen, zu einer besseren User Experience führen und eine höhere Markenloyalität hervorbringen.

Und wie du schon in Kapitel 2.9, Element »Hand aufs Herz«, lesen konntest, sind lustige Social-Media-Beiträge die, die am häufigsten geteilt werden. Humor sorgt also auch für Viralität. Das macht (eine gewisse) Ausgelassenheit und Fröhlichkeit im Marketing gleich noch interessanter. Und ist auch nicht vieles heutzutage schon ernst genug?

Ich kann dir nur empfehlen, humorvoll und witzig zu sein, in der Werbung und vor allem im Umgang miteinander. Auf die Dosierung kommt es an, da zitiere ich gern den

Autor und Contentspezialisten Benjamin Brückner: »Humor ist wie die Prise Zucker im Espresso: Ein bisschen davon sorgt für den richtigen Pep. Doch zu viel verdirbt den Genuss.« Das richtige Maß an Infotainment könnte man auch sagen.

Und wie funktioniert Humor? Unter anderem durch Übertreibungen (Heineken), kluge Wortspiele (Gaffel), Gegensätze (Snickers mit Joan Collins) oder mit einem starken, humorvollen Bild (Sixt). Wichtig ist, dass es zum Unternehmen, zur Marke und zu dir passt. Nichts ist so unlustig wie gewollter Humor. Was auf keinen Fall gilt: Humor auf Kosten anderer. Das geht für mich gar nicht und kann auch für einen nachhaltigen Imageschaden sorgen. Zeige stattdessen Eigenhumor, nimm dich selbst auf die Schippe. Das zeigt, dass du unverkrampft bist, Mut zur Selbstironie hast und das Leben mit einem Augenzwinkern betrachtest.

Dazu gibt dir jetzt Dr. Roman F. Szeliga spannende Einblicke.

### 2.16.3   VIP: Dr. Roman F. Szeliga, Agenturchef Happy&Ness

Humor im Business: Du wirst lachen, es ist ernst!

**Dr. Roman F. Szeliga ist Arzt, Keynote Speaker, Moderator, Seminarleiter, Humor- und Kommunikationsexperte und Autor. Die Klammer, die all das, was er tut, zusammenhält, ist Humor: als soziale Kompetenz, die in der Lage ist, Menschen zu motivieren, mitzureißen und zu führen. Pointiert zeigt er, wie man mit viel Humor und Kreativität besser kommunizieren, erfolgreicher verkaufen und mit viel Motivation durchs (Berufs-)Leben gehen kann. Mit viel (Wort-)Witz erklärt der Mitgründer der CliniClowns, warum Freundlichkeit mehr Spaß macht und ansteckende Begeisterung Berge versetzen kann. Mehr Informationen auf** www.roman-szeliga.com, https://happyundness.at/ **und** https://cliniclowns.at/.

**Lieber Roman, ist Humor ein hilfreiches Tool im Marketing?**

Humor ist im Marketing und Kundenkontakt ein unerlässliches Tool. Man denke dabei nur an den Super Bowl. Es sind die teuersten Werbeblocks des Jahres, die Pausen des American-Football-Finales. Die Firmen zahlen mehr als 5,6 Millionen Dollar, um das Millionenpublikum mit einem 30-Sekunden-Spot zu erreichen. Und dieser ist immer geprägt durch Kreativität und Humor. Zu Recht! Warum? Weil humorvolle Spots einen riesengroßen Impact haben. Sie lösen positive Emotionen beim Kunden aus, werden besser behalten und im besten Fall weitererzählt, weitergeleitet oder auch auf Social-Media-Plattformen gepostet. Essenziell ist dabei, dass die Spielregeln gekannt und beachtet werden. Humor darf als Marketing-Tool nur dann eingesetzt werden, wenn er wertschätzend, kreativ und niemals auf Kosten von Randgruppen geht. Wer diese Regeln bricht, hat verloren: viel Geld, zahlreiche Kunden und sein Image.

**Wie kann man mit Humor Menschen erreichen und begeistern?**

Ich sage immer: »Lächeln und Humor sind immer kostenlos, aber nie umsonst.« Nicht umsonst heißt es, dass ein Lächeln die Welt verändern kann. Das Geheimnis ist, dass der Humor passend und wohldosiert sein muss.

Als Mitbegründer der CliniClowns in Österreich denke ich dabei an die zum Teil schwerkranken Kinder, denen Clowns im Spital trotz der widrigsten Umstände ein Lächeln ins Gesicht zaubern. Aber nicht nur dort, auch in Altersheimen sollte es Clowns geben: Der Sinn für Humor bleibt bei den meisten Kranken noch lange erhalten. Zu Recht hört und liest man immer wieder: »Lachen ist die beste Medizin.« Zwar gibt es noch nicht sehr viele wissenschaftlich erwiesene Effekte, aber aus Untersuchungen geht klar hervor, dass Humor die körperliche und psychische Genesung unterstützt, das Abwehrsystem kräftigt, Selbstvertrauen und Selbstständigkeit fördert, Schmerzen lindert, Angst, Panik, Aggression und depressive Verstimmung verringert und eine wichtige Komponente zum gesunden Leben ist.

Aber auch in der Politik, in Wirtschaft und in Unternehmen plädiere ich leidenschaftlich für Humor. Humor ist kein Ersatz, sondern DIE wunderbare Ergänzung zu Kompetenz. Ich lehre in meinen Vorträgen, Seminaren und Workshops, wie Führungskräfte, Mitarbeiter etc. mit Begeisterung begeistern und nachhaltig Beziehungen optimieren, ohne ihr Ziel aus den Augen zu verlieren. Ganz im Gegenteil: Mit Humor, Fröhlichkeit und Leichtigkeit gelingen viele Prozesse, Meetings und Entscheidungen besser und effektiver.

**Wie kann man Humor erlernen?**

Wie alles im Leben: mit Leidenschaft, Begeisterung und Learning by Doing. Und am besten lernt man von den Besten. In diesem Fall von Kindern. Kinder leben und lernen leidenschaftlich und mit Begeisterung. Und sie lieben es zu lachen, ca. 400-mal am Tag. Wir Erwachsenen haben das Lachen leider allzu oft weitestgehend verlernt. Die gute Nachricht: Wir können es erstens wieder lernen und vor allem zweitens, als Erwachsene Vorbilder sein und dafür sorgen, dass Heranwachsende humorvoll bleiben. Ein guter Schritt besteht darin, die kindlichen Späße und Faxen nicht nur zu belächeln, sondern herzhaft und ehrlich darüber zu lachen. Das signalisiert dem Kind, dass es in Ordnung ist, wie es ist und schenkt ihm Selbstbewusstsein. Aber Achtung: Ein Kind, dass sich ausgelacht und nicht ernstgenommen fühlt, wird zunehmend empfindlicher, wenn es ums Lachen geht und verliert seine unbeschwerte Haltung ebenso schnell wie eines, auf dessen Späße stets mit gerunzelter Stirn und bremsenden Bemerkungen reagiert wird. Witz hat die gleiche Wortwurzel wie Wissen und Weisheit. Guter Humor dient nicht nur der Bewusstseinserheiterung, sondern der Bewusstseinserweiterung. An dieser Stelle möchte ich Konrad Lorenz zitieren:

> *Ich glaube, dass wir heute den Humor noch immer nicht ernst genug nehmen!*
> Konrad Lorenz

**Kann man Humor auch in der digitalen Welt im Marketing einsetzen?**

Auf jeden Fall. Das (Ausnahme-)Jahr 2020 ist der ultimative Beweis dafür. Unglaublich in welcher Geschwindigkeit nach der Präsidentenwahl in den Vereinigten Staaten das World Wide Web reagiert hat – darunter nicht nur Einzelpersonen, auch renommierte, sehr bekannte Unternehmen. Naja, und Corona: Wie Pilze aus dem Boden sind lustige Videos, Karikaturen, Comics und Sprüche geschossen, und das monatelang. Das beweist eines: Humor ist auch in Krisen ein probates Gegenmittel zu Trübsinn, Angst und Tristesse. Situationen mit Humor, also aus einem anderen Blickwinkel, betrachtet, wirken so, als würde man sie mit einem umgedrehten Fernglas anschauen: Die Herausforderungen wirken kleiner. Es ist alles eine Sache der Perspektive und der Einstellung. Dazu ein interessantes Faktum: Vor 60 Jahren haben wir dreimal so viel gelacht wie heute! Obwohl damals nach dem Krieg die Zeiten wirtschaftlich viel angespannter waren als heute.

**! Ein Rat**

Unternehmen rate ich: Macht Business as unusual. Hier liegt der Schlüssel zum Erfolg. Überrasche mit Humor.

Offizielle Kundmachungen, Rundschreiben, Hausordnungen aber auch Abwesenheitsnotizen werden viel eher gelesen, wenn sie pointiert geschrieben und mit etwas Humor gewürzt sind. Auch mit kreativen Speisekarten, die zum Beispiel mit intelligentem Wortwitz garniert sind, beginnt das Genießen schon vor dem Essen.

Es ist mir ein Herzensanliegen zu zeigen, dass Humor zu unserer knappsten, jedoch wertvollsten Ressource gehört. Und zwar eine, die auch beruflich von höchster Relevanz ist. Nichts verbindet Menschen mehr als ein gemeinsames Lachen. Denn: Lachen ist das ideale Antidot zum Ernst des Lebens. Und welches Unternehmen profitiert davon nicht? Nachgelacht bringt manchmal mehr als nachgedacht.

**Kennst du ein Beispiel für ein Unternehmen, das Humor erfolgreich eingesetzt hat?**

Da fallen mir spontan drei Unternehmen ein und zwar gleich drei, deren Geschäftskern nichts mit Humor zu tun hat:

⇨   die Helvetia Versicherungen,

⇨   »Bestattung Wien«, ein Wiener Bestattungsunternehmen und

⇨   die MA48, die Magistratsabteilung für Abfallwirtschaft, Straßenreinigung und Fuhrpark in Wien.

Versicherungen, Tod und Trauer sowie Müll – per se keine humorvollen Themen. Und dennoch schaffen es diese Unternehmen, ihre Werbungen und Anzeigen kreativ und humorvoll zu gestalten und sorgen immer wieder für ein Lächeln, Wiedererkennungswert und bleiben in Erinnerung.

## 2.17 Professioneller Vertrieb

*Kein Kunde kauft jemals ein Erzeugnis. Er kauft immer das,*
*was das Erzeugnis für ihn leistet.*
Peter F. Drucker

### 2.17.1 Smarketing – Wenn Vertrieb und Marketing gemeinsame Sache machen

Marketing und Vertrieb – eine ewige Auseinandersetzung, eine ständige Reibung. Es ist ein wenig wie bei Tom und Jerry. Die Marketingabteilung, die den Vertrieb nur als ein Vehikel innerhalb des Marketing-Mix sieht, und die Vertriebsabteilung, die denkt: Mach du mal deine Flyer und geh auf Messen, für den Umsatz sind wir zuständig. Es scheint, als wenn beide Unternehmensbereiche sich nicht auf Augenhöhe begegnen, nicht gut miteinander auskommen können. Aber wenn man unternehmensübergreifend Menschen erreichen und begeistern möchte, dann geht es nicht ohneeinander. Dann ist eine gute Zusammenarbeit die Grundvoraussetzung. Dazu braucht es Kommunikation, gegenseitiges Verständnis, ein Einbeziehen des anderen von Beginn an. Erinnere dich auch noch einmal an Kapitel 2.15.3: Es geht um den gemeinsamen Purpose! Die Zusammenarbeit wird immer wichtiger und notwendiger, denn die Disziplinen gehen auch im Marketing-und-Salesprozess immer mehr ineinander über. Es ist die Sprache von Smarketing (Sales/Verkauf & Marketing), eine gegenseitige Ausrichtung, eine Vereinbarkeit beider Bereiche und deren Teams. Und das bringt seine Vorteile mit sich.

### Erkenntnis

Laut der State-of-Inbound-Studie 2018 können Unternehmen, die ihre Vertrieb- und Marketing-Teams aufeinander abstimmen, ein bis zu 32 Prozent höheres Umsatzwachstum im B2B-Bereich erzielen.

Die Customer Journey und Buyers Journey (mit den drei Phasen bewusst sein, überlegen, entscheiden) der Kunden sollte man nicht nur kennen, sondern das Wissen auch austauschen und gemeinsam darauf eingehen. Der Kunde darf nicht den Eindruck gewinnen, dass im Verkauf das Versprechen, das das Marketing ihm gegeben hat, nicht gehalten wird.

Dass die Bereiche Sales und Marketing immer mehr ineinander übergehen, zeigen auch Studien von Roland Berger und Google. Sie verdeutlichen, dass 57 Prozent des Kaufprozesses bereits abgeschlossen sind, bevor ein Anbieter kontaktiert wird. 90 Prozent der Entscheider googeln im sogenannten Beschaffungsprozess vorab, um sich zu informieren, und 83 Prozent der Entscheider konsumieren erst digital, bevor sie in den direkten Kontakt gehen. Wenn du dir die AIDA-Formel nochmals vor Augen hältst, können wir noch ein S (Sales) und ein C (Close) hinzufügen:

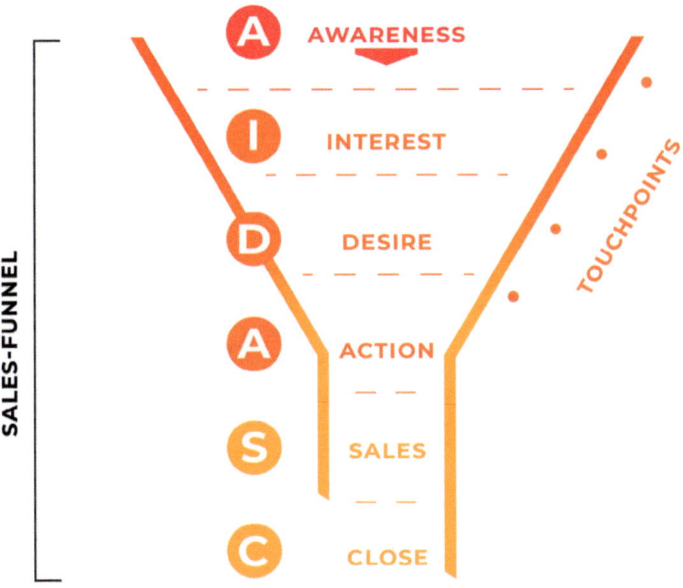

**Abb. 35:** Sales-Funnel

Es muss – und das möchte ich in der Schärfe so sagen – ein übergreifendes Konzept geben, in dem Marketing (Presales), Vertrieb (Sales) und Kundenbetreuung (Aftersales) zusammenarbeiten. Und zwar im Sinne eines für den Kunden (!) stimmigen Konzeptes und nicht dafür, dass einzelne Abteilungen recht behalten oder sich durchsetzen! Alles rund um die Marke, das Produkt und die Dienstleistung sollte ein harmonisches Ganzes ergeben. So erst kann der Kunde dein Unternehmen und deine Marke auch genauso wahrnehmen und erleben.

**Abb. 36:** Sales-Konzept (nachempfunden: »Vertrieb im Visier der Marke«, cyriax-partners.com)

### 2.17.2   Das große Ganze – Vorbereiten, planen, verteilen

Worauf ist beim Vertrieb zu achten? Auch hierüber könnte man ein ganzes Buch schreiben. In Kürze das Wichtigste: Sicherlich kommt es auf eine gute Strategie, die richtigen Verkaufsprozesse und ganz viel Wissen an. Ähnlich wie beim Marketing sollte der Vertrieb aber zuerst die Zielgruppe mit ihren Eigenschaften und Wünschen genau kennen. Was hilft, ist ein gut funktionierendes Customer-Relationship-Management-(CRM-)System, um die notwendigen Merkmale der Zielgruppe zu pflegen und eine Übersicht ihrer Aktivitäten zu haben. Aber auch das Produkt, und in welcher Phase es sich befindet, hat großen Einfluss auf den Vertrieb und dessen Erfolg. An einem toten Pferd zu ziehen, macht keinen Sinn.

Darum müssen sich der Vertrieb und der Verkauf intensiv mit dem Unternehmen, den Produkten und Dienstleistungen auseinandersetzen. Wo liegen die Stärken, wo die Schwächen? Gute Argumente, die den Nutzen für den Kunden in den Vordergrund stellen, gehören zur Verkaufsstrategie. Dazu ist wichtig, seine Wünsche zu kennen.

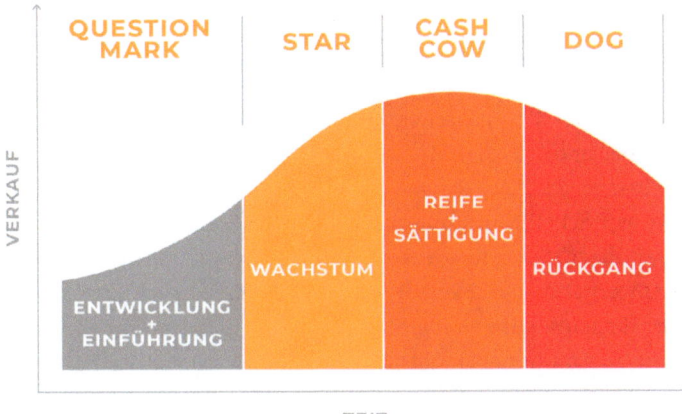

**PRODUKT-LEBENSZYKLUS**

**Abb. 37:** Produkt-Lebenszyklus

---

**Komprimiert!**                                                                                           !

Der Kunde kauft nicht den Hammer, sondern er kauft den Hammer, um ein Bild aufzuhängen, das das Zimmer verschönert.

---

Die Argumente sollten, nein, müssen relevant, wertvoll und nachvollziehbar sein, sodass die Vertriebler und Verkäufer den Kunden überzeugen können. Für den potenziellen Kunden müssen die Vorteile, die Stärken, der Mehrwert deutlich werden. Der Preis spielt, auch hier wiederhole ich mich, nicht unbedingt die ausschlaggebende Rolle. Viele sind bereit, mehr zu zahlen, wenn die Qualität und das Erfüllen eines konkreten Bedürfnisses stimmen. Zum erfolgreichen Vertrieb gehören gut gewählte Vertriebskanäle, um die Kunden zu erreichen, ein gutes Timing und ein motivierter und gut über Zielgruppe und Produkt informierter Vertriebler und Verkäufer (mit viel Erfahrung). Was die Vertriebskanäle – Internet, Telefonverkauf oder Einzelhandel – betrifft, so gilt es, zum richtigen Zeitpunkt mit der passenden Botschaft am richtigen Ort zu sein.

Mein nächster VIP, Stephan Heinrich, vertritt die Meinung: Niemand will etwas verkauft bekommen – so denkt niemand. Wir denken, dass wir selbst entschieden haben und etwas kaufen wollen.

### 2.17.3   VIP: Stephan Heinrich, Vertriebsexperte B2B & Geschäftsführer der Content Marketing Star GmbH

Der Kartoffelmann

**Stephan Heinrich ist Unternehmer, Autor und Vortragsredner. Bereits seit 2001 ist sein Businessmodell digital ausgerichtet. Er hilft Vertriebsorganisationen, über sich selbst hinauszuwachsen – insbesondere durch digitale Werkzeuge, professionelle Gesprächsführung meist ungeliebte Akquise sowie gewinnbringende Preisverhandlungen. Seine Agentur »Content Marketing Star« richtet sich an mittelständische Unternehmer und Selbstständige. Das 16-köpfige Team plant, realisiert und betreibt für seine Kunden modernes Marketing und professionelle Leadgenerierung. Mehr Informationen auf** http://content-marketing-star.de.

In meiner Kindheit gab es den Kartoffelmann. Er fuhr einmal die Woche durch unser Wohngebiet. Er läutete eine schwere Messingglocke und rief laut durch das geöffnete Fenster seines Lastwagens: »Kartoffeln! Kartoffeln!« Ab und zu hielt er an, die Kunden kamen zum Wagen und er verkaufte seine Waren direkt vom Lastwagen. Wenn kein Kunde mehr zu bedienen war, fuhr er in die nächste Seitenstraße und machte dort weiter.

Der Kartoffelmann hatte eine kleine Produktpalette. Er wusste, dass Bedarf da sein würde. Es genügte zu rufen und die Kunden kamen. Das Geschäftsmodell des fahrenden Händlers ist nur noch Folklore. Aber egal – wir machen weiter wie bisher! Wir suchen uns eine möglichst große Ansammlung von Menschen und bewerben unser Angebot. Da werden sich dann schon Kunden finden.

## #Neukunden suchen sich ihren Weg selbst
Immer mehr Menschen sind im Informationszeitalter angekommen. Sie wissen, wo und wie sie suchen müssen, um Informationen, Produkte oder Dienstleistungen zu finden. Information ist keine Mangelware mehr. Wir können buchstäblich zu jeder Zeit auf das Wissen der Welt und alle nur erdenkbaren Warenangebote zugreifen.

Wir stellen uns unser Programm selbst zusammen. Wir müssen uns nicht mehr nach den Zeitplänen der Anbieter richten. Tagesschau ist nicht mehr abends um acht, sondern dann, wenn wir wollen. Wir nutzen die Mediatheken oder Netflix, Amazon Prime oder AppleTV, um das zu sehen, was wir sehen wollen, wenn wir es wollen. Früher mussten wir uns nach der Hitparade richten, wenn wir die Top-Ten-Hits hören wollten. Heute können wir bei Spotify oder Apple Musik hören, was wir wollen, wann wir es hören wollen.

**Komprimiert!**
Wir können darauf vertrauen, dass wir jede Art von Information suchen und finden werden, sobald wir bereit sind, uns damit zu beschäftigen.

Wir haben keine Angst, dass wir etwas verpassen. Wir wissen, dass wir jede Information bekommen, sobald wir sie abrufen.

Das ist die wesentliche Änderung, die Vertrieb und Marketing aufmischt.

## Interesse – Vertrauen – Beziehung – Entscheidung
Wir kennen das: Jemand tut etwas für uns. Etwas wirklich Hilfreiches. Wenn wir uns nicht sofort revanchieren können, nehmen wir uns unbewusst vor, bei Gelegenheit etwas für den anderen zu tun. Das ist das Prinzip der Reziprozität. Alle Menschen – bis auf Soziopathen – kennen diesen Effekt bei sich selbst. Genau darauf beruht das Konzept erfolgreicher Verkäufer und Marketingstrategen: erst geben.

Das ist die natürliche Reihenfolge, die wir erwarten, wenn wir eine neuen Menschen kennenlernen. Danach reift Interesse zu Vertrauen, weil der andere sich so verhält, wie er es versprochen hatte. Diese Beziehung wird immer enger, weil sich der andere so verhält, wie von uns erwartet und schließlich treffen wir weiterführende Entscheidungen. Immer in dieser Reihenfolge. Wir wollen keine Entscheidung für etwas oder jemanden treffen, wenn wir noch keine Beziehung auf der Basis von Vertrauen haben.

## Heldenreise zur Entscheidung für Neukunden

**Komprimiert!**
Alles, was wir als professionelle Verkäufer tun müssen, ist, die Heldenreise unserer potenziellen Neukunden zu begleiten.

Zunächst liefern wir Informationen, die für unsere Zielgruppe hilfreich sind. Wir müssen also kein Interesse für unsere Angebote wecken, indem wir Glocken läuten und laut schreien. Wie müssen nur etwas finden und bereitstellen, das ohnehin schon interessant für die Menschen in unserer Zielgruppe ist.

Dadurch schaffen wir die Grundlage für Vertrauen, weil wir verlässlich und ohne etwas zu fordern weitere hilfreiche Informationen, Hinweise, Tipps und Kniffe geben, die für unsere Zielgruppe wichtig sind. Nach einiger Zeit, die wir verstreichen lassen, um das Vertrauen wachsen zu lassen, gehen wir einen Schritt weiter.

Wie etablieren eine Beziehung durch Dialog. Jetzt locken wir unsere Kontakte aus der Defensive und beginnen eine Unterhaltung. Unverbindlich und ohne zu nerven, aber schon etwas intensiver als nur zu geben, ohne eine Gegenleistung zu erwarten. Spätestens jetzt werden uns einige dieser Kontakte verlassen. Diesen Verlust kann man auch als Gewinn sehen, denn diese Kontakte sind offenbar nicht bereit für eine Kundenbeziehung.

Und dann kommt es schließlich zum Antrag: Willst du mit mir gehen? Oder in der Geschäftswelt: Willst du mit mir über eine Zusammenarbeit sprechen? Jetzt geben wir dem potenziellen Kunden die Gelegenheit, eine Entscheidung zu treffen. Ja oder Nein. Kein Vielleicht.

Die Automatisierung dieses Prozesses ist ein Gewinn für alle Beteiligten. Die Interessenten, die im Moment nicht als Kunde infrage kommen, bekommen wertvolle Informationen. Auch wenn sie jetzt nicht Kunde werden wollen, werden sie das wohl positiv in Erinnerung behalten und wer weiß – vielleicht kommt der Bedarf später. Die Kunden, die jetzt Kaufinteresse haben oder im Laufe der Reise ausgebildet haben, werden froh sein, dass sie sich bereits vom Know-how eines möglichen Anbieters überzeugen konnten. Und es ist ein Gewinn für dich, weil du nur noch mit potenziellen Kunden sprichst, die dieses Gespräch selbst führen wollen. Win-win-win.

# 2.18 Qualität & Kompetenz

*Qualität bedeutet, der Kunde kommt zurück, nicht die Ware.*
Hermann Tietz

## 2.18.1 Qualität – Eine Frage der Definition

Dir wird ein Restaurant empfohlen mit den Worten: »Da musst du hin, die Qualität ist auch wirklich hervorragend.« Vor Ort ist dein Eindruck, der optische und der beim Essen, dann aber ein ganz anderer. Genau wie mit dem Humor (siehe Kapitel 2.16) ist es auch mit der Qualität: Ihre Wahrnehmung ist subjektiv. Was der eine ausgezeichnet findet, ist für den anderen nur Durchschnitt und für den dritten nicht ausreichend. Einerseits sind Erwartungshaltung, Anspruch und Geschmack eines jeden unterschiedlich und andererseits ist deckt sich der Qualitätsanspruch von Unternehmen und Kunde bezüglich eines Produkts oder einer Dienstleistung bei Weitem nicht immer. Das hat natürlich Einfluss auf Wahrnehmung.

Die meisten Unternehmen behaupten natürlich, Qualität zu liefern, aber das ist eindeutig (auch) Definitionssache. Spricht es schon für eine hohe Qualität, wenn ein Produkt fehlerfrei geliefert wird? Oder sollte das selbstverständlich sein? Aus Sicht der Kunden ist etwas erst beispielsweise dann hochwertig, wenn nicht nur das Produkt stimmt, sondern auch alle weiteren Erwartungen erfüllt werden, die für ihn dazu gehören, wie Service, Verpackung, Preis und Kauferlebnis.

Der Begriff Qualität wird auch in der Literatur sehr unterschiedlich definiert. Eine Klassifizierung bietet uns David A. Garvin an (Garvin, 1984) und definiert fünf unterschiedliche Kategorien bzw. Ansätze:

⇨ **Transzendenter Ansatz**: Qualität wird synonym für Hochwertigkeit verstanden; ist nicht messbar, sondern lediglich durch Erfahrung fassbar (subjektiver Begriff).

⇨ **Produktbezogener Ansatz**: Qualität wird als messbare Größe interpretiert. Sie wird zum objektiven Merkmal, wobei subjektive Kriterien ausgeschaltet werden. – Beispiel: Je größer die Gurke, desto hochwertiger/1a-Qualität)

⇨ **Anwenderbezogener Ansatz**: Qualität ergibt sich ausschließlich aus der Sicht des Anwenders, d. h. des Kunden.

⇨ **Prozessbezogener Ansatz**: Qualität wird gleichgesetzt mit der Einhaltung von Spezifikationen; Fehler sollen erst gar nicht entstehen (»Do it right the first time«). – Beispiele: Pünktlichkeit eines Verkehrsmittels, Mängelfreiheit eines Produkts

⇨ **Wertbezogener Ansatz**: Berücksichtigung von Kosten bzw. Preis einer Leistung, Qualität entspricht einem günstigen Preis-Leistungs-Verhältnis – Beispiel: Der einfach ausgestattete Verkaufsraum des niederländischen Non-Food-Discounters Action ist ein Merkmal für ein gutes Preis-Leistungs-Verhältnis, da diese Handelsform dadurch Markenartikel preisgünstiger verkaufen kann als z. B. ein hochwertig dekoriertes Geschäft in Innenstadtlage.

Alle Ansätze haben ihre Berechtigung. Je nach Branche, je nachdem, was du anbietest musst du prüfen, welcher Ansatz optimal für dein Angebot und deine Zielgruppe geeignet ist. Du hast die Möglichkeit, die Qualität kontinuierlich zu beeinflussen und zu verbessern mit entsprechendem Qualitätsmanagement, indem du das Endprodukt regelmäßig unter die Lupe nimmst und Prozesse und Arbeitsabläufe kontrollierst, verbesserst und lenkst.

**!** **Komprimiert!**

Qualität braucht Zeit.

Was ich damit sagen möchte: Traue dich, loszulegen, gehe in den Markt, teste aus, korrigiere, verbessere und habe Geduld.

## 2.18.2  Qualifizierter Content ist Key

Gerade in der (digitalen) Onlinewelt ist die Konkurrenz um Aufmerksamkeit riesig. Umso mehr solltest du auf Qualität und Verständlichkeit deiner Inhalte achten. Denn der Kunde ist verwöhnt, die nächste Website nur einen Klick entfernt. Mit authentischem, spannendem Inhalt, der das Informationsbedürfnis oder emotionale Bedarfe deiner Kunden bedient, schaffst du die Basis für ihr Vertrauen. Sie spüren und lesen deine Ehrlichkeit und erkennen sich in dem (bestens vorbereiteten) Content wieder. Wenn du dann auch noch zeigst, dass der Datenschutz für dich eine Selbstverständlichkeit ist, kein Aushängeschild mehr, dann hast du schon sehr, sehr viel richtig gemacht. Vanessa Markowski, Content Marketing Managerin bei der ReachX GmbH – sie folgt dem Motto: »Menschen ignorieren Content, der Menschen ignoriert« – hat im Kontext von Inhalt, SEO und Layout & Design elf Qualitätsfaktoren definiert:

Diese Aspekte sollen dir verdeutlichen, dass Content, also alle Elemente, die deine Website ausmachen und gestalten sowie auf sie hinführen, ein harmonisches Ganzes ergeben sollten.

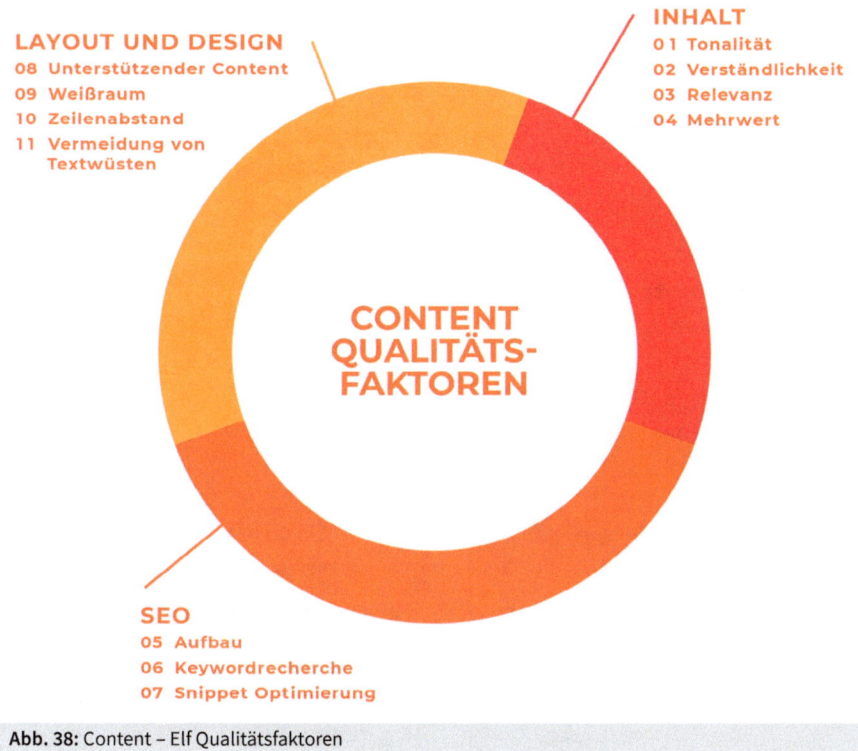

**Abb. 38:** Content – Elf Qualitätsfaktoren

### 2.18.3   Engagiertes Personal – Äußerst vorteilhaft

Ich liebe es, wenn ich in einem Buchladen bin, die Verkäuferin mir von einem Buch vorschwärmt und es mir voller Enthusiasmus empfiehlt – nachdem sie verstanden oder erfragt hat, welche Themen mich interessieren könnten. Qualifiziertes Personal, das weiß, wovon es spricht, und gleichzeitig aufmerksam »beobachtet«, ob es in die richtige Richtung geht oder ein anderes Produkt oder Thema doch viel interessanter für mich wäre, ist so viel wert. Und gibt es dann noch einen überraschenden Extratipp, haben sie uns doch schon fast in der Tasche.

Oder bist du nicht auch dankbar, wenn du in der Autowerkstatt auf kompetente Fachleute triffst, die dir sofort sagen können, was kaputt ist, wie lange es dauert und es dann auch einwandfrei reparieren.

Und vertrauen wir nicht alle darauf, dass der Pilot weiß, wie er die Maschine fliegen muss und uns sicher ans Ziel bringt? Bevorzugen wir nicht auch den Laptop, der uns so lange wie möglich ohne Macken die Arbeit erleichtert? Möchten wir nicht lieber ein leckeres Brot essen als eines, das alt und fad schmeckt? Informieren und kaufen wir nicht lieber auf einer Webseite ohne Bugs, die intuitiv relevante Informationen und bequeme Tools anbietet?

Auf meine Frage, »Welches (Kauf-)Erlebnis hat dich positiv berührt bzw. überrascht?«, hat in meiner kleinen Umfrage der Großteil der 165 Teilnehmer angegeben, dass sie vor allem positiv überrascht worden sind von der Qualität und der Kompetenz von Mitarbeitern im Kaufprozess:

⇨ qualitativ hochwertige Bedienung (zuhören und die richtige Empfehlung) sowie
⇨ überdurchschnittliche Kompetenz, welches Vertrauen hervorrief und schlussendlich auch zum Kauf führte.

**! Komprimiert!**

Wenn du deine Kompetenz richtig einzusetzen weißt, kannst du noch besser überzeugen und erfolgreich sein.

Denn alle genannten Beispiele belegen, dass Qualität in unserem Leben und bei unserem Kaufverhalten (Information, Beratung, Kaufprozess, Service) eine wichtige Rolle spielt. Wenn deine Produkte und Dienstleistungen das bieten und du überzeugen, überraschen kannst, dann hast du enorme Vorteile:

⇨ Das Image ist um einiges besser und du kannst dich von Mitbewerbern deutlich absetzen.
⇨ Kunden werden zufriedener sein und es wird weniger Reklamationen geben.
⇨ Du kannst bei qualitativ hochwertigen Produkten deine Preise erhöhen und Geld sparen, wenn du weniger Personal und Zeit für Reklamationen bzw. Damage Control benötigst.
⇨ Es wird mehr Kunden geben, die gut über dich reden, dich weiterempfehlen oder dir eine positive Beurteilung hinterlassen.
⇨ Es wird positiver eingestellte Mitarbeiter geben – dnn wer arbeitet nicht gerne in einem angesehenen Unternehmen mit zufriedenen Kunden?

Schauen wir uns einmal aus wissenschaftlicher Perspektive an, was Professor Dr. Holger Sievert uns zu dem spannenden Thema Kompetenz erzählt.

### 2.18.4   VIP: Prof. Dr. Holger Sievert, Professor für Kommunikationsmanagement an der Hochschule Macromedia

Kompetenz im Kommunikations- und Markenmanagement

**Holger Sievert ist Professor für Kommunikationsmanagement an der Hochschule Macromedia in Köln und selbstständiger Kommunikations- und Marketingberater in Düsseldorf. Zuvor war er viele Jahre erfolgreich für Bertelsmann, Roland Berger**

**und die Kommunikationsagentur komm.passion tätig. Mehr Informationen auf** www.linkedin.com/in/profsiev **und** www.instagram.com/profsiev.

Qualität und Kompetenz hängen unmittelbar zusammen – das ist im vorherigen Abschnitt von Anouk Ellen Susan bereits deutlich geworden. Im Unterschied zu Qualität, die oben als auch sehr subjektiv sein können beschrieben wurde, gibt es für das Thema Kompetenz aber einige klare Anker – gerade auch im Marketing- und Kommunikationsmanagement.

So definiert das Bundesinstitut für Berufsbildung generell Kompetenz als »die Verbindung von Wissen und Können in der Bewältigung von Handlungsanforderungen« (BIBB, 2020). Insbesondere die Bewältigung von Anforderungen und Situationen, die im besonderen Maße ein nicht routinemäßiges Handeln und Problemlösen erforderten, würde mit dem Kompetenzkonzept hervorgehoben. Die berufliche Handlungskompetenz werde dabei als normatives Konzept üblicherweise untergliedert in Fach-, Sozial- und Selbstkompetenz.

Doch was heißt das konkret für das Marketing- und Kommunikationsmanagement? Welche Fach-, Sozial- und Selbstkompetenz braucht es, um Menschen zu erreichen und zu begeistern? Bei den beiden letztgenannten ist das recht einfach. Selbstkompetenz umfasst anlehnend an die Definition der Kultusministerkonferenz (2018) auch in den hier diskutierten Tätigkeitsbereichen Eigenschaften wie Selbstständigkeit, Kritikfähigkeit, Selbstvertrauen, Zuverlässigkeit, Verantwortungs- und Pflichtbewusstsein. Und soziale Kompetenz kann nach Kanning (2009: 13-15) je nach Perspektive primär als Durchsetzungsfähigkeit, alternativ Anpassungsfähigkeit oder eben als »Kompromiss zwischen Anpassung und Durchsetzung« verstanden werden. Dass diese beiden Kompetenzfelder wichtig sind, geht auch aus regelmäßigen Analysen entsprechender Stellenanzeigen hervor (z. B. Monster Worldwide Deutschland, 2016).

Doch welche Fachkompetenz brauchen Marketing- und Kommunikationsmanager? Dieses Thema ist immer wieder Gegenstand zum Teil kontroverser Diskussionen. Generell gibt es dabei aus meiner Sicht aktuell drei Richtungen zur Beschreibung von fachlicher Marketing- und Kommunikationskompetenz:
- ⇨ **kreativ-innovative Fachkompetenz**, um neue und qualitativ hochwertige Produkte und Kommunikationen dazu entwickeln,
- ⇨ **steuernd-koordinierende Fachkompetenz**, die das Fachgebiet vor allem als definierenden Bestandteil von BWL sieht,
- ⇨ **zunehmend analytisch-mathematische Fachkompetenz**, die im Zeitalter von Big Data weiß, wie man z. B. Kunden digital gezielt erreicht.

Welche Richtung man dabei bevorzugt, hängt sicherlich vom konkreten beruflichen Umfeld ab – noch viel mehr aber von eigenen Ausbildungen und Prägungen.

Interessant ist aber, dass diese Kompetenzperspektiven durchaus zeitlichem Wandel unterliegen. In zwei eigenen Untersuchungen habe ich dies für den Bereich des Kommunikationsmanagements gemeinsam mit Kollegen umfassend erhoben (Sievert et al., 2007; Rademacher & Sievert, 2018; dort finden sich auch zahlreiche weitere Quellenverweise zum Thema z. B. seitens diverser Verbände etc.).

Unterschieden wurde dabei zwischen BWL-Kompetenz, kommunikationswissenschaftlicher Kompetenz und kommunikationshandwerklicher Kompetenz. Zu erwarten gewesen wäre, dass vor dem Hintergrund der insgesamt zunehmenden Bedeutung ökonomischer Perspektiven in vielen Lebensbereichen die BWL-Kompetenz im langjährigen Vergleich deutlich zunimmt und die handwerkliche eher abnimmt. Das Gegenteil ist jedoch der Fall: Während in der Kategorie »sehr wichtig« die handwerkliche Kompetenz um fast 5 Prozent von 63,4 (2004) auf 68,3 (2015) Prozent steigt, nimmt die BWL-Kompetenz um über 8 Prozent von 29,7 auf 21, 3 Prozent ab.

Die erforderliche Kompetenz, um echte Qualität in Marketing und Kommunikationsmanagement zu erreichen, präsentiert sich damit letztlich recht ganzheitlich: Neben passender Selbst- und Sozialkompetenz braucht es eine Fachkompetenz, die nicht nur auf Analyse und Steuerung setzt, sondern gleichermaßen auf Kreation. Nur dann kann man im Sinne des Titels dieses Buches Menschen wirklich nicht nur erreichen, sondern auch begeistern!

## 2.19   BRanding

> *Wir lassen die Buttons so gut aussehen, dass du sie ablecken willst.*
> Steve Jobs

### 2.19.1   Wiedererkennung – Triggere deine Kunden

Branding ist das, was wir vom Marketing-Eisberg sehen. Aber ein Großteil der Arbeit, die hinter all unseren Aktivitäten steckt, ist unsichtbar. Beim Branding allerdings dreht sich nun einmal alles um Sichtbarkeit und einen deutlichen Wiedererkennungseffekt. Dazu gehören dein Auftritt mit Logo, Verpackung, Webseite, Bildsprache, etc. ebenso wie das Storytelling und deine Kampagnen.

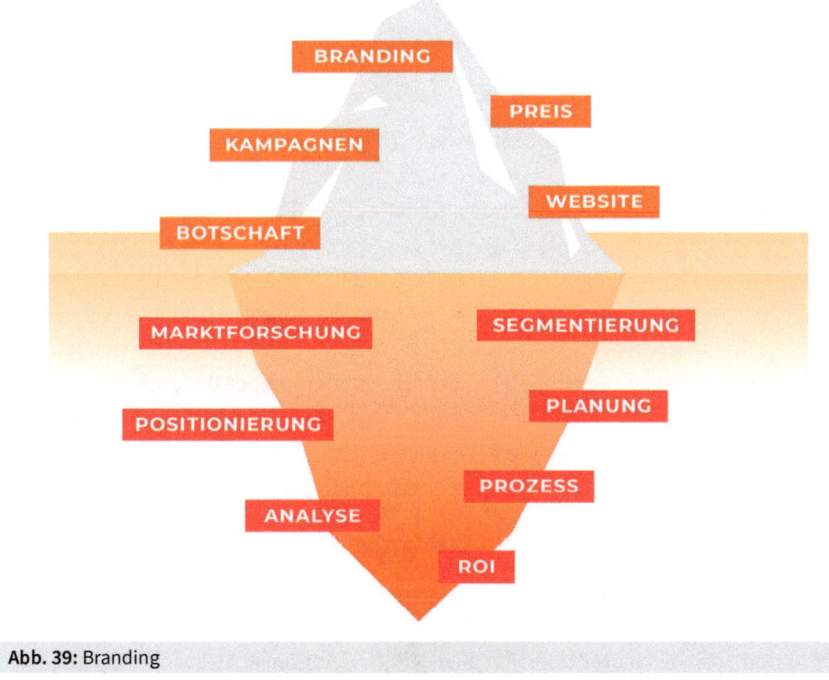

**Abb. 39:** Branding

Der englische Begriff »brand« bedeutet Marke und Warenzeichen. Er geht auf das »ursprüngliche« Branding zurück, also der Kennzeichnung von Tieren mit einem Brandzeichen zur Wiedererkennung (in der damaligen Zeit der einzige Eigentumsnachweis für Pferdehalter und Züchter). Bei der Marke ist das Prinzip ähnlich: Es geht um den Aufbau und die Weiterentwicklung einer Markenführung, um sich mit den eigenen Produkten und Dienstleistungen von anderen abzugrenzen und deutlich erkennbar zu sein (Branding). Es geht darum, ein nachhaltiges Image aufzubauen, das Vertrauen in die Marke schafft und die Qualität widerspiegelt. Dahinter steht die Erkenntnis der Werbepsychologie, dass eine Marke (im Gegensatz zu einem No-Name-Produkt) einen höheren Wiedererkennunswert (Branding Recognition) hat und der Verbraucher mit einer Marke charakteristische Eigenschaften, Attribute oder Leistungen verbindet. Hierdurch erhält der Verbraucher mehr Orientierung in der unendlichen Angebotsvielfalt.

Diverse Studien belegen, dass eine gute Brandingstrategie
⇨   mehr Wiedererkennungseffekt und Vertrauen mit sich bringt, dadurch
⇨   einen größeren Abverkauf realisiert und
⇨   auch für mehr Motivation bei Mitarbeitern sorgt.

Denn Branding gibt es nicht nur für Marken im B2B- oder B2C-Bereich, sondern auch in der Unternehmensstrategie. Dabei bedient sich der Arbeitgeber der eigenen Marketingkonzepte, um sich auch bei potenziellen Arbeitnehmern als attraktives Unternehmen, als Arbeitgebermarke zu positionieren (Employer Branding).

### 2.19.2   Markenidentität – Positioniere dich

Was braucht es für ein überzeugendes, nachhaltiges Branding? Eine starke Markenidentität und Markenpositionierung: Wer, wie, warum, wo und wann will ich was für wen sein? Was ist das Besondere, Herausragenden an mir und meiner Marke ? Dafür braucht das Produkt unverwechselbare Eigenschaften und einen klaren Nutzen.

Wichtig im und für das Branding ist, die Marke immer wieder deutlich zu zeigen (online und offline), ihren Mehrwert zu verdeutlichen, am richtigen Ort, zur richtigen Zeit und für die richtige Zielgruppe. Die Kommunikation gut aufeinander abzustimmen, so dass dem Kunden immer ein stimmiges Erscheinungsbild der Marke gezeigt und eine Markenbekanntheit aufgebaut wird.

Eine Marketingstrategie, um einer Marke zur größeren Bekanntheit zu verhelfen, ist das Brand Sponsorship. Die Marke fördert und unterstützt eine Organisation, Person, Aktion oder Veranstaltung. Vor allem im Sportbereich ist das üblich, aber auch bei Musikevents oder Benefizveranstaltungen. Dadurch erhoffen sich Unternehmen eine große Reichweite, eine bessere Reputation und Loyalität. Sie nutzen das positive Image des Events. Auch Getränkehersteller wie Coca-Cola oder Krombacher betreiben häufig diese Art des Sponsorship. Die Marken sind präsent bei diversen Sportveranstaltungen und Fernsehübertragungen, Red Bull nahezu omnipräsent in der Formel 1, beim Skisport oder beim Motorrad-Racing.

**Komprimiert!**

Ganze Branding-Kampagnen zielen darauf ab, das Markenimage zu stärken, eine Reputation aufzubauen und unbewusst positive Emotionen und Assoziationen bei der Zielgruppe auszulösen – mit dem Ziel, eine langfristige, stabile Bindung zwischen Marke und Zielgruppe herzustellen.

Das Branding erfordert die kontinuierliche Pflege der Marke (Packaging, Werbung, Verkaufsstrategie), um sie attraktiv zu halten. Nur so kann sie sich etablieren und ein gutes Image über Jahre halten. Unternehmen, die das überzeugend geschafft haben, sind beispielsweise Unilever, Porsche, Hornbach, Walt Disney, IKEA, Haribo, ElitePartner, Nivea, Starbucks und Douglas und viele mehr.

Welche Marken spielen in deinem Leben als Experte, aber auch als Konsument, eine Rolle? Welche Markenpräferenz hast du? Was sind deine Love Brands? Und warum hältst du genau ihnen die Treue?

Die Marken mit dem größten Wert in Deutschland sind 2020 laut Statista:

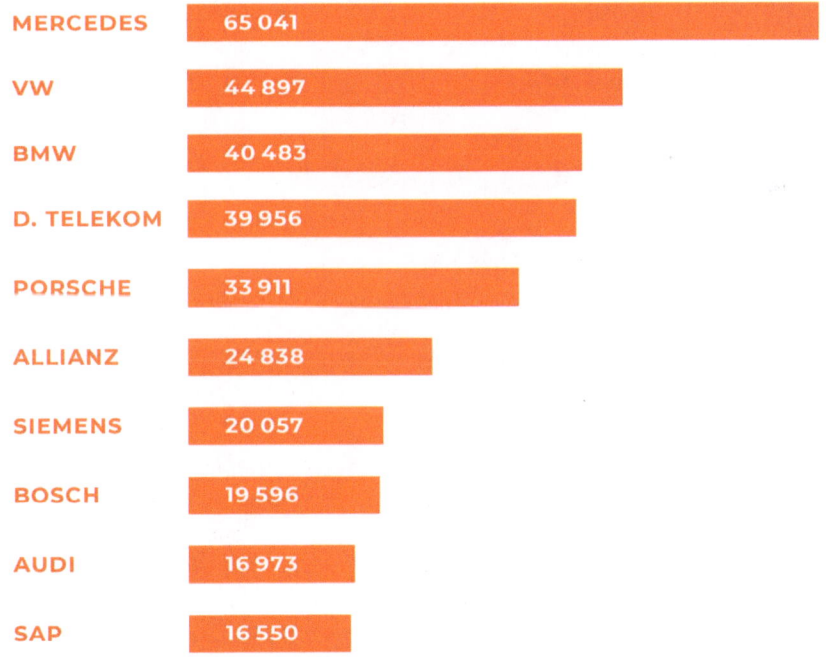

## MARKENWERT DER 10 FÜHRENDEN DEUTSCHEN MARKEN
**(IN MIO. US-DOLLAR)**

|  |  |
|---|---|
| MERCEDES | 65 041 |
| VW | 44 897 |
| BMW | 40 483 |
| D. TELEKOM | 39 956 |
| PORSCHE | 33 911 |
| ALLIANZ | 24 838 |
| SIEMENS | 20 057 |
| BOSCH | 19 596 |
| AUDI | 16 973 |
| SAP | 16 550 |

**Abb. 40:** Markenwert der 10 führenden deutschen Marken (2020)

### 2.19.3   Personal Branding – Die Persönlichkeit machts

Branding gibt es nicht nur für Unternehmen, Arbeitgeber, Marken und Produkte, sondern auch bezogen auf eine Person bzw. Persönlichkeit (siehe auch Kapitel 2.13.1). Personal Branding heißt das und wurde in den vergangenen Jahren immer wichtiger. Anfangs ging es schlicht darum, wie gut man über Google gefunden wurde. Inzwischen steckt einiges mehr dahinter: Corporate Influencer, Selbstvermarktung, Social SEO und auch Employer Branding, um nur einige Aspekte zu nennen.

Die Karrierebibel hat vier Bausteine des Personal Branding definiert:

## DIE VIER BAUSTEINE
## DES PERSONAL BRANDING

**Abb. 41:** Vier Bausteine des Personal Branding

Ein schönes Beispiel für Personal Branding, wie ich finde, sind der Unternehmensgründer Claus Hipp und sein Sohn Stefan, die für ihre Marke Hipp und sich selbst seit Jahrzehnten Aufmerksamkeit erreichen mit dem Slogan »Dafür stehe ich mit meinem

Namen«. Damit bringen sie ihre Botschaft einprägsam auf den Punkt. Und genau darum geht es beim Personal Branding.

Wofür stehst du mit deinem Namen? Als wer und was wirst du als Person, als Experte von anderen wahrgenommen? Was macht dich aus? Was sind deine Stärken und wofür schlägt dein Herz, wie ich immer gerne in meinem Podcast »Upgrade yourself« frage. Und gerade in Podcasts geht es um sehr viel Selbstmarketing und Sichtbarkeit.

Saskia Rosendahl schreibt in ihrem Gastbeitrag über Meghan Markle und Kate Middleton. Ich denke erneut auch an Größen wie Steve Jobs, Elon Musk oder Mark Zuckerberg. Sie stehen mit ihrem Namen für Apple, Tesla bzw. Facebook und haben wahrscheinlich eine Namensbekanntheit von 99 Prozent. Aber auch Frauen wie Greta Thunberg, Dr. Angela Merkel, Barbara Schöneberger, Daniela Katzenberger, Judith Williams, Heidi Klum und Alice Schwarzer sind starke Frauen, alle sehr erfolgreich in ihrem Wirken und in ihrer Branche. Sie positionieren sich mit ihrem Fokusthema ganz klar in den Medien – und stehen dafür mit ihrem Namen. Sie haben Aufmerksamkeit, sind konsistent in ihrem Tun und in ihrem Bild nach außen, sie sind echt (soweit das von außen zu beurteilen ist, auf mich wirken die meisten von ihnen authentisch), haben einen hohen Wiedererkennungseffekt, sind werbewirksam und sichtbar, sind in ihrem Bereich für ihre Zielgruppe sehr relevant und zugleich »unique«, schwer vergleichbar mit jemand anderem. Das alles macht sie erfolgreich und es macht auch ihre Produkte, Dienstleistungen, das, wofür sie sich einsetzen, erfolgreich. Eine Win-win-Situation.

Doch Personal Branding ist nicht nur für berühmte Personen wichtig und möglich. Es gilt auch für uns, die wir in den großen Medien und der Öffentlichkeit unbekannt sind. Für UnternehmerInnen, Selbstständige, KünstlerInnen, für Angestellte, ob VerkäuferInnen, MarketingexpertInnen oder Gastronome. Jeder kann sich in seinem Themengebiet als Experte und Autorität positionieren und in Fach- sowie sozialen Medien sichtbar werden.

Welche Menschen beeindrucken dich in deiner Branche oder als (privater) Konsument mit ihrem Können und ihrem Charisma? Warum fühlst du eine größere Bindung zu ihnen als zu anderen, warum sind sie und ihre Produkte, Dienstleistungen, ihre Marke dir viel sympathischer als andere? Ich bin sicher: Wenn du einmal intensiver darüber nachdenkst, wirst du tolle Erkenntnisse für dich und deine beruflichen Aktivitäten gewinnen.

Saskia Rosendahl veranschaulicht die Relevanz und Chancen des Branding wunderbar am Beispiel des britischen Königshauses.

### 2.19.4   VIP: Saskia Rosendahl, Freie Marketingberaterin und Interim Managerin

Branding und das britische Königshaus

**Saskia Rosendahl ist Marketeer aus Leidenschaft und hat erfolgreich als Head of Marketing, Head of Customer (Trade) Marketing und Head of Communications für marktführende Unternehmen im deutschen FMCG-Markt gearbeitet. Mehr Informationen auf** www.linkedin.com/in/saskia-rosendahl-marketing/.

Stell dir einmal vor, du solltest Meghan Markle und Kate Middleton beschreiben. Wie würdest du das tun? Du könntest ausführen, dass beide Frauen knapp 40 Jahre alt, attraktiv und stilvoll sind und ihre weltweite Berühmtheit als Vertreterinnen des englischen Königshauses erlangten. Beide sind auf dem internationalen Parkett zu Hause, haben Millionen Bewunderer und sorgen regelmäßig für Schlagzeilen in der Presse.

Oder würdest du damit beginnen, dass Meghan eine amerikanische Schauspielerin ist, die aus einfachen Verhältnissen stammt und vor ihrer Ehe mit Prinz Harry schon einmal verheiratet war? Vielleicht würdest du ergänzen, dass sie sich immer wieder den royalen Protokollen widersetzte und schließlich samt Ehemann in die USA auswanderte. Kate hingegen, so könntest du beschreiben, stammt aus einer wohlhabenden englischen Familie, hat eine hervorragende Ausbildung genossen und erfüllt das königliche Protokoll vorbildlich. Und sehr wahrscheinlich hegst du eine geheime oder auch offene Sympathie zu einer dieser beiden Persönlichkeiten. Dieses kurze und zugegeben stark vereinfachte Gedankenexperiment verdeutlicht die Bedeutung von Branding.

> **!   Komprimiert!**
>
> Unter Branding lassen sich die Persönlichkeit, die Eigenschaften und Attribute, die eine Marke unverwechselbar machen, zusammenfassen.

Dabei bin ich übrigens davon überzeugt, dass auch Menschen Marken sein können. Wer nicht, wenn ein Mensch hat eine authentische Geschichte zu erzählen, in deren Ergebnis sich seine Persönlichkeit ausgebildet hat. Das wird auch mit dem Beispiel von Meghan Markle und Kate Middleton deutlich, und die spezifischen Eigenschaften und Attribute dieser beiden royalen Persönlichkeiten bieten einen besseren Anhaltspunkt für ein Storytelling als deren rein funktionale Beschreibung.

Mit Hilfe von Branding erreicht eine Marke einen klaren Wiedererkennungswert, der sie von anderen Marken über die Funktionalität hinaus unterscheidet. Branding macht eine Marke nachvollziehbar und kann ihr Ecken und Kanten verleihen – immer aber löst authentisches Branding eine Emotion bei den Personen aus, die mit ihr interagieren. Im besten Fall sind diese Emotionen positiv. Versteht die Zielgruppe die Marke als Freund, so ist sie eher bereit, deren Angebot anzunehmen. Natürlich muss dieses Angebot sowohl in der Erfüllung der funktionalen Bedürfnisse als auch in der Verfügbarkeit und dem Preis passend sein. Aber wenn du zwei gleichwertige Produkte zum selben Preis zur Auswahl hast, wirst du mit großer Wahrscheinlichkeit zu dem Produkt greifen, dessen Marke dir sympathischer ist. Ein gutes Branding ist gleichzusetzen mit einer klar definierten Persönlichkeit für Mensch oder Marke, die so auch von der Zielgruppe wahrgenommen wird. Um diese Persönlichkeit zum Leben zu erwecken, und darüber hinaus auch die definierten Merkmale immer wieder zu aktualisieren und zu bestätigen, bedarf es einer authentischen, konsistenten und kontinuierlichen Aktivierung. Hierzu steht eine Bandbreite von Instrumenten zur Verfügung wie Kommunikation, der Auftritt am POS, der Preis oder die Ausgestaltung des Produktes selbst.

In reiner Kommunikation gedacht, macht es eine gut definierte Markenpersönlichkeit leicht, Geschichten zu erzählen, in der diese Marke die Hauptrolle spielt und die den Nerv der Zielgruppe treffen. Denke nur an die Geschichten, die du über Meghan Markle erzählen könntest. Wahrscheinlich fühlst du dich sogar in der Lage, Prognosen über den zukünftigen Verlauf ihres Lebens anzustellen. Das kann auch mit Produktmarken gelingen. Wichtig dabei ist, dass alle diese Geschichten ehrlich und authentisch und in der Historie und dem Kern der Marke verankerbar und auf diesen zurückzuführen sind. Die Auswahl des Kommunikationskanals und des Formates, in der die Marke kommuniziert wird, sollte sich an der Zielgruppe ausrichten. Wendest du dich an ein Publikum, das online-affin ist, macht es natürlich Sinn, digitale Kanäle zu nutzen und hier auf die Stärken von Bewegtbild zu setzen. Kommunizierst du mit einer Zielgruppe und für ein Produkt, das Informationen voraussetzt, kann Print oder auch PR ein geeignetes Instrument sein.

Ich hatte einige Jahre lang die große Freude, gemeinsam mit einem engagierten Team bei Intersnack in Köln die Marke Chio, die in Deutschland fast jedem für salzige Snacks bekannt ist, zu führen und zu entwickeln. Die Herausforderung bestand darin, eine Marke, die seit 1962 im Markt vertreten ist und eine entsprechende Historie mitbringt, zu aktualisieren und in einer jungen Zielgruppe wieder relevant zu machen. Auch für Chio haben wir als Grundlage für den Erfolg das Branding geschärft und in manchen Bereichen neu definiert – natürlich immer so, dass die Markenpersönlichkeit sowohl mit der Geschichte der Marke als auch mit der Erwartung der Zielgruppe übereinstimmte.

Das Ergebnis waren u. a. ungewöhnliche Produktideen wie eine Chio Chips Limited Edition mit den beiden Kulthelden Bud Spencer und Terence Hill, aber auch neue, frische Kampagnen wie die Aktivierung rund um das in Deutschland neue Sportthema American Football. Beide Ansätze scheinen zunächst widersprüchlich, finden sich jedoch im Kern der Marke wieder: So hat die Limited Edition mit Bud Spencer und Terence Hill die Fans mitgenommen auf eine Zeitreise in ihre und die Vergangenheit der Marke. Die American-Football-Kampagne hat auf Markenwerte wie Männlichkeit und Spaß gesetzt und dabei vor allem junge Männer mitten ins Herz getroffen. Branding macht also den Unterschied.

**!**   **Komprimiert!**

Branding definiert die Persönlichkeit einer Marke, es gibt der Marke eine Kontur und macht sie gegenüber anderen Marken unverwechselbar. Branding kann positive Emotionen bei der Zielgruppe auslösen und für Sympathie als Grundlage einer Kaufentscheidung sorgen.

Dabei ist es unerheblich, ob wir über Produktmarken oder Menschen als Marke sprechen. Eine klare Definition und Aktivierung der Persönlichkeitsmerkmale kann über Akzeptanz oder Ablehnung entscheiden. Ich bin übrigens im Team Meghan.

## 2.20   BotSchafter

*A brand is no longer what we tell the consumer it is,*
*it is what consumers tell each other it is.*
Scott Cook

### 2.20.1   Empfehlungsmarketing – Wenn es WOMM macht

Mein Mann und ich haben vor einigen Jahren eine Reise nach Thailand gemacht, erste Station: Bangkok. In der Vorbereitung habe ich Freunde und Geschäftspartner gefragt, ob sie schon dort waren und was sie uns empfehlen würden. Wirklich jeder aus meinem niederländischen Netzwerk, ob jung oder alt, sagte: »Ihr müsst die einmalige Fahrradtour durch Bangkok von Co van Kessel buchen! Das ist der Tipp schlechthin, das dürft ihr nicht verpassen.« Und das haben wir gemacht – obwohl ich Fahrradfahren gar nicht mag. Es war ein unvergessliches Erlebnis!

**Word-of-Mouth-Marketing (WOMM)**
Das ist, wie es funktioniert: Word-of-Mouth-Marketing (WOMM), Netzwerkmarketing, Empfehlungsmarketing, Freunde werben Freunde oder Members get Members. Da gibt es ganz unterschiedliche Umschreibungen, aber alle meinen das gleiche: Ein Produkt, eine Dienstleistung wird von Mund zu Mund weiterempfohlen. Das Prinzip funktioniert analog und digital, wobei das Netz natürlich wesentlich schneller eine wesentlich größere Reichweite bietet. Kostengünstiger und kraftvoller kann Werbung nicht sein.

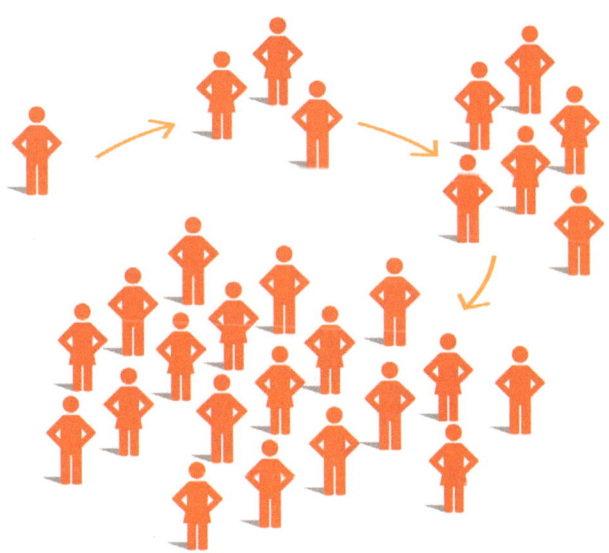

**Abb. 42:** Word-Of-Mouth-Marketing (WOMM)

Warum lieben die Deutschen Empfehlungen aus ihrem Netzwerk? Warum ist das so wichtig für uns? Weil Empfehlungen aus dem eigenen Umfeld am vertrauenswürdigsten sind. Vor allem, wenn der andere sie nach eigener positiver Erfahrung ausspricht (vgl. Lithium Technologies Inc., 2015). Weiterhin zeigt die Studie von Lithium Social Software:

⇨ 92 Prozent vertrauen Empfehlungen mehr als anderen Formen von Werbung.
⇨ 53 Prozent kaufen nicht von Unternehmen, denen sie nicht vertrauen.
⇨ 89 Prozent sagen, dass Customer Testimonials der effektivste Content sind.

Wenn du beispielsweise geschäftlich nach Berlin reist und gerne eine gute Currywurst essen möchtest: Wie und wo informierst du dich? Zu 99 Prozent wirst du das im direkten Umfeld, in den sozialen Medien oder über Google oder Tripadvisor tun: Wie sehen die Bewertungen aus, welches sind persönliche, glaubhafte Empfehlungen?

### 2.20.2   Fans – Begeisterte Kunden sprechen für dich

Wer wird deine Marke empfehlen? Wer wird dein Fan werden? Wer ist bereit, Botschafter deiner Marke zu sein? Es sind die Menschen, die von dir, deinem Angebot begeistert sind! Und darum geht es: Aus Begeisterung werden Fans und aus Fans Multiplikatoren, die ganz freiwillig über und für dich sprechen. Das können Journalisten sein, (Mikro)-Influencer und natürlich jeder Käufer deines Produkts.

> **!   Komprimiert!**
> Je glaubwürdiger und authentischer ein Markenbotschafter ist, desto relevanter ist seine Message für den Empfänger.

Laut Fourcommunications geben 49 Prozent der Verbraucher an, dass sie sich auf die Empfehlungen von Influencern in den sozialen Medien verlassen, um ihre Kaufentscheidung zu treffen (vgl. Fourcommunications, 2018). Es ist also eine Win-win-Situation, wenn es einen relevanten und qualifizierten Match gibt.

Es gibt aber auch weitere denkbare Lösungen für Empfehlungsmarketing – nämlich die, in denen der Kunde direkt involviert ist:

⇨ Bitte begeisterte Kunden um eine Rezension.
⇨ Fordere begeisterte Kunden auf, dich, deine Marke, dein Unternehmen an drei weitere Personen (mit ähnlichen Bedürfnissen) weiterzuempfehlen.
⇨ Setzt einen begeisterten Kunden als Testimonial ein.
⇨ Bitte einen begeisterten Kunden um ein Referenzvideo, ein Podcast-Gespräch oder ein Interview.
⇨ Etabliere durch Mitmachaktionen, Gewinnspiele und Anreize deine Kunden ganz automatisch als Botschafter und Fans.

Allein durch das Tragen unserer Kleidung oder Nutzen von Gegenständen sind wir täglich Botschafter für Marken – durch die Logos auf Jacken, Schuhen, Handtaschen, Brillen, auf unseren Laptops.

Damit aus Kunden Fans und Multiplikatoren werden, darf der Kunde nicht nur begeistert sein. Es sollte eine gute, intensive Vertrauensbasis, eine leidenschaftliche Kundenbeziehung bestehen. Das ist das A und O.

**Komprimiert!**

!

Wenn der Kunde dich weiterempfiehlt, ist das die Königsklasse.

Auch hier möchte ich dich daran erinnern, dass Geduld ein wichtiger Faktor ist: Oft müssen wir schon eine lange Beziehung zum Kunden haben, bis er zum Fan wird. Aber dann kannst du, wenn du dich weiter um ihn bemühst, dauerhaft auf seine Loyalität setzen.

### 2.20.3   Mitarbeiter – On the job, off the job

Nicht nur die Kunden sind wertvolle Botschafter, auch die Mitarbeiter selbst sind ein ganz wichtiges »Instrument«, um Kunden zu Fans zu machen. Mitarbeiter sollten zu Botschaftern werden nach dem Prinzip »on the job and off the job«, das heißt während der Arbeit aber auch in der Freizeit im privaten Umfeld sollte der Mitarbeiter bestenfalls ein Botschafter sein, indem er zum Beispiel begeistert vom Arbeitgeber oder der Marke erzählt. Wie auch die Absatzwirtschaft (9/2020) appelliert und hierzu fünf Tipps gibt, wie dies realisierbar ist:

1. Der Fit (zwischen Mitarbeiter und Arbeitgeber) muss stimmen
2. Zugehörigkeitsgefühl zum Unternehmen
3. Stolz, für die Marke zu arbeiten
4. Emotionale Verbundenheit
5. Identifikation mit den Werten der Marke

Die Grundvoraussetzung für alle genannten Punkte ist, dass die Menschen zufrieden und glücklich in ihrem Job sind. Also prüfe auch bei deinen Mitarbeitern immer wieder, ob ihre Bedürfnisse erfüllt sind, welche Schmerzpunkte sie haben und bleibe mit ihnen im Austausch. Behandele sie wie deine Kunden!

Sabine Quaritsch, Expertin im Netzwerk-Marketing erzählt nun, wie du Botschafter gewinnen kannst.

### 2.20.4   VIP: Sabine Quaritsch, Geschäftsführerin und Gesellschafterin der Dufte Welt Quaritsch GmbH

So geht modernes Network-Marketing.

**Sabine Quaritsch ist Mitglied im Landesvorstand vom VdU (Verband deutscher Unternehmerinnen) HH/SH und in der internationalen Kommission des VdU. Mehr Informationen auf** www.dufte-welt.de **und** www.linkedin.com/in/sabinequaritsch/.

**Liebe Sabine, wie gewinnt man Botschafter?**

Mit tollen Produkten und der eigenen Begeisterung dafür. Sei ein Produkt des Produkts! Denn Menschen kaufen nicht, was du sagst, sondern dich und wie du es sagst. Das ist das Allerwichtigste. Network-Marketing ist ein Beziehungsgeschäft. Dabei geht es nicht um oberflächliche Kontakte, sondern um langfristige Beziehungen – oft ein Leben lang.

Um Botschafter zu gewinnen, braucht es aber noch mehr: Ein einzigartiges Produkt, das es nirgendwo anders gibt und eine Vergütung, die es ermöglicht, in einem gewissen Zeitraum finanzielle Unabhängigkeit zu erreichen. Wann dieser Punkt erreicht ist, variiert bei uns je nach Einsatz und Erfolg. Was finanzielle Freiheit bedeutet, ist natürlich auch sehr individuell.

**Was macht das Netzwerkmarketing aus?**

Ich glaube, dass wir grundsätzlich unterscheiden müssen zwischen erklärungsbedürftigen Produkten und nicht erklärungsbedürftigen Produkten. Alles, was wenig bis keine Beratung braucht, kaufen wir im Internet. Für erklärungsbedürftige Produkte ist Network-Marketing eine perfekte Vertriebsform. Denn im Network-Marketing nehmen wir uns die Zeit, persönlich und ganz individuell zu beraten und unsere Produkte zu erklären.

Diese ganz individuelle und sehr persönliche Art und Weise zu verkaufen, macht außerdem einen Riesenspaß. Oft entstehen daraus lebenslange neue Freundschaften und Beziehungen, die das eigene Leben emotional bereichern. Dabei geht es immer darum herauszufinden, wie ich meinem Gegenüber helfen kann. Ich bin ein Detektiv für die Bedürfnisse der Menschen, mit denen ich zu tun habe. Dieses Gefühl, einem anderen Menschen wirklich helfen zu können, macht mich glücklich. Und das ist am Ende doch das, was zählt.

**Wie kann man Menschen mit Netzwerkmarketing erreichen und begeistern?**

Die Wege zu einem ersten Gespräch sind so vielfältig wie das Leben. Das kann die Sitznachbarin im Flugzeug sein, der Mensch vor mir in der Schlange an der Käsetheke, Freunde, Verwandte und Bekannte, die ich zu einem (virtuellen) Infoabend oder Workshop einlade und natürlich Netzwerke aller Art wie Vereine, Frauen-Business-Netzwerke, Initiativen usw.

**Komprimiert!**  !

Das Wichtigste ist die innere Haltung: Ich bin Landwirtin – keine Jägerin. Ich säe Samen, gieße und dünge kleine Pflänzchen, spreche regelmäßig mit ihnen, aber ziehe nie an ihnen, damit sie schneller wachsen. Das funktioniert nicht.

Wer den Film »Harry und Sally« kennt, wird sich an die berühmte Restaurantszene mit Meg Ryan erinnern und den Kommentar der Tischnachbarin: »Was die hat, will ich auch!« Für mich ist es ein Leichtes, dieses Gefühl zu vermitteln. Denn seitdem ich im Network-Marketing bin, hat sich meine Lebensqualität ganz wesentlich verbessert. Dieses Gefühl vermittele ich und das ist das, woran sich die Menschen auch Tage später noch erinnern können.

Darüber hinaus haben wir in den vergangenen Jahren eine große Community kreiert. Wir veranstalten zahlreiche Events online und offline (soweit möglich). Das sind oft Workshops rund um die Produkte und natürlich auch rund ums Business. Wir teilen unsere Erfahrungen, wir inspirieren einander, wir helfen uns gegenseitig und versuchen so, die Welt ein Stück besser zu machen.

**Funktioniert das auch digital?**

Die Basis unseres Network-Marketings sind persönliche Beziehungen. Ich schreibe ganz bewusst Beziehungen und nicht Kontakte. Es geht nicht um oberflächliche Kontakte, sondern um tiefe Beziehungen, die über viele Jahre halten. Das beste Beispiel sind wir selbst: Unsere erste Annäherung an unser Network-Marketing-Business lief über einen alten Freund meines Mannes, zu dem er über 20 Jahre keinen Kontakt hatte, weil er nach Australien ausgewandert war. Über Facebook nahmen die beiden wieder Kontakt auf. Der Rest ist Geschichte.

**Komprimiert!**  !

Aus meiner Sicht spielt es keine besondere Rolle, welcher Kanal für die Kommunikation genutzt wird. Viele wichtiger ist, was wir daraus machen.

Online dauert es manchmal etwas länger, Beziehungen aufzubauen. Ich kann mich noch gut an unsere ersten Zooms mit größeren Gruppen erinnern. Das war quasi wie Fernsehen selbst machen und wahnsinnig aufregend. Heute haben sich die meisten für dieses Medium erwärmt und nutzen es ganz selbstverständlich.

**Hast du ein tolles Beispiel, wie Netzwerkmarketing umgesetzt wurde?**

Über 90 Prozent der erfolgreichen Berater und Leader bei uns haben vorher kein anderes Network gemacht. Denn unser Network ist Network-Marketing für Leute, die eigentlich kein Network-Marketing machen würden. So ging es uns auch.

Eine ganz typische Geschichte ist diese: Eine Mutter von zwei Kindern, verheiratet mit einem gut verdienenden Mann, einem leitenden Job in einem großen Unternehmen und belastet durch vielfältige gesundheitliche Themen, probierte unsere Produkte für sich aus – mit großem Erfolg. Nächste Testobjekte waren die Kinder mit ebenso positiven Erfahrungen. Diese Frau hat nicht nur einen großen Freundeskreis, sondern engagiert sich auch sozial und kennt dadurch noch viel mehr Menschen. Die fragen sie, was mit ihrem Leben so positiv passiert ist. So kommt eins zum anderen. Inzwischen hat diese Frau ihren Job gekündigt, der ihr wirklich viel Spaß gemacht hat. Weil sie etwas Besseres gefunden hat. In diesem Fall ging es gar nicht um mehr Geld, sondern darum, anderen Menschen helfen zu können, sich seine Zeit mit Kindern besser einteilen zu können und wirklich etwas zu bewegen.

## 2.21   PosiTivität

*Ein Optimist findet immer einen Weg, ein Pessimist immer eine Sackgasse.*
Napoleon Hill

### 2.21.1   Negativity bias – Schluss damit

Studien der Universität Michigan haben bewiesen, dass kulturübergreifend Menschen auf negative Meldungen stärker reagieren als auf positive und ihnen auch mehr Aufmerksamkeit schenken. Man nennt das Phänomen den »Negativity bias« (Negativitätsverzerrung). Nachrichtensendungen, Zeitungen und oft auch die Facebook-und Twitter-Timelines sind voll mit schlechten Mitteilungen. und entsprechend größere Aufmerksamkeit erhalten sie. Doch es gibt meines Erachtens eine bestimmte Grenze: Irgendwann haben die Menschen keine Lust auf noch mehr »bad news« und zu viele schlechte Nachrichten tun uns auch nicht gut, wie die Neurowissenschaftlerin Maren Urner behauptet (vgl. Hooss, 2019).

**Gute Laune mit positivem Effekt**
Gerade im Marketing sollte es darum gehen, den Kunden in eine positive Grundstimmung zu bringen und ihn fröhlich gestimmt für das Produkt und die Marke zu begeistern.

### Erkenntnis!

»In guter, entspannter Laune kaufen wir rund zehn Prozent mehr.« So wurde der renommierte deutsche Hirnforscher und Konsumpsychologe Hans-Georg Häusel im Frühjahr 2019 von diversen deutschen Medien zitiert.

Wir sollten einen optimistischen Ton wählen, positiv gefärbte Assoziationen erzeugen. Denn wer kauft schon gerne oder möchte überhaupt etwas haben, das ein schlechtes Gefühl erzeugt, unerreichbar oder negativ belastet ist?

Eine aktuelle Studie von Pinterest (2020) belegt laut Louise Richardson, Director for Marketing in Europe bei Pinterest: »Wut und Abgrenzung können zu vermehrtem Scrollen (und Trollen!) führen – aber sie bringen Menschen nicht dazu, etwas zu kaufen. Unsere neuesten Forschungsergebnisse zeigen, dass negative Umfelder dafür sorgen, dass sich Menschen weniger erinnern, weniger vertrauen und weniger von Marken kaufen. In anderen Worten: Positivität zahlt sich aus. Buchstäblich.« Und führt fort: »… zeigen uns die Pinterest-Suchdaten einen klaren Trend zur aktiven Suche nach positiven Botschaften. Die Suchanfragen zu ›Positivität verbreiten‹ sind um das Dreifache gestiegen und ›positive Gewohnheiten‹ und ›positive Denkweise‹ haben beide um fast 60 Prozent zugelegt. Unsere Marktforschung zeigt, dass positive Online-Umfelder einen Halo-Effekt auf die Marken haben, die dort vertreten sind: von Awareness und Sentiment hin zu Trust und Purchase.«

## 2.21.2 Sprache, Bilder und Atmosphäre – Siehs positiv

Es bietet sich meines Erachtens wahrlich an, einer Welt mit so vielen negativen Botschaften entgegenzuwirken und mit positiven Bildern und Texten den Blick der Menschen auf etwas Schönes, auf das Schöne zu lenken – am besten verknüpft mit deiner Marke. Ich erinnere noch einmal an meine kleine Umfrage: Viele haben angegeben, dass sie mit Marketing auch etwas Negatives und Nerviges verbinden. Doch warum, das würde ich dich gerne fragen, sollten wir das akzeptieren? Lasst uns diesen negativen »Touch« und Beigeschmack umwandeln in positive Assoziationen!

Häufig reichen schon kleine Formulierungen. Ich sage zum Beispiel immer: »Es ist dürfen und wollen« anstelle von »Es ist kein müssen und sollen«. Fühlt und hört sich doch gleich leichter an. Übe doch einmal, Wörter wie aber, trotzdem, nein und schlecht wegzulassen und dafür Formulierungen wie gerade darum, gut, einfach, richtig und schön zu verwenden.

**!** **Komprimiert!**
Marketingbotschaften dürfen positiver und leichter kommuniziert werden – es darf ein fröhliches Mindset her!

Positivität zu vermitteln gilt nicht nur für Wörter, sondern auch für die Atmosphäre. Was hast du beispielsweise bei Restaurantbesuchen erlebt? Wirst du mit freundlichem Gruß, einem Lächeln, einem positiven ersten Eindruck empfangen? Oder fragt dich die Bedienung unhöflich, ob du denn überhaupt reserviert hast? In einem Podcast habe ich letztens gehört, dass der Empfang im Restaurant den Erfolg des Abends mitentscheidet und es dann womöglich auch keine wirkliche zweite Chance mehr gibt. Das Essen und seine Qualität kommt übrigens erst an dritter Stelle. Es ist die positive Atmosphäre, die entscheidet – übrigens auch die Raumtemperatur – , ob es ein toller Abend wird. Doch auch in einem Geschäft, einem Unternehmen, im Kino oder beim Arzt ist ausschlaggebend, wie ich begrüßt und empfangen werde. Auch hier gilt: Ein Lächeln und ein freundliches Wort helfen enorm, einen positiven ersten Eindruck zu erzeugen.

### 2.21.3    Gezellig – Probiers mal mit Gemütlichkeit

Als ich, wie bereits berichtet, vor Jahren in der niederländischen Eventagentur gearbeitet habe, war der Freitag ab 17 Uhr für ein Borrel reserviert (niederländisch für
Drink), bezahlt vom Arbeitgeber. Es gab Bitterballen und Bier, wir haben gelacht, gere-
det und genetzwerkt. Wir Niederländer lieben es, gesellig zu sein. Und ganz nebenbei
werden bei einem solchen Umtrunk die besten Geschäfte gemacht. Das läuft ähnlich
konstruktiv ab wie auf dem Golfplatz. Und das nicht nur am Freitagnachmittag, das
Borrelen gibt es auch unter der Woche zur Genüge. Dabei geht es um Geselligkeit und
leichte Themen und zugleich entstehen Geschäfte.

Das ist es doch: die Dinge nicht so schwer zu nehmen, Herausforderungen positiv und
unverkrampft anzugehen und einfach mal loszulegen – das sind typische Eigenschaften der Niederländer. Einfach mal ohne Plan B starten und wenn im Laufe des Projek-
tes Probleme auftauchen, schauen, wie sie zu lösen sind. Gemäß meinem Motto: Das
Nein hast du, das Ja kannst du bekommen. Einfach mal machen. Das kann (manchmal) auch im Marketing, im Kundenkontakt und bei Geschäftsbeziehungen eine hilfreiche Einstellung sein.

Nun erzählt uns Anke Hommer, wie genau sie das mit der Marke nimmt und warum
auch sie das Positive so schätzt.

### 2.21.4    VIP: Anke Hommer, DESIGN & ENERGY – Wenn Marken lächeln

Marke – Ich liebe es.

**Anke Hommer ist Unternehmerin, Markenexpertin und Autorin. Mehr Informatio-
nen auf** www.design-energy.de **und** www.linkedin.com/in/ankehommer/.

Seien wir mal ehrlich: Keiner macht Marketing, damit sich die Kunden »wohl fühlen«.
Schließlich will jeder Anbieter am Ende des Tages sein Produkt/seine Dienstleistung
verkaufen. Oder doch nicht? Es lohnt sich, bei diesem Punkt genauer hinzusehen.

Jeden Tag stürzen viele hundert Werbebotschaften auf uns ein. Einige werben mit der
Angst, die meisten jedoch stellen – so wie es sein soll – die Bedürfnisse der Zielgruppe in den Mittelpunkt und präsentieren sich bzw. ihr Produkt als Problemlöser. Ein
aktuelles Beispiel, das jeder kennt: »Du hast hartnäckige Flecken in der Wäsche, die
einfach nicht verschwinden wollen? Dann nimm ab sofort unser Spezialmittel und die
Flecken sind weg.« So weit, so gut.

Doch was passiert, wenn Werber mehr als nur Problemlösungen anbieten? Wenn sie die Zielgruppe nicht nur rational, sondern auch emotional ansprechen? Wenn sie es schaffen, bei der Zielgruppe positive Gefühle zu wecken, wie z. B. Freude und Vertrauen? Wenn die Zielgruppe lächelt, sobald sie die Marke erkennt?

Dann hast du als Marketeer alles richtig gemacht! Denn dann werden aus Marken Lieblingsmarken, sogenannte LOVE BRANDS.

> **!**  **Komprimiert!**
>
> Lieblingsmarken haben treue Kunden, die sie gerne und unaufgefordert weiterempfehlen.

Auch Krisen können diesen Marken wenig anhaben. Rund um Lieblingsmarken bauen sich fast (!) wie von selbst Communities auf, die miteinander kommunizieren, sich gegenseitig bestätigen und die Marke bei der Weiterentwicklung unterstützen.

Was ist das Geheimnis dieser Marken? Sie nutzen bewusst positives Marketing, quasi Hygge-Marketing, also Instrumente, die bei der Zielgruppe positive Gefühle erzeugen. So fühlt sich die Zielgruppe verstanden und bestätigt (statt manipuliert). Mit positivem Marketing begeisterst du deine Zielgruppe von Anfang an. Wenn Marken positive Emotionen und Assoziationen weckt, dann ist das so, als ob die Marke die Kunden anlächelt. Und damit lächeln auch die Kunden.

### 3 TIPPS, um Marken – und damit die Zielgruppe – zum Lächeln zu bringen

⇨ Kenne deine **Zielgruppe** genau und analysiere sie permanent. Nur wenn du wirklich weißt, was deine Kunden wollen, dann kannst du ihre Anforderungen erfüllen. Begeistern kannst du sie, indem du ihre Erwartungen übertriffst oder sie mit einer »Besonderheit« überraschst. Dein Ziel sollte sein, deinen Kunden jeden Tag ein Lächeln zu schenken. Am besten, schnellsten und einfachsten schafft man das mit einem permanenten Dialog, wofür sich die sozialen Medien aktuell am besten eignen.

⇨ Jedes Detail im **Markenauftritt** zählt. Wirklich jedes. Die automatische Abwesenheitsmitteilung genauso wie das Design der Firmenpräsentation. Die Schriftarten genauso wie die Verpackungsmaterialien. Die Kleidung der Mitarbeiter genauso wie deren Kundenansprache. Das Design einer Website genauso wie die Haptik einer Visitenkarte. Und nun trete (gedanklich) wieder einen Schritt zurück und betrachte den kompletten Markenauftritt. Ist er ganzheitlich und greift jedes Detail ineinander? Alles was im Zusammenhang mit der Marke eingesetzt wird, beeinflusst das Markenimage bei den Kunden. Und das liegt in deiner Hand. Lass es ein gutes Image werden.

⇨ Betrachte deine Marke, dein Marketing, dein Angebot aus **Kundensicht**. Tu so, als ob du (als Kunde) zum ersten Mal mit deiner Marke in Kontakt kommst. Egal, an welchem Punkt und in welchem Medium. Was empfindest du beim Kontakt mit der Marke? Freude? Zufriedenheit? Vertrauen? Oder Zweifel, Unsicherheit oder sogar Misstrauen? Für positives Marketing gibt es eine einfache klare Regel: Ein »Passt schon« ist keine Alternative. Das bedeutet: Wenn du nicht sicher bist, dass die zu beurteilende Maßnahme ein Lächeln bei deinen Kunden hervorruft, dann ist die Maßnahme noch nicht gut genug und muss geändert werden. »One last thing«, wie Steve Jobs zu sagen pflegte.

**Komprimiert!**

Marken existieren nach meiner Definition in drei Dimensionen: Profil, Design und Raum. Denke bitte auch bei der Gestaltung der realen und virtuellen Räume an das positive Hygge-Marketing.

Also: Wie muss der Raum gestaltet werden, damit alle Markenwerte spür- und erlebbar sind? Und was muss man beachten, dass die Kunden auch hier lächeln und sich wohl fühlen? Für die bewusste Gestaltung und Inszenierung eines Raums werden wieder die 5 Sinne eingesetzt. Achte auch und besonders auf Licht, Farbe, Ton, Formen, Materialien, Akustik und auf die empfundene Lebendigkeit der Markenakteure. Übrigens: Mit Raum meine ich nicht nur den realen Raum (wie Shop, Restaurant, Büro etc.), sondern auch virtuelle Räume wie Digital Meetings und Webseiten.

Ich gebe zu, dass ich gut geführte Marken liebe. Eine meiner Lieblingsmarken ist NIVEA. Warum? Seit Jahrzehnten kann man hier eine sehr empathische Markenführung beobachten. Die Produkte lösen zwar auch ein Problem, verleihen aber primär ein gutes Gefühl. Die Produkte werden meist in einer Gemeinschaft und auch generationenübergreifend dargestellt. Darüber hinaus schafft es diese Marke, ihre Zielgruppe immer wieder positiv zu überraschen mit z. B. aktionsbedingter Produktgestaltung. Neue Medien und Digitalisierung nutzt diese Marke mit Selbstverständlichkeit, Mut, (leisem) Humor mit großem Fokus auf Positivismus und Wohlfühlen.

Marke ist ein wenig wie Theater, also eine bewusste Inszenierung, die beim Publikum Emotionen wecken soll. Und du bist der Regisseur! Lass es also eine gute Vorstellung werden.

## 2.22   MUt

*Mut ist wie Veränderung, nur früher.*
(unbekannt)

Mut ist eine Haltung. Es geht darum, Projekte couragiert, beherzt anzugehen, neue Wege zu finden, Entscheidungen zu treffen, loszulassen und auch Mut zum Scheitern zu haben.

### 2.22.1   Wie Schwester Courage mir dreimal recht gab

Ich war gerade neu im Job bei NBTC Holland Marketing, 26 Jahre alt, und hatte gelesen, dass Bernd Stelter gerne Urlaub in der Region Zeeland macht. Was habe ich getan? Ich habe seine Mailadresse recherchiert, ihm geschrieben und gefragt, ob er nicht Testimonial und das Gesicht der ›Holland‹-Kampagne werden will. Meine Kollegen meinten nur: Ja klar, Anouk, mach du mal … Fünf Minuten später ging mein Telefon: »Hallo Anouk, hier ist Bernd.« Wir haben viele Jahre zusammengearbeitet und uns verbindet bis heute eine gute Freundschaft.

Als ich meinen Direktoren vor einigen Jahren erzählte, wir würden einen niederländischen Kinofilm auf den deutschen Markt bringen und eine Kampagne mit einer hohen sechsstelligen Investition mit neuen Geschäftspartnern realisieren, wurde ich im Unternehmen belächelt. Ein Jahr später stand ich in Essen im Kino vor 1.100 Leuten und hielt die Eröffnungsrede zur Premiere des Naturfilms ›Die neue Wildnis‹, live begleitet vom niederländischen Nationalorchester.

Als ich Kollegen und Kunden die Idee mitteilte, wir sollten die Kampagne in China so richtig groß aufziehen, ein Digital Innovation Lab daraus gestalten, ein wahres Ökosystem, da hielten sie mich für verrückt – sechs Monate später hatten wir nicht nur eine Kampagne mit zehn Geschäftspartnern auf die Beine gestellt, die sich finanziell beteiligten. Es gab auch noch einen großen Telefonnetzanbieter, der sich unserem Projekt unbedingt anschließen wollte. Als wir ein Jahr später in Shanghai in einer Rooftop-Bar zusammenstanden, haben wir lachend und zufrieden auf den Erfolg unserer Kampagne angestoßen.

Das sind nur drei von unzähligen Beispielen. (Von den Projekten, in denen es auch mal nicht so erfolgreich lief, erzähle ich dir gern ein anderes Mal.) Meine klare Botschaft: Mit Mut kommst du weit und wirst dafür belohnt. Es braucht Mut für gutes Marketing. Mut, Neues zu wagen, Dinge lekker anders zu machen.

### 2.22.2   Deine Vision – Warum? Wohin? Mit wem?

Anders als der inzwischen verstorbene Altkanzler Helmut Schmidt (»Wer Visionen hat, sollte zum Arzt gehen«) verstehe ich große Visionen als absolute Erfolgsgaranten.

Eine Vision zu haben, etwas, das größer ist als das tägliche Tun, kann ein toller Motor sein – wobei das tägliche Tun darauf hinwirkt. Eine Vision, die du hoffentlich mit deinen Kollegen und Mitarbeitern teilst, mit deinen Kunden oder Geschäftspartnern. Wenn du diese Vision zum Leben erweckst, andere dafür begeisterst und mitnimmst, wirst du Verbündete finden. Und wenn du dann loslegst, zusammenarbeitest und das große Ziel immer vor Augen hast, dann kann die Vision auch Realität werden. Ich habe in meinem Berufsleben manchmal auch einfach nur so getan, als wenn sie schon fast zum Greifen nah sei. Ein klein wenig bluffen an der richtigen Stelle ist auch mal erlaubt. (Aber Achtung: nur sehr dezent eingesetzt!)

In Zeiten, wo die Wirklichkeit so gar nicht visionär wirkt, kannst du schon mal ein müdes Lächeln ernten, ein despektierliches Kopfschütteln oder fragende, vielleicht sogar entsetzte Blicke. Wenn du aber unermüdlich weiter machst, nicht aufgibst, groß und positiv denkst, mutig bist, dann bist du auf dem richtigen, auf deinem Weg. Das funktioniert nicht immer von heute auf morgen, aber mit ein wenig Zeit kann dein visionäres Denken dir helfen, deine Ideen umzusetzen. Und das Interessante ist, wenn dir das mehrmals gelingt, dann wollen deine Kunden, Geschäftspartner und Kollegen auch bei deinen Erfolgsprojekten dabei sein, deine Ideen mit umsetzen. Sie wollen Teil deiner Erfolgsstory werden.

### 2.22.3   Moonshot-Projekte – Die Vision hinter der Vision

Moonshot-Projekte sind eine »extreme« Variante einer Vision. Das erste Moonshot Projekt war ein Resultat der John-F.-Kennedy-Rede im Jahr 1962, in der er kundtat: »Wir wollen uns der Aufgabe stellen, in diesem Jahrzehnt zum Mond zu fliegen und die anderen Dinge zu tun, nicht weil sie leicht sind, sondern weil sie schwer sind.« Wie damals handelt es sich auch heute noch um sehr innovative Ideen. Es geht um neue Gedanken, die zuvor so noch nicht unbedingt gedacht worden sind, die ganz undeutsch ohne großen Plan und ohne Sicherheit auf Erfolg, ohne überhaupt ein Bild vom gewünschten Ergebnis zu haben, einfach angegangen werden. Ein Kompass für (meistens technologische) Innovationen, der geprägt ist von Neugier, Mut und einer extrem großen Vision. Hier gilt eindeutig: Der Weg ist das Ziel!

In Amerika werden diese Projekte viel häufiger angegangen als bei uns. Google X ist ein spannendes Beispiel. In Europa ist gerade das zweite internationale Moonshot Lab entstanden! Es handelt sich um Telefónica Alpha in Barcelona. Das junge Team von 60

Mitarbeitern hat sich laut www.marconomy.de folgende vier Ziele vorgenommen: 1. ein Umsatzpotenzial von einer Milliarde Euro in zehn Jahren nach dem Markteintritt, 2. das Erreichen eines positiven Beitrags für 100 Millionen Menschen, 3. den Einsatz einer sprunginnovativen Technologie und 4. das Schaffen sozialer Verbesserungen, vereinbar mit den UN-Nachhaltigkeitszielen.

Nur wenige Projekte schaffen es letztlich bis zur Realisation, die meisten scheitern vorher. Und trotzdem arbeiten die Leute als ein Team an dem Projekt, immer mit Herzblut dabei, manchmal sogar wie besessen. Mit dem gescheiterten Projekt entstehen dann aber auch wieder ganz andere, neue Moonshot-Projekte. Dass es auch Erfolge gibt, zeigt für mich die gelungene Marsmission Anfang 2021 mit dem Kleinhelikopter »Ingenuity«.

Und darum lohnt es sich immer, wenn du in deinem Unternehmen einen Traum, eine Vision hast – und Ressourcen wie Geld, Personal und/oder Zeit zur Verfügung stehen – dafür zu kämpfen. Wer groß denkt, kann auch Großes erreichen. Eine Vision zu haben, fest an sie zu glauben und ihr nachzugehen, zahlt sich meines Erachtens immer aus. Auch wenn ein Moonshot-Projekt scheitert, so lernst du doch immer Neues und Wertvolles dazu.

### 2.22.4   Beherzt scheitern, aufstehen, Krönchen richten, weitermachen

Als ich mit 30 Jahren befördert wurde, zog ich in die Niederlande, um in der Zentrale des Unternehmens zu arbeiten. Dort musste ich auf einen fahrenden Zug aufspringen, mit einer Marketingkampagne, die schon gestartet war. Die Agentur war gerade dabei, das verabschiedete Kreativkonzept umzusetzen, sodass wir vier Wochen später die Kampagne in den Medien realisieren konnten. Ich war von Anfang an unglücklich und hatte ein ungutes Gefühl. Ich habe mich aber nicht getraut, den fahrenden Zug zum Stoppen zu bringen. Das habe ich im Nachhinein sehr bereut, denn die Kampagne wurde ein Flop. Mein Learning daraus:

**!**  **Komprimiert!**

Manchmal braucht es den Mut, etwas zu beenden – lieber früher als später, lieber später als gar nicht – oder aber die Richtung zu ändern und einen neuen Weg einzuschlagen.

Auch wenn du dich dabei nicht immer beliebt machst – wenn du auf das eigene Gefühl hörst und auch mal unliebsame Entscheidungen triffst, kann es genau das Richtige sein. Vertraue auf dich und wage ein Nein, wenn du es für nötig hältst.

Doch auch, wenn du ein Projekt neu startest, braucht es Mut zum Scheitern. Nicht jede Marketingaktion wird ein riesengroßer Erfolg. Gerade für die, die sich etwas trauen, etwas wagen, besteht die Möglichkeit, dass das Projekt nicht den gewünschten Effekt erzielt und den gewünschten Erfolg hat. Aber immerhin hast du dich etwas getraut. Du und dein Team haben mit Sicherheit daraus gelernt. Also auf zum nächsten Projekt – mit vielen neuen Erkenntnissen!

Eine ruhige Kugel schieben oder aufgeben ist für mich nie eine Option. Gerade in unserer heutigen Zeit des Wandels und der Krise ist es wichtig, dass wir uns bewegen und uns Neues zutrauen, um auf der Erfolgswelle zu bleiben. Mutig mit alten Regeln brechen und Neues wagen. Nach vorn schauen und sich jetzt schon trauen, was morgen gefragt sein wird.

Simone Gerwers erklärt uns nun, warum wir öfter mal einen Mutausbruch haben sollten.

### 2.22.5 VIP: Simone Gerwers, Sparringspartnerin für Management und Führung im Wandel

Man sollte viel öfter einen Mutausbruch haben.

**Simone Gerwers ist Executive Coach & Managementberaterin, Rednerin, Impulsgeberin, Autorin und Podcasterin. Mutanstiftung ist ihr Credo. Die Beraterin wirbt für eine Mutkultur. Was wäre eigentlich, wenn …? Sie plädiert ganz klar dafür, etwas zu wagen, unser Leben, die Gesellschaft und das Marketing mutig zu gestalten. Mehr Informationen auf** www.simone-gerwers.de **und** www.linkedin.com/in/simonegerwers.

#### Mut im Marketing
Mutiges Marketing wird oft mit riskantem Marketing gleichgesetzt. Eine komplexe Welt, eine unbekannte Zukunft verlangen einen Wandel in unserem Denken. Erfahrungsbasiertes Denken ist nicht nur nicht zukunftstauglich, sondern sogar riskant. Oder anders gesagt:

**Komprimiert!**
Mut ist die neue Sicherheit, auch im Marketing.

Wir leben nicht nur in einer wundervollen Welt unbegrenzter Möglichkeiten, sondern auch neuer Informationswege und Ansprüche der Kundenwelt. Alles ist in rasantem

Wandel. Wenn wir die Zukunft auch nicht vorhersagen können, brauchen wir dennoch ein Marketing, das sich an der Zukunft und all dem Wandel ausrichtet. Die Zeit »nur witziger« oder »auffälliger« Marketingkampagnen ist vorbei. Auf zu mutigen Marketingstrategien!

> *Wer immer nur das tut, was er immer getan hat,*
> *wird nur das bekommen, was er immer bekommen hat.*
> Henry Ford

Und vielleicht nicht mal das. Willst du ein wenig erfolgreich sein oder den großen Erfolg? Rein in die Gestaltungsfreiheit. Sie ist schon immer das Lebenselixier von kreativen Menschen, der Stoff aus dem wirksames Marketing gestrickt wird, erfolgreiche Marken kreiert werden. Kreative sind geübt darin, sich spielerisch auszuprobieren, neue unbekannte Wege zu gehen und Sicherheitsnetze loszulassen.

**!** **Komprimiert!**

Unausgetretene und ungewöhnliche Wege zu gehen schließt immer Risiken ein, zu verfehlen oder sogar zu scheitern. Das ist ab sofort die neue Normalität im Marketing, wie in der Wirtschaft und im Leben. Es ist der Preis, den wir bereit sein müssen, für Erfolg in Wandelzeiten zu zahlen.

Dabei ist es egal, ob du Entrepreneur, FamilienunternehmerIn oder KonzernmanagerIn bist. Die grundlegende Botschaft im Marketing heißt: Mutiges Handeln ist ein MUSS. Nicht mutig zu sein ist einfach keine Option, denn wer nicht wagt, der ist tot.

### Ein Weckruf: Warum mutiges Marketing die neue Sicherheit ist

⇨ Sicherheit war gestern. Unsere Welt ist eine VUKA-Welt (volatil, unsicher, komplex und ambig). Wer seinen Fokus dennoch auf Sicherheit ausrichtet, verschwendet nicht nur Energie, er verpasst die Chance des noch Unbekannten und verhindert Zukunftserfolg.

⇨ Die Halbwertszeit unseres Wissens sinkt ständig weiter. Sich auf Ausbildungen und Studium zu berufen und aus diesen Ressourcen zu schöpfen ist gefährlich. Die Wissenschaft liefert neue Erkenntnisse quasi auf Knopfdruck. Mit ihr einher geht die fortschreitende Digitalisierung und dies erfordert in Summe permanentes und lebenslanges Lernen.

⇨ Mit der fortschreitenden Digitalisierung werden neue Dimensionen der Kommunikation und ihrer Kanäle geschaffen. Hier stehen zu bleiben ist tödlich. Die Aufgabe ist, digitale Möglichkeiten und Kundenbedürfnisse zusammenzubringen.

⇨ Mediale Sichtbarkeit auf den »zukunftsweisenden Kanälen« des »Wunschkunden« ist ein Muss und für viele eine besondere Herausforderung

**Mutiges Marketing ist Marketing für die Zukunft**

**Mutimpulse für die Zukunft:**

⇨ Verbuche diese Sätze als Bullshit: Das haben wir schon immer so gemacht! Das hat sich bewährt. Kundeninteresse zu gewinnen braucht ungewöhnliche Wege.

⇨ Heiße Lücken willkommen und stelle Althergebrachtes infrage. Dazu gehört: a) Barrieren im Kopf lösen und den Weg für neue Ideen freimachen, b) neue Kanäle mit Passung zum Produkt suchen, c) Produktnamen auf den Prüfstand stellen.

⇨ Kreiere Storytelling außerhalb der Norm: Erzähle vertraute Geschichten durch die Brille aktueller gesellschaftlicher und wirtschaftlicher Herausforderungen und Bedürfnisse neu.

⇨ Gestalte echte Kundenbeziehungen: Mut zum Generationenwechsel bedarf, alte und neue Denkweisen und Wertestrukturen zu verbinden.

⇨ Werde Impulsgeber und Zukunftsbooster: weg vom Benchmark hin zum »eigenen Ding«. Mutiges Marketing ist authentisches Marketing.

**Mutiges Marketing kann man lernen**

Mut können wir lernen, ist die gute Botschaft. Wie das geht? Wenn wir davon ausgehen, dass jede Veränderung in unserem Kopf beginnt, dann ist unser Mindset die Basis für ein Mutmuskeltraining. Unter Mindset (mentale Haltung) fassen wir die Art unseres Denkens zusammen: die uns Halt gebenden Werte, ausrichtenden Motive und Denkmuster. Es lohnt sich, mit einem Status quo zu starten und einen ehrlichen Blick in den Spiegel zu werfen. Mit welchem Mindset, mit welcher Haltung bin ich bzw. ist unser Unternehmen unterwegs?

**Status quo:**

⇨ Was ist förderlich, um mutig zu gestalten? – Also gern mehr davon.

⇨ Was ist hinderlich? Was macht mutlos? Was braucht es stattdessen?

⇨ Gibt es Menschen und/oder Unternehmen, die mit ihrem Mut anstecken? Wer kann als Vorbild agieren? Wer kann unterstützen und MUT machen.

Wer sich traut, sein Marketing mutig neu auszurichten, wird belohnt.

---

**Komprimiert!**                                                                              **!**

Einmal Mut gezeigt kann unseren Mutmuskel weiter wachsen lassen.

---

Wenn unsere Aktion von Erfolg gekrönt ist, dann wirkt unsere inneres Belohnungssystem, unsere Begeisterung steigt. Mit Eigenstärke aufgetankt trauen wir uns dann gleich viel mehr und das überträgt sich natürlich auf andere Menschen. Das Rezept ist also auch hier: Ausprobieren. Machen.

Und wenn es schief geht? Am besten gleich nochmal neu starten. Ich empfehle kurz in den Rückspiegel zu schauen: Was ist schief gelaufen? Was sollte ich, sollten wir anders machen? Wer kann beim Aufstehen helfen? Fehler sind Lernquellen und sie eröffnen den Weg ins Neue und lassen uns wachsen. Gut, wer eine gesunde Fehlerkultur hat. Wer sich zeigt, zeigt nie nur seinen Erfolg, sondern macht sich auch verletzlich. Mut zu lernen bedeutet, Eigenstärke zu entwickeln und das geht am besten mit Demut im Gepäck und einer Portion gesunder Willenskraft.
Also: Nur Mut!

## 2.23    Vertrauen

*Lieber Geld verlieren als Vertrauen.*
Robert Bosch

### 2.23.1    Ich bin da, wenn du mich brauchst

Als ich 25 Jahre alt war und in der Eventagentur gearbeitet habe, von der ich schon öfter erzählte, sagte mein Chef Rob zu mir: »Anouk, ich fülle deinen Rucksack mit ganz viel neuer Erfahrung, neuen Informationen und Know-how. Wenn der Rucksack zu schwer wird und du drohst, nach hinten umzufallen, dann stehe ich da und fange dich auf.« Was für eine wunderbare Botschaft – und sie hat genau das erreicht: Ich hatte Vertrauen!

Dieses Vertrauen – dass du überzeugt von der Authentizität, den Aussagen und Handlungen einer Person oder Marke bist – können und sollten wir bei unseren Mitarbeitern genauso wecken wie bei unseren Kunden. Und Vertrauen ist so wichtig und die Basis für eine stabile Beziehung, wie wir bereits bei den letzten Elementen gesehen haben. Für die Bindung, fürs WOMM, für die Kommunikation. Und auch die Elemente »Qualität« (Kompetenz), »Authentizität« (Glaubwürdigkeit), »Hand aufs Herz« (Wohlwollen) und »Leadership« (Kultur) zahlen nachhaltig auf das Vertrauenskonto ein.

### 2.23.2    Worauf Kunden aktuell vertrauen

Weil ich das Thema Vertrauen so wichtig finde, möchte ich dir die Studie »Trusted Brands« von Reader's Digest (2020) vorstellen, die das Zusammenspiel von Vertrauen, Marke und Kundenverhalten zum Inhalt hat. Dort heißt es: »Deutsche vertrauen auf Markenqualität: Verbraucher nannten in der Trusted-Brands-Studie 2020 mehr als 3.600 vertrauenswürdige Marken in 22 Kategorien aus ihrem alltäglichen Konsumumfeld. Genannt wurden Marken, bei denen die Qualität und das Preis-Leistungs-Verhältnis stimmt und das Produkt die Bedürfnisse des Kunden besonders gut erfüllt, d. h., es ist für das Leben relevant und erfüllt ihre individuellen Wünsche. Nachhaltige Marken wie Frosch bei Haushaltsreinigern erreichen ebenso eine Top-Position wie Bosch bei Haushaltsgeräten oder Gerolsteiner bei Mineralwasser. VW bleibt auf Platz 1 der vertrauenswürdigsten Automobilmarken.« (Wir können staunen: trotz Dieselskandals!)

**2020 – DIE WICHTIGSTEN LEISTUNGSDIMENSIONEN FÜR DAS MARKENVERTRAUEN**

| | |
|---|---|
| Qualität | 46% |
| Preis-/Leistungsverhältnis | 21% |
| Erfüllen Bedürfnisse | 19% |
| Umweltschutz | 7% |
| Service / Kundenzentrierung | 3% |
| Innovationskraft / Fortschrittlichkeit | 2% |
| Reputation / Prestige | 2% |

**Abb. 43:** Die wichtigsten Leistungsdimensionen für Markenvertrauen (2020)

Und weiter im Studientext: »Ausschlaggebend für das Markenvertrauen ist das unmittelbare Erlebnis der Konsumenten mit den Marken. Stimmt die Qualität, erfüllen die Produkte und Services die Erwartungen und sind sie ihr Geld wert? Das sind die mit Abstand vorrangigen Parameter bei der Bewertung. Gleich danach rückt der Umweltschutz in den Fokus der Verbraucher, und zwar noch vor der Innovationskraft oder dem Prestige einer Marke.«

Was ich dir damit sagen möchte: Vertrauen ist das A und O und erfordert ganz besondere Aufmerksamkeit. Vertrauen ist ein wertvolles Gut, das du sorgsam pflegen solltest.

### 2.23.3   Digitale Glaubwürdigkeit – Unterschätze sie nicht

Die ebenfalls sehr interessante und aktuelle Studie »Searching for Trust« der Search-Experience-Cloud-Plattform Yext belegt in Zeiten der Digitalisierung Folgendes:

»Marken genießen laut der Studie nur bei 40 Prozent der Befragten generelles Vertrauen, während sich der Rest mit falschen oder missverständlichen Informationen seitens der Marken konfrontiert sieht. Wie wichtig das Konsumentenvertrauen für die Marken ist, zeigen zwei andere Zahlen. Danach würden 74 Prozent der befragten Personen wieder Produkte von vertrauenswürdigen Marken kaufen, während 72 Prozent auf den Kauf von Produkten von Marken verzichten würden, die sie nicht für vertrauenswürdig halten. Vertrauenswürdigkeit wird, so die Studie, in erster Linie durch

Bereitstellung korrekter Informationen erlangt. Das bedeutet für Marken unter anderem, auf ihren Websites aktuelle und korrekte Produktdetails zur Verfügung zu stellen. Wer hier schlampt, verliert das Vertrauen der Konsumenten: Werden Informationen zu einem Produkt im Web nicht oder nur unzureichend gefunden, führen das 45 Prozent der befragten Personen direkt auf die Marke zurück, während nur 19 Prozent die Suchmaschine verantwortlich machen.«

Dein digitaler Auftritt hat also eine große Wirkung und einen großen Effekt auf das Vertrauen der User. Fehlinformationen und Fake News schaden dem Vertrauen. Positiv gesehen: Bist du echt, sind deine Informationen glaubwürdig und bietest du einen einfachen, intuitiven Zugang, hast du beste Chancen, Interessenten und Kunden in deinen Bann zu ziehen.

### 2.23.4   Vertraue – und du wirst beschenkt

Dieses Thema möchte ich dir mit einer persönlichen Geschichte verbildlichen: Mein Mann und ich waren auf Hochzeitsreise. Zunächst drei Wochen Südafrika, wo man uns unseren Honeymoon jeden Tag auf die wunderbarste Art und Weise spüren ließ. Wir wurden umsorgt, mit Aufmerksamkeit bedacht, es gab Champagner, besondere Dinner for Two, Safaris nur für uns. Nach dieser paradiesischen Zeit sind wir für die letzten Tage nach Mauritius geflogen. Ich hatte den Inselstaat als Paradies für Flitterwöchler abgespeichert. Es sollte ein Highlight der Reise sein, ich habe noch nie so viel Geld für eine Übernachtung in einem Hotel bezahlt. Wir kamen übermüdet an – und sollten zuerst einmal unser Hochzeitszertifikat zeigen. Das hatten wir aber nicht bei uns, weil das Reisebüro es eigentlich vorab ins Hotel schicken wollte. Da die Unterlagen fehlten, bekamen wir im Hotel keinerlei Honeymoon-Service. Was ein (Vertrauens-) Bruch! Und verwöhnt, wie wir durch unsere Erfahrung in Südafrika waren, hat diese Situation, das fehlende Vertrauen in uns, unsere Begeisterung deutlich gesenkt.

> **Komprimiert!**                                                                    **!**
> Vertrauen ist wechselseitig. Es geht um das Vertrauen des Kunden zum Unternehmen, zur Marke, zum Produkt. Und es geht darum, dass das Unternehmen seinen Kunden ebenfalls Vertrauen schenkt.

Andersherum: Misstrauen kann sehr viel zerstören. Darunter leiden Bindung und Geschäftsbeziehung und es kann diese auch beenden. Vertrauen ist also ein Zweirichtungsverkehr, keine Einbahnstraße. Auch wenn wir dazu neigen, die Kontrolle behalten zu wollen, alles im Griff zu haben: Loslassen hilft. Also: Lass Misstrauen los und Vertrauen zu!

Oliver Strauss gibt uns jetzt sehr inspirierende Einblicke in vertrauenbasiertes Marketing.

### 2.23.5   VIP: Oliver Strauss, Geschäftsführer der STRAUSS Unternehmensberatung

Trust-based Marketing. Einfach. Schwer.

**Oliver Strauss ist seit 2004 Business Angel der NRW Bank und Co-Founder der Market- und Customer-Insights-Plattform feedbaxx GmbH. Als Berater und Interim Manager unterstützt Oliver Strauss seit über 15 Jahren (davon 7,5 Jahre Boston Consulting Group) große Unternehmen und Mittelständler dabei, ihre Marktposition und Ertragssituation zu verbessern. Mehr Informationen auf** www.strauss-unternehmensberatung.de.

Der Duden definiert Vertrauen als festes Überzeugtsein von der Verlässlichkeit einer Person oder Sache. Ein Anwendungsbeispiel der Duden-Redaktion lautet: »mangelndes Vertrauen in das politische System«. Man kann sich fragen: Warum eigentlich eine negative Formulierung? Vielleicht, weil es den besorgten Zeitgeist besser trifft. Insbesondere die vier Jahre Donald Trump im Weißen Haus haben ihre Spuren hinterlassen: Aushöhlen des Rechtsstaats, Diskreditieren der Medien, Proklamieren von ›alternativen Fakten‹, Zweifeln an der Wissenschaft, Leugnen von Klimawandel, Verharmlosen von Covid-19. Die Liste ließe sich leicht verlängern. Trump hat das Vertrauen in die amerikanische Demokratie und ihren zentralen Stützpfeiler, die Präsidentschaftswahlen, erschüttert. Schwierige Zeiten für *Vertrauen* mit seinen Schwestern *Wahrheit und Integrität*.

In Deutschland erscheint diese Wertefamilie ebenfalls gestresst. Wann hat man schon einmal in so vielen Medien derart häufig von so zahlreichen und kruden Verschwörungstheorien gehört? Aber nicht zuletzt dank ihres Corona-Krisenmanagements genießt die Bundesregierung im Oktober 2020 laut Statista immerhin das Vertrauen von 61 Prozent der Bevölkerung. An der Spitze des Rankings liegt mit 84 Prozent die Polizei, gefolgt von Bundesverfassungsgericht (80 %), Verbraucherzentrale und Stiftung Warentest (beide 79 %) sowie dem öffentlich-rechtlichen Rundfunk (70 %). Die Schlusslichter sind Kirchen (24 %), bei denen Vertrauen doch Teil des Markenkerns ist, und private Rundfunksender (19 %).

Die deutsche Wirtschaft hat in den letzten Jahren ebenfalls so manchen Vertrauensschaden angerichtet. Neben den Peinlichkeiten rund um den Berliner Flughafen BER enttäuschten Volkswagen mit seinem Dieselskandal und Wirecard als erste betrügerische Pleite eines DAX-Konzerns das in sie und in den gesamten Standort Deutschland gesetzte Vertrauen. Dazu noch der Sportartikelhersteller Adidas, der zu Beginn der Pandemie bekannt gab, seine Mietzahlungen auszusetzen. Die Regelung sollte eigentlich Privathaushalte mit pandemiebedingt wegbrechendem Einkommen vor dem Verlust ihrer vier Wände schützen. Nach viel öffentlicher Kritik hat Adidas die Entscheidung zurückgenommen: »Wir haben einen Fehler gemacht und damit viel Vertrauen verspielt. Sie sind von Adidas enttäuscht. Es wird dauern, Ihr Vertrauen wieder zurückzugewinnen. Aber wir werden alles dafür tun.« Wir kommen auf Adidas zurück.

**Vertrauen ist die Summe der gehaltenen Versprechen**
Brandeins hat im Jahre 2000 ausgerufen: »Die Marke ist das Kapital des Jahrtausends.« Um die stärksten Marken zu ermitteln, fragen die Aachener Marktforscher von Dialego jedes Jahr mehr als 4.000 Konsumenten ab 18 Jahren ungestützt und repräsentativ nach den Anbietern, denen sie am stärksten vertrauen.

2020 lauteten die sogenannten Trusted Brands in ausgewählten Kategorien:

| PRODUKTKATEGORIE | VERTRAUENS-WÜRDIGSTE MARKE | ANZAHL GENANNTE MARKEN |
|---|---|---|
| Banken | Sparkasse | 56 |
| Handelsunternehmen | Edeka | 145 |
| Haushaltsgeräte | Bosch | 96 |
| Hautpflege | Nivea | 210 |
| Mineralwasser | Gerolsteiner | 274 |
| Nahrungsmittel | Nestlé | 288 |
| Pkw | Volkswagen | 53 |
| Süßwaren | Haribo | 140 |
| Versicherungen | Allianz | 126 |
| Waschmittel | Persil | 76 |

**Abb. 44:** Trusted Brands 2020

Die Ergebnisse der gleichen Befragung aus dem Jahr 2019 sahen in allen diesen Kategorien übrigens exakt genauso aus wie 2020. Gemeinsam haben diese Marken, dass sie die gegebenen Leistungsversprechen wie z. B. Produktnutzen, Qualität oder Solidität, aus Sicht ihrer Kunden in ihren Branchen besonders gut erfüllen – und dies verlässlich über viele Jahre und Jahrzehnte hinweg. Oder zumindest weit überwiegend verlässlich. Die Tatsache, dass selbst der Dieselskandal Volkswagen aus Verbrauchersicht nicht vom Vertrauensthron gestoßen hat, ist bemerkenswert. Konsumenten verschenken ihr Vertrauen nicht leichtfertig, sondern gewähren es für immer wieder neu gehaltene Leistungsversprechen.

**!**   **Komprimiert!**

Einmal verdient stellt Vertrauen offenbar ein Kapital dar, das Unternehmen auch eine zweite Chance gibt. Vertrauen kann verzeihen.

**Die einfache Essenz des Trust-based Marketing**

Vertrauensbasiertes Marketing lässt sich auf wenige Sätze verdichten:

⇨ Versprich nur, was du halten kannst. Halte dein Versprechen dann auch. Und zwar immer.

⇨ Wenn du einmal ein Leistungsversprechen nicht einlösen konntest, also Vertrauen enttäuscht hast, mache es wie Adidas: Gestehe Fehler ein. Laviere nicht herum.

⇨ Entschuldige dich. Mache es wieder gut. Lerne daraus. Mache es zukünftig besser. Dann addieren sich gehaltene Versprechen über die Zeit zu Vertrauen.

Das ist nicht anders als auf der privaten Ebene.

## 2.24   Wandel

*Der Mensch will immer, dass alles anders wird und gleichzeitig will er,*
*dass alles beim Alten bleibt.*
Paulo Coelho

### 2.24.1   Verändere dich – und liebe es

Eine der wenigen Sicherheiten, die wir im Leben haben, ist: Wir befinden uns im stetigen Wandel. Die Coronakrise hat diesen Wandel beschleunigt und das Prinzip der Veränderung, des Anpassens und der Flexibilität nochmals sehr verdeutlicht. »Die Pandemie hat sich vom ungewollten Stresstest zum Beschleuniger der Digitalisierung aller Lebensbereiche entwickelt – von der Wirtschaft über die Bildung bis hin zum Privatleben.« (Brings, 2020)

Auch das Marketing ist, ich wiederhole mich, im stetigen Wandel. Das Marketing, das ich an der Universität vor 25 Jahren kennengelernt habe, ist heute überholt. Das Marketing, das ich viele Jahre ausgeübt habe, ist so ebenfalls nicht mehr existent. Ich bin bei den Veränderungen mitgegangen, habe immer wieder neu gelernt und mich flexibel aufgestellt. Das war und ist notwendig, um relevant zu bleiben mit Blick auf die Branche, das Unternehmen, den Kunden und die Zielgruppe. Von Push zu Pull, von Monolog zu Dialog hin zu einem Miteinander in großen Netzwerken, von analog (offline) zu digital (online).

Daher empfehle ich dir wärmstens: Bleibe neugierig, bleibe wachsam, lerne Veränderung schätzen, liebe es, Neues zu entdecken. Denn du wirst die Zeit nicht aufhalten und, um es mit Georg Danzer auszudrücken, ihr Wesen ist nun einmal Wandlung.

### 2.24.2   Internet – Ein fundamentales Umdenken

Das zukunftsInstitut veröffentlichte 2015 einen Artikel zum Thema »Umdenken und Wandel im Marketing«. Darin heißt es: »Das Internet ist nicht einfach ein weiterer Touchpoint für die Verbreitung von Werbebotschaften. Es bedeutet einen fundamentalen Wandel im Umgang des Menschen mit Medien und Themen – und im Verhältnis von Unternehmen und Marken zu ihren Kunden. Dieser fortwährende Dialog ist zur zwischenmenschlichen Norm geworden – und zur neuen Erwartungshalten an Marken. Für Marketing-Verantwortliche bedeutet dieser Wandel:
⇨   Sie müssen sich auf völlig neue ›Erfolgskennziffern‹ einstellen.
⇨   Kommunikative Misserfolge werden viel schneller aufgedeckt.

⇨ Mediennutzer erwarten heute einen unbegrenzten Informationsfluss und völlige Transparenz von Unternehmen.

⇨ Die Geschwindigkeit, in der Themen relevant und wieder irrelevant werden, hat sich drastisch erhöht.

Diesen neuen Anforderungen kann ein klassisch gedachtes Marketing-Verhalten nicht gerecht werden.«

Das galt bereits vor sechs Jahren und die digitale Transformation ist noch lange nicht vorbei. Es kommen immer neue Themen ins Spiel: Chatbots, künstliche Intelligenz, Augmented Reality, Content, Shoppable Posts, TikTok, Big Data, Page Speed, Sprachsuche, Reels, Progressive-Web-Apps, 5G-Technologien, Smart Bidding auf Google, Videos, Neuromarketing oder Influencer-Marketing. Es ist so vieles in Bewegung, immer neue Entwicklungen und Trends, die sich in den nächsten Jahren fortsetzen oder die ersetzt werden. Es bleibt demnach alles im Wandel, die Geschwindigkeit bleibt hoch (und nimmt eher noch zu), nur die Themen ändern sich. Und wir Marketing-Experten? Wir begegnen einer Fülle an spannenden Themen, in die wir uns einarbeiten dürfen, sollten wachsam am Puls der Zeit bleiben und dem Wandel am besten einen Schritt voraus sein, damit wir unser Marketing den Zeiten entsprechend modern, relevant und erfolgreich umsetzen können.

### 2.24.3  Neu-Gier – Deine neue Leidenschaft

Das multinationale Unternehmen Kodak war Pionier in seiner Branche, eine sehr starke Marke. Es hat die analoge Fotografie und auch die digitale Kamera erfunden. Kodak war jahrzehntelang mehr als erfolgreich. Dann aber passierte es: Die Kodak-Manager wollten das Kerngeschäft nicht zu sehr in Gefahr bringen und sperrten sich gegen (zu viel) Innovation und Veränderung. Ein großer Fehler. Der US-Konzern musste Anfang 2012 Konkurs anmelden und wurde so zum wohl bekanntesten Verlierer des digitalen Wandels.

Wie alles verändern sich auch Produkte und Dienstleistungen – inklusive der Kundenwünsche und Anforderungen – im Laufe der Zeit. Ein Toyota ist heute ein anderes Auto als noch vor zehn Jahren. Ein iPhone 12 bietet ganz andere Gimmicks als noch sein Vorgängermodell, die Plastiktüten im Supermarkt sind längst verboten und aus Papier, das Angebot an Nagellacken und die Kleidung wird stetig ausgetauscht. Neue Produkte und Dienstleistungen entstehen (meist technologische), die es früher einfach nicht gab – Apple Airpod, Staubsaugerroboter, E-Zigaretten, Airbnb, E-Books, Thermomix, WhatsApp, 3D-Drucker oder virtuelle Büros. Das bedeutet, dass wir auch den Wandel unserer eigenen Produkte und Dienstleistungen immer im Blick behalten und Veränderungen offen gegenüberstehen sollten. Also: Bitte nicht stehen bleiben, so wie es bei Kodak der Fall war. Sonst wirst du auf deinem Weg deine Kunden über kurz oder lang voraussichtlich verlieren.

Das bedeutet, dass wir auch immer neue Zielgruppen mit unseren Produkten ansprechen sowie auf sich verändernde Bedürfnisse bestehender Zielgruppen eingehen sollten. Denn auch sie, ihre Anforderungen und Werte verändern sich kontinuierlich. Vergleiche nur einmal deine aktuellen Wünsche im Hinblick auf Mode, Mobilität, Entertainment oder Lifestyle mit denen vor zehn Jahren.

Der Wandel verlangt Flexibilität – und genau darin liegt so viel kreatives Potenzial! – und ein Umdenken im Hinblick auf unser Angebot, die Nachfrage und auch auf unsere Marketingtools. Er hat zugleich Einfluss auf und gibt Impulse für neue Organisationsstrukturen (Marketing nicht als eine »lose« Abteilung zu sehen, sondern zu integrieren in den gesamten Prozess), auf zukünftige Marketing-Berufe (CRM-Manager, SEO-Spezialisten, Influencer oder Big Data Engineers gab es vor einigen Jahren noch nicht) und somit auch auf die Inhalte der zukünftigen Marketing-Ausbildungen (Können und Wissen) und das entsprechende Recruiting. Denn qualifiziertes Marketing-Personal zu finden, bleibt eine große Herausforderung (siehe dazu Kapitel 2.18, Element »Qualität & Kompetenz«).

Veränderung ist die einzige Konstante, die wir haben. Oder, wie man auch so schön sagt:

**Komprimiert!**                                                                    **!**
Entweder du gehst mit der Zeit oder du gehst mit der Zeit.

Schauen wir uns jetzt am Beispiel des Kölner Traditionsunternehmens 4711 an, wie Stephan Kemen das Thema Wandel betrachtet.

### 2.24.4   VIP: Stephan Kemen, CEO von MÄURER & WIRTZ GmbH & Co. KG

4711 im Turnaround

**Stephan Kemen ist seit März 2020 Geschäftsführer bei Mäurer & Wirtz. Sein Einstieg in das Familienunternehmen erfolgte schon im Jahr 2014 als Global Brand Manager für die Marke Baldessarini. Bereits nach drei Jahren verantwortete er anfangs als Director Brand Management und zuletzt als Chief Marketing Officer die globale Gesamtverantwortung für alle Mäurer & Wirtz Eigen- und Lizenzmarken. Mehr Informationen auf** www.m-w.de **und** www.linkedin.com/in/stephankemen/**.**

Die Marke 4711 ist eine der bekanntesten Klassiker der Duftwelt, speziell die Ikone Echt Kölnisch Wasser wird seit über zwei Jahrhunderten weltweit für seine besondere Duftsignatur geschätzt. Ein unverkennbares olfaktorisches Profil, das die typische Signatur einer Eau-de-Cologne-Komposition verkörpert und dank seiner natürlichen Ingredienzien wohltuend auf Körper, Geist und Seele wirkt. Die Rezeptur von Echt Kölnisch Wasser ist älter als die von Coca-Cola, seit jeher ein wohl gehütetes Geheimnis und bis heute unverändert. Die Marke verkörpert somit ein Stück Duftgeschichte, ein Erbe, das besonders sensibel in die Moderne übertragen werden will.

Das Fortschreiben dieser Duftgeschichte erfordert eine gekonnte Mischung aus Herkunft und Zukunft. Die Herausforderung ist dabei, die Heritage der Marke als Ausgangspunkt für neue Interpretationen zu nutzen, ohne den Echt-Kölnisch-Wasser-Liebhaber zu verschrecken. Oberste Prämisse dabei ist es, das Alleinstellungsmerkmal über das gesamte Portfolio zu erhalten: Das Dufthaus steht mit seiner Vielfalt an Eaux de Colognes für mehr als 225 Jahre Duftexpertise!

Die Dachmarke 4711 ist also mehr als Echt Kölnisch Wasser – eine Kernbotschaft, die es gilt, über Jahre aufzubauen. So wurde beispielsweise bereits 2009 *Acqua Colonia* als erste Prestigelinie unter dem Markendach von 4711 lanciert. Mit dem Ziel der Premiumisierung wird dabei bewusst eine andere Zielgruppe angesprochen. Das Konzept »Inspiriert von der Natur« besteht aus einer Kollektion von Eaux de Colognes, die ihre/n Träger/in mit Wohlfühlmomenten umsorgt. Hierin besteht der konzeptionelle Bezug zum Markenursprung – Begleiter für Körper und Geist, eben mehr als ein Duft. Die Inszenierung im Premiumsegment erfolgt vorrangig am Point of Sale sowie über Point-of-Interest-Aktivitäten, denn es geht darum, die Marke sichtbar und für den Konsumenten erlebbar zu machen.

Fast zeitgleich zum 10-jährigen Jubiläum der ersten Prestigelinie geht die Markenentwicklung mit *Acqua Colonia INTENSE* einen weiteren wichtigen Schritt. Hintergrund sind veränderte Konsumentenbedürfnisse. Die Welt der Eaux de Colognes ist vielfältiger geworden, bislang ungerochene Inhaltsstoffe halten Einzug und neue Kategorien wie Absolue, Extrait etc. werden vom Wettbewerb eingeführt. Die neue Linie kommt somit dem veränderten Kundenwunsch nach komplexen, lang anhaltenden Duftgeschichten nach.

**!**   **Komprimiert!**

Dieses Beispiel zeigt, wie wichtig es ist, den Wandel an Konsumentenbedürfnissen frühzeitig zu erkennen und flexibel innerhalb des Portfolios darauf zu reagieren.

Dass sich 4711 mit dem Zeitgeist weiterentwickelt, spiegelt aber wohl am besten die jüngste Linie *Remix Cologne* wider! Eine Lancierung, die bewusst mit einem veralteten Markenbild bricht, das Unerwartete inszeniert und vor allem digitale Fußstapfen für die Marke hinterlässt. *Remix Cologne* ist der bislang mutigste Bruch mit der Marke und genau deshalb so erfolgreich!

Denn Wandel bedeutet auch, sich der nachkommenden Generationen und deren Customer Journeys bewusst zu sein. Bei *Remix Cologne* stehen daher Lebensfreude und Trendthemen der jungen Zielgruppe im Mittelpunkt – Fashion, Musik oder Tanz werden über die digitalen Kanäle im Bezug zur Marke inszeniert. Das ist deshalb so wichtig, weil die Markenbekanntheit in dieser Zielgruppe sehr gering ist und sich dadurch eine enorme Chance zum Imagewandel ergibt. Der Aufbau des Markenbildes für die junge Zielgruppe ist wie folgt: Das Brand Building bei *Remix Cologne* hat gerade erst begonnen! 4711 ist seit jeher mehr als ein Duft und diesen Gedanken wollen wir fortschreiben. Unsere Vision ist, die Serie zur Lifestyle-Marke aufzubauen. Die Auszeichnung bei den Duftstarts 2019 als Gewinner in der Kategorie »Lifestyle Damen« bestätigt diesen neu eingeschlagenen Weg für die Marke. Für die Zukunft hält das Marketing von 4711 weitere Überraschungen bereit, denn *Remix Cologne* soll für die Zielgruppe vor allem erlebbar gemacht werden.

Wandel auf der Marke 4711 bedeutet somit, die Ikone Echt Kölnisch Wasser mit all seiner Historie zu würdigen und zeitgleich neue Linien zu integrieren, die aktuelle Identifikationswelten in Szene setzen.

**Komprimiert!**                                                                                !

Die Herausforderung ist, mehrere Generationen mit einer Marke zu bedienen, ohne zugleich im Markenbild zu verwässern.

Dazu muss der USP der Dachmarke Ausgangspunkt jeder Lancierung und Aktivität auf der Marke sein. Außerdem braucht es Zielgruppennähe, d. h. ein Verständnis davon, was die Konsumenten bewegt und wie sie sich wiederum in der aktuellen Handelslandschaft bewegen. Dies in Kombination mit der Offenheit für neue Wege der Digitalisierung im Kontext Duft werden die Weiterentwicklung des Dufthauses 4711 in Zukunft bestimmen.

## 2.25 EXtras

*Nicht angepasst zu sein, das macht den erfolgreichen Unternehmer aus.*
Erich Sixt

### 2.25.1 Das gewisse Etwas – Hast du es schon?

Was kann das besondere Extra für den Kunden sein? Was ist das zusätzliche Etwas, das über das Übliche hinausgeht? Ein Preisvorteil? Ein Zeitgewinn? Eine Imageverbesserung? Ein persönlicher Glücksmoment? Ein extra Service? Eines ist auf jeden Fall klar: Das gewisse Extra kann oft genau den Unterschied machen, der dich besonders macht. Oft ist es für den Kunden etwas Unerwartetes -und damit überraschst du ihn. Ob er durch bemerkenswerte Schnelligkeit (bei der Beantwortung eines Anliegens, im Kaufprozess etc.) Zeit gespart hat, die extra Kopfmassage, die ihm so gutgetan hat, der super Service im Geschäft oder ein neues digitales Bonbon. Oder es geht um die, die man zusätzlich bekommt: das Pröbchen beim Drogeriemarkt, die Wurstscheibe auf die Hand beim Metzger, die Handcreme bei der Maniküre, der Schreibblock beim Geschäftspartner, ein Give-away beim Messebesuch, ein extra schön gedeckter Tisch in einem besonderen Raum im Restaurant. Es gibt unzählige Möglichkeiten, wie du deine Kunden für einen Moment überraschen, verzaubern kannst. Häufig reichen die kleinen Dinge.

Ich kenne niemanden, der sich nicht über ein solches Extra freut, oder – und das wollen wir ja lernen! – positiv ausgedrückt: Alle erfreuen sich an einem gewissen Etwas! Was du dir als Unternehmer, als Mitarbeiter, als Person also überlegen solltest: Was ist mein (nächstes) Extra, das ich anbiete? Womit kann ich Menschen immer wieder erreichen und begeistern?

### 2.25.2 Wecke den Spieltrieb

Das Extra kann auch etwas sein, das der Kunde oder Interessent bei Marketingaktionen gewinnen kann. Ich rede jetzt nicht von Gewinnspielen, bei denen es nur um die Adressengewinnung geht – ich rede von einer kreativen, überraschenden Weise, deine Marke im wahrsten Sinne spielerisch zu präsentieren. Es muss schon etwas Besonderes sein, das zum Mitmachen animiert. Auch auf diese Art kannst du die Kundenbeziehung fördern, extra Interaktionen hervorrufen – und natürlich auch neue, wertvolle Adressen erhalten.

Ein paar interessante Beispiele: die Insel Norderney, die ein Jahr lang Urlaub anbietet für denjenigen, der darüber bloggen und fotografieren möchte. Supermärkte, die ein

Jahr kostenfreies Einkaufen ausloben. Fernsehsender, die dem Gewinner 150.000 Euro für ein Eigenheim schenken. Etwas Besonderes sind auch gemeinsame Erlebnisse mit berühmten Persönlichkeiten. So bietet eine Sportmarke einen Tag mit dem Triathleten Jan Frodeno an und Gary Vaynerchuk verlost gerade ein Jahr Mentoring mit ihm. Bei beiden würde ich sofort Ja zum Gewinn sagen und es würde mich mehr als begeistern. Wichtig ist auch hier wieder, dass der Anreiz, der Gewinn und deine Zielgruppe matchen. Wenn du einem Bergefan eine Reise ans Wattenmeer versprichst, kann es gut sein, dass du nicht punkten wirst.

Ich habe mit meinem Arbeitgeber mal einen Wochenendtrip in die Niederlande für 20 Personen angeboten. Am Sonntag stand ein Museumsbesuch mit einem bekannten, deutschen Kabarettisten auf dem Programm, der die Führung humoristisch umgesetzt hat. Es gab zudem einen Umtrunk im Museumsgarten und abends ein sehr exklusives gemeinsames Dinner, ebenfalls im Museum. Ich durfte die Gruppe durch den Tag begleiten, was ein besonderes Erlebnis für die Gewinner und auch für mich als Teil des Organisationsteams war. Das Extra, der Gewinn, das Erlebnis zahlen ein auf das positive Image der Marke – in meinem Beispiel die Destination, das Museum und die Kulturzeitschrift, die das Gewinnspiel ausgelobt hatte. Es war ein unvergesslicher Tag für alle Beteiligten.

Wenn für dich seriöses Gewinnspiel ein interessantes Thema ist, möchte dich dir noch mitgeben, dass du unbedingt die Datenschutzgrundverordnung (DSGVO) beachten solltest. Wenn du das (zugegeben unlekkere) Thema sorgfältig berücksichtigst, vermeidest du mehr als unnötigen Ärger – und der Spaß kann kommen.

### 2.25.3 Guerilla-Aktionen – Ecke auch mal an

Oft kann auch ein besonderer, ungewöhnlicher Überraschungseffekt das gewisse Extra sein. Und im Marketing eignet sich dafür das Guerilla-Marketing sehr gut.

Mit ungewöhnlichen Aktionen – und relativ geringen Mitteln – sorgst du für ein gute Portion zusätzliche Aufmerksamkeit. Und die kann positiv sein, aber es kann auch nach hinten losgehen.

Ich habe vor einigen Jahren eine Guerilla-Aktion für meinen Arbeitgeber in zwei deutschen Städten umgesetzt. Prompt rief einer der Bürgermeister mich erzürnt an und drohte mir mit einigen tausend Euro Bußgeld, sollte ich die überdimensional großen Schilder mit dem niederländischen Werbeschriftzug nicht umgehend entfernen. Das kann passieren. Man erreicht und begeistert nicht immer alle Menschen. (Ich habe daraufhin mit einem Team alle Schilder langsam, aber sicher entfernt.)

Aber deshalb ist es eben auch eine Guerilla-Aktion: Weil du es wagst, mutig und frech zu sein. Mit einer solchen Aktion darfst du auch mal anecken. Die Aufmerksamkeit ist dir mindestens gewiss. Das Spannende am Guerilla-Marketing ist also, um es noch einmal zusammenzufassen: dass du oft mit wenig Budget kreativ sein kannst und einen großen Überraschungseffekt erzielst. Es ist für einen zeitlich begrenzten Zeitraum für eine gewisse Zielgruppe bestimmt, wird nicht angekündigt, überschreitet sicher auch mal Grenzen und ist manchmal auch etwas illegal.

Guerilla-Vermarktung wurde als Begriff vom Marketing-Experten Jay C. Levinson Mitte der 1980er Jahre geprägt. Er beschrieb damit ungewöhnliche Vermarktungsaktionen, die mit geringem Budget eine große Wirkung versprechen. Zudem darf es auch sehr kreativ, frech und unorthodox sein. Guerilla ist ursprünglich ein Begriff aus der Kriegsführung und bezeichnet eine besondere Weise, bei der untypische Taktiken angewendet werden, um das Ziel, den Sieg zu erreichen. Konrad Zerr war einer der Ersten im deutschsprachigen Raum, der sich 2003 aus einer wissenschaftlichen Perspektive mit dem Thema auseinandergesetzt hat. Für ihn bedeutet Guerilla-Marketing, bewusst nach neuen, unkonventionellen, bisher missachteten, vielleicht sogar verpönten Möglichkeiten des Marketings zu suchen und sie vor allem auch umzusetzen. Es sollte überraschend, spektakulär, rebellisch und ansteckend sein.

Guerilla-Aktionen können zum Beispiel Flashmobs sein. Ich denke auch an viele Greenpeace-Aktionen oder an den Pop-up-Store von Adidas (Out-of-the-Shoebox-Thinking). Auch viele Automarken, Autovermieter oder Bierhersteller nutzen diese Art des Marketings für sich. Dabei setzen sie oft auf besondere Werbeformate. McDonalds hat zum Beispiel eine Pommestüte an einen Zebrastreifen gemalt und einzelnen Streifen dadurch wie Pommes aussehen lassen. Es sind so viele Formate denkbar und möglich: Fahrräder in der Stadt, die mit Sattel-Werbehussen überzogen werden, Litfaßsäulen, Busse und Bahnen, die mit Werbung foliert sind oder Haltestellen, die über Nacht mit einer sehr kreativen (und eben nicht klassischen) Werbebotschaft versehen werden.

Ich habe bei einer Guerilla-Aktion mal ganz viele Poller in Frankfurt mit einem orangenen Bezug überziehen lassen. Einmal haben wir die ganze Innenstadt von Köln mit großen Stickern zugeklebt und bei einer anderen Aktion eine Straßenbahn mit Tulpen unter der Decke geschmückt. Diese Aktion hat es bis in die WDR-Lokalnachrichten geschafft.

**!**  **Komprimiert!**
Was eine Guerilla-Aktion bringen wird, ist auch für den Marketingexperten eine Überraschung.

Wird die Aktion angenommen? Geht sie viral? Sorgt meine Idee für einen Wow-Effekt? Genau dazu gibt uns Barbara Rottwinkel-Kröber jetzt spannende Einsichten.

### 2.25.4   VIP: Barbara Rottwinkel-Kröber, Geschäftsführende Gesellschafterin von BRK Konzepte UG

Marketing mit Wow!-Effekt

**Barbara Rottwinkel-Kröber betreibt die Plattform** www.starke-frauen.info. **Hier nehmen starke Frauen andere Frauen an die Hand und zeigen ihnen neue Perspektiven auf, z. B. bei der beruflichen Neuorientierung ab 40+. Weitere Informationen auch auf** www.brk-konzepte.de.

Du gehst zum Friseur und statt eines einfachen Haarschnitts erhältst du erst eine Kopfmassage und bevor du gehst ein kleines Fläschchen deines Lieblingsduftes. Kostenlos.

Wow!

Du buchst einen Online-Kurs und am nächsten Tag bringt der Postbote ein Paket vorbei, indem sich eine Kladde befindet, in der du Kursdetails einfach handschriftlich notieren kannst.

Wow!

Damit hattest du überhaupt nicht gerechnet. Ein digitales Produkt, das sogar etwas zum Anfassen »vorbeibringt«. Selbst, wenn du den Rechner schon ausgeschaltet hast, denkst du beim Anblick des Buches jedes Mal: Ah, ich bin ja bei dem Online Kurs dabei.

Das ist das, was ich unter Wow!-Marketing verstehe. Im Amerikanischen gibt es den schönen Spruch »Overfulfill the expactions of your customer«, was übersetzt bedeutet: »Übererfülle die Erwartungen deines Kunden.« Egal welche Dienstleistung oder welches Produkt du erwirbst, du hast im Kopf immer eine feste Vorstellung, was passiert.

**Komprimiert!**                                                            **!**

»Overfulfill the expactions of your customer« setzt genau hier an. Dein Kunde bekommt ganz einfach ein paar »Umdrehungen« mehr als das, was er erwartet hatte.

Möchtest du, dass dein Kunde »Wow!« sagt, dann gib einfach immer etwas mehr, als er erwartet hat.

Ein besonders großes Wow erntest du, wenn es nicht nur etwas mehr als die gekaufte Dienstleistung oder das erworbene Produkt ist, sondern etwas ganz anderes, was inhaltlich jedoch zum Thema passt.

Ich beispielsweise vermarkte Online-Kurse. Sobald der Kunde gebucht hat, bekommt er ein physisches Paket von mir – mit dem er überhaupt nicht gerechnet hat. In diesem Falle ist mir wichtig, dass ich dem digitalen, also nicht greifbaren, Produkt etwas entgegensetze, dass der Kunde wirklich haptisch in der Hand halten kann. Damit begeistere ich nicht nur meine Kunden, sondern sie starten wirklich hochmotiviert mit mir in den Kurs. Das bringt am Ende deutlich bessere (Kurs-)Ergebnisse und damit eine Empfehlung für mich.

Wow-Marketing in Perfektion zelebriert Sandra Holze, Online-Marketerin aus Berlin. Sandra lebt den Wow-Effekt wie keine Zweite. Wer bei ihr einen Online-Kurs bucht, bekommt ein ganzes Füllhorn weiterer Kunden-Wows. Grundsätzlich erhältst du mit jedem Produkt ein Bündel von Boni. Das sind ihre offen deklarierten Kunden-Wows. Boni sind z. B. ein kostenloser Zugang zu ihrer Masterclass, weiterführende Videos, Online-Beratungen etc.

Nun magst du dich fragen: Warum das Ganze? Zahlt sich das aus? Dem setze ich ein klares JA entgegen. Warum? Wir alle leben von zufriedenen Kunden, die so begeistert sind, dass sie uns gerne weiterempfehlen. Selbst wenn wir sie nicht darum bitten.

Während es zehnmal aufwendiger ist, einen Neukunden zu gewinnen, als einen Stammkunden zu bedienen, hat es einen weiteren unschätzbaren Wert: ihre Weiterempfehlung! Aus meiner Erfahrung reicht es dafür heute nicht aus, einfach nur einen guten Job zu machen, sondern dafür braucht es das Kunden-Wow!

# 2.26   StorYtelling und Storyselling

*People don't buy goods and services. They buy relations, stories and magic.*

Seth Godin

### 2.26.1   Geschichten erzählen – Die Seele des Marketings

Für mich ist Storytelling die Seele des Marketings. Gutes Storytelling lässt mein Herz schneller klopfen, Bilder im Kopf entstehen, es lässt mich eine Bindung zum Produkt spüren. Es lässt mich aufhorchen, bekommt meine Aufmerksamkeit und lässt mich auch dann ein Verlangen spüren, wenn ich das Produkt oder die Dienstleistung vielleicht gar nicht brauche. Wenn ich Gänsehaut bekomme, gute Laune spüre und den Wunsch verspüre, meine positive Erfahrung mit meinen Freunden zu teilen, dann kann ich gar nicht anders, als das Produkt zu kaufen. All das bewirkt gutes Storytelling.

> **Komprimiert!**
>
> Gutes Storytelling wird nahezu automatisch zu Storyselling, effektiv und ganz ohne Rabatt-Lockangebote.

!

Bei erfolgreichem Storytelling handelt es sich meist um emotionsgeladene, kurze Geschichten, die rund um eine Marke oder ein Produkt erdacht, geschrieben und verbreitet werden. Ziel ist, über Metaphern, Leitmotive und/oder Symbole die eigene Marke bei der relevanten Zielgruppe zu etablieren. Natürlich sollen auch die besonderen Merkmale eines Angebots, die USPs, vermittelt werden. Wenn die Zielgruppe die Geschichte mit eigenen Erfahrungen verknüpfen kann, macht es das Ganze noch wertvoller und die Wirkung ist umso größer.

Ich denke bei gutem Storytelling an die Werbung von Edeka (der Spot zu Weihnachten #heimkommen mit mehr als 67 Millionen Klicks auf YouTube), VW-Passat (The Force), an Hornbach (Sag es mit deinem Projekt), Douglas (Die Heldinnen – Muttertag 2020), an Red Bull (Felix Baumgartners Fall aus 39 Kilometern Höhe 2014), an The Old Spice (ganze Serie mit Isaiah Mustafa, u. a. ein Spot mit 58 Millionen Aufrufen), Mercedes mit dem Huhn (Magic Body Control), West Jet Christmas Miracle (ein wahres Happening, das mich 2013 zu Tränen gerührt hat) und viele andere großartige Aktionen von Marken wie Coca-Cola, Apple, Nike etc.

Warum erinnere ich mich auch nach Jahren noch an diese Werbungen und Kampagnen? Weil die Storys emotional, schlau, kreativ, auffallend, authentisch, relevant, zielgruppenspezifisch, dramaturgisch gut verpackt, positiv und lustig sind. Oder weil ein spannender Protagonist mitmacht. Denken wir mal an Käse & Frau Antje, Milka & die lilafarbene Kuh, Nespresso & George Clooney, Haribo & Thomas Gottschalk, die Rabo-

Direkt & der Niederländer (So direkt kann Banking sein), Edeka & Friedrich Liechtenstein (»Supergeil«).

### 2.26.2   Das Fish-Modell

Es geht beim Storytelling um gut verpackte Inhalte, um das Vermitteln von explizitem und vor allem implizitem Wissen. Dabei gibt es ganz unterschiedliche Inhalte für unterschiedliche Zielsetzungen. Das Fish-Modell des Content-Marketingstrategen Mirko Lange zeigt vier Contenttypen, die für eine Contentstrategie genutzt werden können.

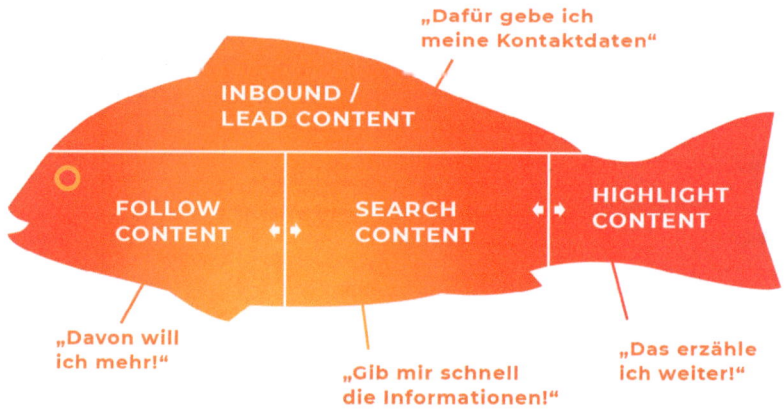

**Abb. 45:** Storytelling: das Fish-Modell

⇨ **Follow Content:** Interesse wecken, davon will ich mehr und folge dem Content – Gefühl erzeugen, Vertrauen aufbauen. Das geht am besten via Postings auf Social Media, Blogs, Podcasts, Micro-Content (siehe auch Kapitel 1.3.2, Pillar Content). Hier ist das Ziel, Reichweite zu erzielen.

⇨ **Inbound/Lead Content:** Adressen generieren, Aufmerksamkeit erregen, direkte Nachfrage erzeugen, Fokus auf Informationen. Dafür gebe ich meine Kontaktdaten gerne her – Bereitschaft wecken, vertriebsgesteuert agieren. Ziel ist, Leads zu generieren.

⇨ **Search Content:** Angebote kommunizieren, kurze und knackige Informationen unterbreiten – Wunsch nach schnellen Infos befriedigen, relevant sein, mit (Check-)Listen, Übersichten – to the point. Hier ist das Ziel, Service anzubieten.

⇨ **Highlight Content:** Image steigern, Aufmerksamkeit erregen, begeistern, das erzähle ich weiter – Gedanken hervorbringen. Hier kommt das Storytelling zum Einsatz, Inhalte mit Emotionen füllen, mit Hilfe von Videos, Marketingkampagnen. Das Ziel ist, Aufmerksamkeit zu bekommen.

### 2.26.3    Der Vater der Werbung: David Ogilvy

Die unterschiedlichen Inhalte bzw. Contenttypen des Fish-Modells wollen natürlich gefüllt sein. Und hier kann der wohl bekannteste Werbetexter, David Ogilvy, helfen, häufig auch als Vater der Werbung bezeichnet. Er hat Regeln erstellt für Texte, Inhalte, Überschriften, die immer noch sehr wertvoll sind und die helfen, Inhalte so zu verpacken, dass sie überzeugen, berühren und zum Kaufen anregen.

Er vertritt die Meinung, dass Marketing, Werbung, Texte und Storys nicht nur kreativ sein, sondern vor allem verkaufen sollen. Storyselling eben. Um deine Texte gut zu verfassen, die richtige Story zu verwenden, musst du deine Zielgruppe kennen. Was ist die richtige Ansprache, welche Beispiele sind relevant, wie sprechen und äußern sie sich auf welchen Kanälen usw. Schreibe kurz und knackig klare Sätze. Sprich dabei deine Zielgruppe direkt an und zwar im Singular. Keine Gruppenansprache, sondern wenn möglich »Face to Face«. Das hat umgehend eine persönliche Wirkung. Ganz wichtig: Habe Spaß am Storytelling und teste immer wieder aus, was deine Geschichten mit den anderen machen und was du optimieren kannst.

Ein ganz wichtiger Aspekt beim Storytelling ist die Überschrift. David Ogilvy hat herausgefunden, dass acht von zehn Leuten die Überschrift lesen, aber nur zwei von zehn Leuten den Rest. Eine Studie der Columbia University und des French National Institute von 2016 belegt, dass 59 Prozent der Texte, die in den sozialen Medien geteilt werden, vom Versender selbst gar nicht gelesen wurden. 70 Prozent der Kommentare auf Facebook basieren nur auf der Überschrift, der weitere Text wurde auch hier nicht gelesen. Die Studie belegt zudem, dass Artikel, die viral gehen, dies nicht wegen ihres guten Inhaltes tun, sondern allein wegen der Überschrift. Für eine gute Überschrift kann man Metaphern nutzen, Zahlen integrieren, kontrovers oder provokativ sein, eine Frage aufwerfen. Was beispielsweise gut funktioniert, ist eine Wie-Zeile: »5 Tipps, wie du eine gute Überschrift findest«.

Von ihrer großen Liebe zum Storytelling erzählt uns jetzt Doro Reppel.

### 2.26.4    VIP: Doro Reppel, Marketingberaterin, Creative Director und Dozentin

Eine große Liebe: Storytelling

**Doro Reppel ist seit vielen Jahren selbstständig im Marketing tätig. Ihr Expertise liegt im Content-Marketing mit dem Schwerpunkt Storytelling. Neben ihrer Tätigkeit als Creative Director, Coachin und Bloggerin arbeitet sie u. a. als nebenberufliche Lehr-**

**beauftragte an der Hochschule für Ökonomie und Management (FOM). Mehr Informationen auf** www.dororeppel.com **und** www.linkedin.com/in/doro-reppel-26226b5b/.

An welche schönen Augenblicke erinnerst du dich, wenn du an deine Kindheit zurückdenkst? Ich denke sofort an das leise Ticken der Uhr, den Duft von warmem Kakao und an die vertraute Stimme meiner Oma. Wenn ich bei ihr war, gab es immer was zu erzählen und ich liebte ihre Geschichten. An die meisten kann ich mich heute noch gut erinnern. Genau diese Erinnerungsleistung ist es, die auch professionelles Storytelling im Marketing so einzigartig macht.

> **!**  **Komprimiert!**
>
> Wo typische Werbebotschaften oder nackte Daten und Fakten immer wieder an ihre kommunikativen Grenzen stoßen oder mit hohem Werbedruck penetriert werden müssen, gewinnt Storytelling mit einer über 20-fachen Erinnerungsleistung.

Überleg mal, wie positiv sich das auf dein Werbebudget auswirken kann. Klar, auch eine Marketing-Story muss im Namen erfolgreicher Marktdurchdringung wieder und wieder erzählt werden. Doch hast du deine strategisch gut aufgebaut, erreicht sie deine Kunden nachweislich nachhaltiger.

### Und es grüßen die Hormone

Positive Side Effects belegt auch die Neurowissenschaft. Unser Gehirn ist auf Storytelling von Natur aus »eingestellt«. Hören wir Geschichten, werden gleich mehrere Gehirnareale aktiviert. Wir verbinden und verbünden uns mit der Erzählung. Wir antizipieren, wir fiebern mit und oft ist es so, als wären wir selbst Teil der Geschichte. Bei diesem Involvement und der hohen Identifikationsleistung, die Storytelling mit sich bringt, sind auch die Hormone beteiligt: Je spannender die Geschichte, je näher es auf den Höhepunkt zugeht, steigt die Cortisol-Ausschüttung im Körper. Im Umkehrschluss – wenn das Happy End in Sicht kommt, werden wir mit dem Glücks- oder Belohnungshormon Dopamin beschenkt. Wir sind erleichtert, glücklich oder wir sehen uns wieder einmal darin bestätigt, dass das Gute, die Gerechtigkeit oder die Liebe einfach siegen musste.

### Emotionen und Empathie sind wie Pfeffer und Salz für deine Story

Wenn du mit Storytelling arbeiten möchtest, geht es darum, die Wünsche, Bedürfnisse, vor allem aber auch die Probleme deiner Wunschkunden zu verstehen. Dieses Verständnis setzt Empathie voraus. Also, wenn ich dir an dieser Stelle drei wichtige Tipps mit auf den Weg geben kann:

⇨ Analysiere deine Zielgruppe sehr genau, verstehe ihre Pain und Pleasure Points.

⇨ Sei empathisch, fühle mit, um anschließend deine Werte und vor allem dein »Warum du etwas tust« auf emotionale Weise zu verweben.

⇨ Scheue dich nicht, Konflikte und Probleme emotional anzusprechen. Genau dann hast du eine gute Grundlage für Storys, die emotional berühren.

**Keine Story ohne HeldInnen!**

Hast du deine Zielgruppe klar im Fokus, geht es nun darum, aus der Menge heraus EINEN Charakter zu inszenieren, einen Protagonisten, die Hauptfigur.

**Komprimiert!**

Finde eine Figur, die eine größtmögliche Identifikation bietet. Du kannst auch mit mehreren ProtagonistInnen arbeiten.

!

Wichtig ist, dass du die Wünsche, die Probleme, die Themen deiner Kunden bestmöglich herausstellst und nicht dich selbst oder deine Angebote.

Nimm stattdessen lieber die Rolle als MentorIn oder UnterstützerIn an – was konsequenterweise bedeutet, auf sympathisch-souveräne Weise in den Hintergrund zu treten.

**Nike – Dream crazy. Ein Storytelling-Meisterwerk**

Ich lege dir sehr ans Herz, dir die Arbeit von Nike »Dream Crazy« anzusehen. Dieses Storytelling wurde zum kleinen Drama. Auch gesellschaftlich. Du kannst lernen, wie Storytelling funktioniert, wie eine Nation polarisierend darauf reagiert (durch Testimonial und Footballspieler Colin Kaepernik) und wie Nike als Brand den Mut beweist (Mut ist übrigens eine der wichtigsten Zutaten im Storytelling), klare Kante und eine starke Haltung zu haben. Am Ende der Geschichte steht da eine gestärkte Marke, die Menschen in ihren verrücktesten Träumen unterstützt, die sich trotz heftiger Angriffe und Attacken nicht verbiegen lässt und deren herausragende Kommunikationsarbeit durch nach oben schnellende Börsenwerte belohnt wird. Apropos Belohnung: Die wartet auch auf dich, wenn du jetzt mit professionellem Storytelling startest.

## 2.27   Zauber

*Zauberkunst ist das einzig ehrliche Gewerbe der Welt. Ein Zauberkünstler*
*verspricht, Sie zu täuschen – und tut es dann auch!*
Karl Germain

### 2.27.1   Höchste Kunst – Ein verzaubernder Moment

Zauberer verkaufen Träume. Und das tun wir manchmal auch im Marketing. Wenn Marketing verzaubert, dann ist das höchste Kunst. Ebenso, ein Produkt mit einer Magie zu versehen, so dass der Kunde es unbedingt haben möchte – obwohl er es vielleicht gar nicht braucht. Wichtig ist natürlich, dass du diese Magie aufrechterhalten kannst. Das Produkt darf nicht enttäuschen. Das Marketingversprechen sollte eingehalten werden.

Dazu eine bezaubernde Geschichte, die meine Freundin Meral vor 23 Jahren erlebt hat, als sie bei McDonalds gearbeitet hat. Eines Tages kam ein junger Mann, gutaussehend im Anzug, in die Filiale. Er ging schnurstracks zu einem leeren Tisch, packte aus seiner Tasche eine Tischdecke, Besteck, Teller, schöne Gläser und einen Kerzenleuchter. Meine Freundin Meral schaute verwundert. Er kam zu ihr, bestellte zwei Mal das französische Menü (damals gab es die Französische Woche), bat sie, das Essen ausnahmsweise an den Tisch zu bringen und fragte, ob sie das Wasser in seine mitgebrachten Gläser einschenken könnte. Er zahlte, ging heraus und kehrte zurück mit einer jungen Frau im Abendkleid, deren Augen verbunden waren. Am Tisch nahm er ihr die Augenbinde ab und ihr kullerten Freudentränen über die Wangen. Der Mann bemerkte die fragenden Blicke meiner Freundin und erklärte ihr nach dem Essen: »Ich hatte meiner Freundin zum bestandenen Abitur ein tolles, französisches Menü in einem Restaurant versprochen. Ich habe aber leider zurzeit nicht so viel Geld. Ich wollte sie aber trotzdem ein wenig verzaubern.« Der verliebte Blick der jungen Frau zeigte Meral, dass er das mit dieser hinreißenden Aktion geschafft hatte. Ich habe diesen zauberhaften Moment, diese Geschichte meiner Freundin, bis heute nicht vergessen.

> **!**   **Komprimiert!**
> Manchmal sind es genau diese zauberhaften Momente, die wir durch ein besonderes Erlebnis schaffen können und die bei dem anderen sehr lange in Erinnerung bleiben.

Für die Pilgerer unter uns mag dies ein solcher Moment sein: Wenn die beiden Mönche, die auf dem Jakobsweg ein Hostel führen, die Gäste morgens mit dem Ave-Maria wecken. Unerwartet, Gänsehaut pur, verzaubernd.

Beide Beispiele haben mit einem Überraschungseffekt zu tun, wie beim Zauberkünstler eben auch. »Zauberkunst ist dann gut«, schreibt die österreichische Zeitung Der Standard, »wenn das Offensichtliche nicht rational erklärt werden kann.« Was Marketing von Magie lernen kann, darüber berichtet der Deutschlandmeister im Zaubern, Gaston Florin, gleich noch ein wenig mehr.

### 2.27.2  Das magische Dreieck – Auch Planung kann zauberhaft sein

Hast du schon einmal vom magischen Dreieck gehört? Das gibt es u. a. in der Vermögensanlage, im Fußball und im Projektmanagement, der Planung. Es ist einer der ganz wichtigen Basisfaktoren beim Marketing und beim Aufsetzen von Kampagnen.

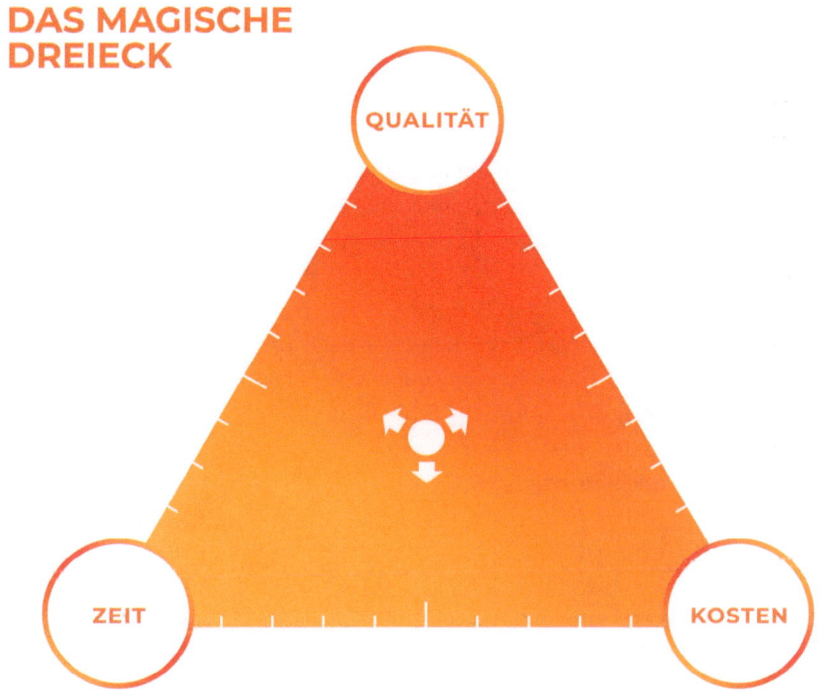

**Abb. 46:** Das magische Dreieck

Das magische Dreieck beinhaltet symbolisch die zentralen Aspekte im Projektmanagement. Vielleicht hast du schonmal von den drei Erfolgskriterien bei Projekten gehört: »In time, in budget, in scope«.

⇨ Die **Zeit** steht dabei für den Zeitraum und den Zeitpunkt, in dem das Projekt abgeschlossen sein sollte, die bestehenden Deadlines, der Startpunkt etc. – Timing ist alles!

⇨ Das **Budget** steht für die Kosten- und eventuelle Einnahmenplanung, die Höhe des Budgets, woher es kommt, aber auch notwendige Natura/Sachmittel und Personalkosten.

⇨ Die **Qualität** steht für die Leistung, die erbracht werden sollte, und die Qualität der Arbeit. Dieser Aspekt hat Einfluss auf den Inhalt, den Umfang und das Ergebnis des Projekts.

Das magische Dreieck kann bei der Planung helfen, die Kosten zu definieren, das richtige Timing zu bestimmen, Ziele zu setzen, KPIs zu definieren, Risiken einzuschätzen, das Monitoring im Auge zu behalten und beizusteuern, wenn es sein muss und zu einer Einschätzung, einer Analyse des Ergebnisses zu kommen.

Kennst du das bei der Planung auch? Die Qualität soll hoch sein, aber es ist keine Zeit da. Oder aber wir haben viel Zeit, aber kein Geld. Die Folge? Es werden Leistungen gekürzt, damit man im Budgetrahmen bleibt, oder es werden Überstunden gemacht (wodurch Extrakosten anfallen), damit man das Timing einhält. Das alles sind Konflikte, die aufkommen können.

Daher ist es wichtig, dass sich alle beteiligten Stakeholder der drei Aspekte bewusst sind, dass man eine Planung macht, hinter der alle stehen, und auch das Erwartungsmanagement im Auge gehalten wird. Spannungen und Uneinigkeit sollten so klein wie möglich gehalten werden.

So kann auch Planung magisch werden! Aber dafür braucht es das Zutun aller. Die Magie erscheint erst im Zusammenspiel der drei Elemente und aller Beteiligten. Dann kann mit Hilfe des magischen Dreiecks Zauber daraus werden.

Nun zeigt uns der Weltenverknüpfer Gaston Florin, wie er Magie und Marketing verbindet.

### 2.27.3   VIP: Gaston Florin, Weltenverknüpfer, Perspektivenlieferant, Profikindskopf

> Magie und Marketing: Du wirst staunen, was sie gemeinsam haben.

**Vielfach ausgezeichnet und weltweit unterwegs verbindet Gaston Florin als Vortragender und Bühnenkünstler geistreiche Unterhaltung mit ansteckender Spielfreude. Als Magier mit einzigartiger komödiantischer Begabung gewann er unter anderem die Titel »Deutscher Meister« und »Weltmeister der Zauberkunst« sowie den von Siegfried & Roy in Las Vegas verliehenen Sarmoti Award. Als Experte für Körpersprache und Verwandlungs-Fachmann war er bereits für zahlreiche Theater-**

**produktionen und Firmen tätig. Mehr Informationen auf** www.gaston-florin.de **und** www.linkedin.com/in/gaston-florin-07986b36/.

Mein Name ist Gaston Florin. Ich bin Zauberkünstler und Schauspieler aus vollem Herzen, Keynote Speaker, Trainer und Coach. Ich bin Perspektivenlieferant, Weltenverknüpfer und vor allen Dingen Profikindskopf. Ja, ich gestehe. Das bin ich. Ein Kindskopf und ein Profi. Und als solcher ist es mir wichtig, euch alle zum Staunen zu bringen. Staunen über die Welt und über uns Menschen. Staunen über das ganz Alltägliche und das Außergewöhnliche. Staunen über Inhalte, Produkte oder Zauberkunststücke. Ich liebe es, komplexe Sachverhalte auf unterhaltsame Weise in verdauliche Happen zu verwandeln. Ich liebe es, unvergessliche Glanzlichter zu setzen. Und ich finde es unwiderstehlich, die Verbindung zwischen inhaltlichem Tiefgang und spielerischer Leichtigkeit zu suchen, zu finden und zu zeigen. Ich bin also ganz schön vieles – nur eines bin ich tatsächlich nicht: Marketingexperte (sonst würdest du mich ja kennen, nicht wahr?). Aber Marketing und Magie haben eine ganze Menge gemeinsam und das nicht nur, weil in der Werbung Worte wie magisch, zauberhaft oder wundervoll recht gern benutzt werden.

In beiden Metiers geht es um die Überraschung. Es geht darum, Botschaften klar und verständlich zu kommunizieren. Im besten Falle kommt das Gegenüber ins Staunen und die Botschaft verankert sich als positives Gefühl.

---

**Komprimiert!** !

Die Faszination der Zauberkunst beruht auf Überraschung, dem Möglichmachen des Unmöglichen und damit dem Versprechen, Träume wahr werden zu lassen.

---

Arturo de Ascanio, einer der bedeutendsten Theoretiker der Zauberkunst unserer Zeit, definierte Zauberkunst frei übertragen ungefähr so: Der magische Effekt entsteht durch die Diskrepanz zwischen Situation A und Situation B – diese Diskrepanz erzeugt das Staunen. Was er damit meint, ist an einem einfachen Beispiel leicht zu verstehen: dem Verschwinden einer Münze. Situation A ist die Anwesenheit der Münze in der Hand und Situation B ist die Abwesenheit eben dieser Münze. Beide Situationen braucht es, damit im Bewusstsein des Zuschauers das Wunder der verschwundenen Münze entsteht. Nur wenn ich verstanden habe, dass die Münze da war und es jetzt nicht mehr ist und ich nicht weiß, wie es vor sich ging, entsteht Verwunderung. Aus der Diskrepanz entsteht die Unmöglichkeit, entsteht das Staunen.

Daneben erfüllen Zauberkünstler seit Urzeiten die Träume der Menschen. Das klassische Kaninchen aus dem Zylinderhut spielt mit dem Traum von der Erschaffung des Lebens, die zersägte Jungfrau erzählt von der Heilung und der Auferstehung von den Toten, der Münzfang verspricht die Lösung aller materiellen Nöte. Die Geschichten sind seit Generationen also immer wieder dieselben (wobei z. B. der Münzfang in der Nachkriegszeit durch den Zigarettenfang ersetzt wurde – Zigaretten, waren als Symbol für Zahlungskraft zu diesem Zeitpunkt einfach viel treffender). Die Nöte der Menschen, der Kunden zu kennen und passende, wunderbare Lösungen dafür parat zu haben, das vereint Marketingexperten und Zauberkünstler.

> **!**  **Komprimiert!**
>
> Als Magier löse ich die Probleme mit Hilfe eines Zauberspruchs, als Marketingmensch mit Hilfe eines Produktes oder Services.

### Wie kreiert man eine gute Überraschung?

Zum einen erzeuge ich eine Diskrepanz zwischen Situation A und Situation B, frei nach Ascanio. Ist dabei der Sprung aber zu groß, sagen wir ein geliehener Geldschein verwandelt sich in ein Ei, das in einer Orange auftaucht, dann entsteht kein Staunen – das ist zu weit weg. Was haben Geldschein, Ei und Orange gemeinsam und wie weiß ich, dass das Ei der Geldschein ist? Hier ist der Sprung zu groß. Wenn der Geldschein in der Orange auftaucht, ist das unmöglich, aber für mich nachvollziehbar, oder wenn das Ei die Farbe des Geldscheins hätte und die Unterschrift des Zuschauers trüge, könnte ich nachvollziehen, dass der Geldschein jetzt das Ei ist. Oft ist hier weniger mehr – im Marketing wie in der Magie – und es geht darum, den Zuschauer auf diese Reise in die Unmöglichkeit Schritt für Schritt mitzunehmen. Dabei sind die erstaunlichsten Momente für Zuschauer, wenn die Magie mit ihren persönlichen Dingen passiert, ihrem Ehering, ihrem Geldschein, ihrer Uhr. Das Wunder wird dadurch betont und personalisiert, der Zuschauer fühlt sich gemeint – das Wunder ist für ihn. Eine Idee fürs Marketing: Wenn das Gegenüber persönlich gemeint ist, ist es für die betreffende Person immer um so vieles wertvoller.

Als Zauberkünstler bin ich Geschichtenerzähler. Ich erzähle Geschichten vom Wunderbaren. Je persönlicher diese sind, umso unmittelbarer ist die Wirkung auf das Publikum. Sie handeln vom Möglichmachen des Unmöglichen und geben dadurch dem Zuschauer das Versprechen der Ermächtigung. Der Ermächtigung, die eigenen Träume Wirklichkeit werden zu lassen oder die eigenen Nöte zu lösen. Dabei geht es immer um zutiefst menschliche Bedürfnisse, die immer wieder neu erzählt werden, mal als Kartentrick, mal als Großillusion.

Gerade im Moment spielt der digitale Raum für Kunst und Marketing eine immer größere Rolle. Manche meiner Kollegen hadern massiv mit diesem neuen Raum. Man kann die Menschen hier oft nicht sehen oder sonst wie wahrnehmen. Wie soll ich die Unmittelbarkeit der Zauberkunst in diesen Raum übertragen? Das erscheint vielen als unmöglich. Dabei vergessen sie aus meiner Sicht, dass jeder Raum, in den ich meine Wunder bringe, anders funktioniert: Ein Varieté funktioniert anders als ein Amphitheater, eine Show im Wald anders als eine im Bierzelt. Die Geschichten müssen anders erzählt werden, haben unterschiedliche Rhythmen und Tempi. Aber ich habe an all diesen Orten schon magische Shows erlebt und auch im Internet gibt es Kollegen, die erfolgreiche Experimente gestartet haben. Mein Ansatz ist es, mit diesen neuen Räumen zu spielen, zu experimentieren und sehr oft analoge und digitale Lösungen zu mischen: Mal ist der Hintergrund echt und analog, mal verschicke ich Requisiten an die Zuschauer, damit das Wunder wirklich bei ihnen zu Hause passiert, mal nutze ich alle digitalen Möglichkeiten, um das Staunen auf den Bildschirm zu zaubern. Manchmal ist die Lösung dabei ganz einfach.

Es gibt ein Kartenwunder (Ambitious Card): Eine vom Zuschauer unterschriebene Karte wandert immer wieder an die oberste Stelle im Spiel, egal wohin man sie im Spiel steckt. Dieses Kunststück ist ein Klassiker seit vielen Jahren, fast überall auf der Welt. Im Internet ist es nicht einfach vorzuführen, weil der Zuschauer die Karte nicht unterschreiben kann und damit die unmittelbare Personalisierung nicht stattfindet und die Überzeugungskraft schon ein klitzekleines bisschen leidet, wenn der Zauberer die Karte selbst unterschreibt. Meine Lösung? Ich lasse von den Zuschauern eine Karte frei nennen. Danach bitte ich sie, mir Worte zu sagen oder in den Chat zu schreiben, Worte, die ihnen gerade wichtig sind (persönlich oder für das Unternehmen oder für den aktuellen Anlass – was auch immer). Diese sehr spezifischen Worte schreibe ich dann auf die Spielkarte. Damit ist klar, dass sie jetzt ein in diesem Moment entstandenes Unikat ist. Nun funktioniert das Staunen wieder, sogar besser als sonst, weil die Kamera jetzt das Wunder für alle gleichermaßen sehr gut sichtbar macht – näher kann man einem Zauberer nicht auf die Finger gucken.

Jeder Raum hat seine ganz spezifischen Möglichkeiten und Einschränkungen – diese gilt es zu nutzen, als Zauberkünstler oder fürs Marketing.

# Zum Ende – Welches keines ist

*Nicht am Ziel wird der Mensch groß, sondern auf dem Weg dahin.*
Ralph Waldo Emerson

So viele Fragen und Themen sind dir in diesem Buch begegnet. Das erste Kapitel war ein komprimierter Streifzug durch das Marketing von gestern, heute und morgen. Es sollte als kurzer Einstieg und Überblick in die Thematik dienen und es würde mich sehr freuen, wenn diese kurze Reise dir neue und interessante Einblicke gewährt hat. Im zweiten Kapitel habe ich dir mein Erfolgs-ABC vorgestellt und hoffe, dass du dort ebenfalls viele Impulse bekommen hast.

### Noch einmal: Konzentriert!

Wie steche ich heraus bei all der Konkurrenz? Wie erreiche ich neue Kunden? Wie kann ich Bestandskunden zu mehr Käufen motivieren? Mit welchen Marketing-maßnahmen erreiche ich mein Ziel? Wie sorge ich für Reichweite? Wie erreiche ich die Richtigen? Wie kann ich eine starke Markenpositionierung erreichen? Effizienteres Marketing umsetzen? Verbesserte Kundenzufriedenheit erreichen? Wirtschaftlichen Erfolg erzielen? Wie schaffe ich eine digitale Transformation im Marketing? Wie kann ich den Wert der Angebote steigern? Wie kann ich die Wirkung der Marke erhöhen? Wie kann ich mich bzw. mein Unternehmen identitäts-basiert und glaubwürdig positionieren?

Jedes der 26 Elemente verdient ein eigenes Buch. Ich hoffe, sie konnten dich dennoch, auch in der Kürze, inspirieren und neue Perspektiven schenken. Ich hoffe sehr, du konntest in meinen 26 Erfolgselementen viele Antworten finden – oder wirst es noch tun.

Authentizität
Begeisterung ServiCe
BinDung **MEHR** NachhaltigkEit
AuFmerksamkeit Gemeinsamkeit
Hand aufs Herz KreatIvität
Im Hier und Jetzt **ALS** Kommunikation
Leadership **MARKETING** WirksaMkeit
SinN HumOr
Professioneller Vertrieb Qualität BRanding
BotSchafter PosiTiv MUt Vertrauen
Wandel EXtras StorYtelling
Zauber

Es sind 26 Elemente, die teils unterschiedlicher nicht sein könnten und teils sehr eng miteinander verbunden sind, quasi Hand in Hand gehen. Eines haben sie auf jeden Fall gemeinsam: Sie sorgen alle dafür, dass du Menschen erreichen und begeistern kannst!

**!** **Mein Erfolgs-ABC**

Jedes der 26 Elemente bildet ein MEHR-ALS-MARKETING-Detail für das große Ganze: für deine Vision, für deinen Erfolg. Und das Ganze ist mehr als die Summe seiner Teile.

Menschen zu erreichen und zu begeistern ist auch notwendig in der heutigen komplexen Zeit, in der Botschaften im Überfluss auf uns einprasseln und unsere Aufmerksamkeit für eine einzelne Neuigkeit oder Information immer mehr schwindet.

Die Zeiten, in denen Kunden oder Geschäftspartner so loyal waren, dass sie dir immer treu bleiben, sind lange vorbei. Sie kommen nicht mehr jedes Mal automatisch zu dir, sondern schauen oft erst, was die Mitbewerber anbieten. Sie haben hohe Erwartungen und diese ändern sich ständig. Wir erleben, dass in Zeiten der Digitalisierung die Beziehung, das Marketing und die Kundenerlebnisse immer wichtiger werden.

Du solltest dafür sorgen, dass du heraussstichst, überraschst, berührst und beeindruckst, wenn du eine dauerhaft gute Beziehung zwischen dir und deiner Zielgruppe aufbauen und prägen willst. Gerade jetzt ist es ganz besonders von Bedeutung, den Unterschied zu machen und bei deinen Kunden, Geschäftspartnern und Mitarbeitern einen dauerhaft positiven Eindruck zu etablieren. Die 26 Elemente sind der Schlüssel dazu. Denn sie sorgen dafür, dass deine Marke, dein Business und dein Unternehmen bestehen bleiben, du erfolgreich bist und deine Kunden zu wahren Fans werden.

Nun sind wir also am Ende, welches keines ist. Denn für mich wie für dich geht es weiter, jeden Tag aufs Neue mit hoffentlich vielen begeisternden Momenten. Ich wünsche dir von Herzen viel Erfolg und vor allem Freude beim Ausprobieren, Umsetzen, Scheitern, Geschichten erzählen, Lernen, Anpassen, Zuhören und Zaubern!

PS: Wenn ich dir zur Seite stehen, dich beraten kann, dann kontaktiere mich gerne über info@anoukellensusan.de. Natürlich freue ich mich auch sehr auf dein Feedback! Du kannst mir dazu gerne eine Mail schreiben, auf Amazon eine Bewertung hinterlassen oder mich auf Social Media unter Anouk Ellen Susan kontaktieren mit dem Hashtag #MehrAlsMarketing.
Bis dahin – ich freue mich auf unseren Austausch!

# Danke

Ich durfte schon als 16-Jährige in einer Marketingabteilung arbeiten und so hat sich meine Liebe zum Marketing und zur Branche in den vergangenen 30 Jahren immer weiterentwickelt. Ich habe sehr viel lernen dürfen und lerne noch, das hört ja nie auf. Ich habe viele unvergessliche, auch internationale Erfahrungen gemacht und meinen beruflichen Weg in der Marketingbranche gefunden. Ich bin diesem Weg gefolgt und habe all meine Jobs mit Liebe ausgeführt. Ich durfte jahrelang in einer Führungsposition im Marketing arbeiten und habe mit so vielen tollen Menschen zusammenarbeiten dürfen, im Unternehmen selbst, aber auch mit Geschäftspartnern und Kunden. Ob in Deutschland, in den Niederlanden, europaweit oder in Japan, den USA und vor allem in China. Für diese (Marketing-)Erfahrungen und Begegnungen mit wunderbaren Menschen bin ich unendlich dankbar.

Dieses Buch ist mir sehr wichtig, denn ich habe nach meinen diversen Marketingausbildungen und den vielen Jahren Berufserfahrung meinen eigenen Blick aufs Marketing gewonnen. Ich hoffe, ich kann dir damit bei deiner (Marketing-)Arbeit in deiner Branche behilflich sein.

**Auf ein Schlusswort**     **!**

Du musst nicht jeden (Um-)Weg allein gehen. Und du darfst auch mal Abkürzungen nehmen.

Ich hoffe, dieses Buch ist für dich eine Art Abkürzung, mit interessanten und bereichernden Einblicken. Für mich ist dieses Buch ein Herzensprojekt. Ich hoffe, ich habe dich ein wenig mitnehmen können ins Marketing von heute und vor allem von morgen, zu den vielen Facetten, wie wir Menschen erreichen und begeistern können. Ich danke dir herzlichst für dein Interesse und den Kauf dieses Buches.

26 tolle, faszinierende, professionelle und interessante ExpertInnen und MarketingkollegInnen haben mir mit ihrem Input geholfen. Euch allen gebührt ein großes DANKESCHÖN! Danke, dass ihr eure Sicht der Dinge, eure Expertise mit mir und den LeserInnen geteilt habt. Jeden Einzelnen von euch schätze ich ungemein in eurem speziellen Wissen. Ihr seid wirklich klasse! Und euer Zutun beweist erneut: Alleine ist man schneller, gemeinsam kommt man weiter. Mit euren Beiträgen, jedem einzelnen, ist das Buch zu dem geworden, was es nun ist. Das macht mich sehr glücklich. Dafür bin ich sehr dankbar.

Ich möchte dir, Judith, herzlichst dafür danken, dass du mich in dem Prozess so großartig begleitet und dich beim Haufe Verlag so für mich eingesetzt hast.

Danke, liebe Juliane, du bist eine tolle Lektorin. Ich freue mich sehr über unser Kennenlernen!

Danke, liebe Claudia, auch beim Schreiben dieses Buchs warst du mir wieder eine wunderbare Sparringspartnerin! Never change a winning team.

Das gilt auch für dich, Sebastian, der du auch in meinem vierten Buch die Abbildungen gestaltet hast. Tausend Dank, du bist absolut klasse.

Ich danke meinem Mann, ich danke dir, Andreas, der du die Ruhe hattest, mich drei Bücher in einem Jahr schreiben zu lassen und die vielen Male, die der Wecker sehr früh morgens (auch am Wochenende) schrillte, tapfer ertragen hast. Ich danke dir von Herzen für deine unermüdliche Unterstützung!

**!  Für Louk und Lino**

Von Herzen möchte ich dieses Buch meinen beiden Neffen, Louk und Lino, widmen. Ihr seid jetzt im gleichen Alter, in dem ich die Liebe zum Marketing entdeckt habe.
Ihr seid aufgewachsen im digitalen Zeitalter, geht jetzt bald eure eigenen beruflichen Wege, macht eure eigenen Karrieren. In welcher Branche auch immer: Ich stehe euch als Tante immer von Herzen zur Seite. Jungs, ich liebe euch.

# Quellenverzeichnis

Absatzwirtschaft, Zeitschrift für Marketing 9/20.

Berndt, Jon Christoph (2014): Die stärkste Marke sind Sie selbst! 5. Auflage. Kösel Verlag.

Burmann, Christoph/Halaszovich, Tilo Schade, Michael/Piehler, Rico (2018): Identitätsbasierte Markenführung; 3. Auflage. Springer Gabler.

Esch, Franz-Rudolf/Kochann, Daniel (2003): Kunden begeistern mit System: In 5 Schritten zur Customer Experience Execution. Campus-Verlag.

Fuchs, Martina (2018): Digital Expert Branding. 1. Auflage. Haufe Verlag.

Glattes, Karin (2016): Der Konkurrenz ein Kundenerlebnis voraus: Customer Experience Management – 111 Tipps zu Touchpoints, die Kunden begeistern. Springer Gabler.

Jose, Davey/Toney, Anton (04/2016): HSBC Global Research, The Nomadic Investor, Tomorrow's World: The Virtual Reality Age begins.

Lundin, Stephan C. (2015): Fish! Ein ungewöhnliches Motivationsbuch. Redline Wirtschaft.

Mayerhofer, Dr., Bastian: Humor in der Werbung. Erkenntnisse aus der Grundlagenforschung für eine erfolgreiche Anwendung. (Essay)

Robier, Johannes (2016): Das einfache und emotionale Kauferlebnis – Mit Usability, User Experience und Customer Experience anspruchsvolle Kunden gewinnen. Springer Gabler.

Spiegel, Uta/Engel, Dirk/Baetzgen, Andreas (2015): Brand Experience: Marketing als ein guter Reisebegleiter – Warum qualitative Methoden zum Verständnis der Customer Journey entscheidend sind. Schäffer-Poeschel Verlag.

Susan, Anouk Ellen (2020): Upgrade yourself – Souverän und selbstbewusst als Frau im Job. Haufe Verlag.

Thelen, Frank (2020): 10XDNA: Das Mindset der Zukunft. Frank Thelen Media.

Thompson, Derek (2017): Hitmakers – Aufmerksamkeit im Zeitalter der Ablenkungen. Redline Verlag.

**Onlinequellen:**

(Alle Seiten letztmalig abgerufen im März 2021)

Beilharz, Felix (2016): Außergewöhnliches Social Media Marketing: 5 Unternehmen machen es richtig, https://onlinemarketing.de/social-media-marketing/aussergewoehnliches-social-media-marketing-5-unternehmen-beispiele.

Ben & Jerry's (2021): Unsere Werte, https://www.benjerry.de/unsere-mission.

Birkner, Helena (08.05.2020): Alnatura wird im Netz positiver besprochen als jede andere deutsche Supermarkt-Kette, https://www.horizont.net/marketing/nachrichten/analyse-zur-kundenzufriedenheit-alnatura-wird-im-netz-positiver-besprochen-als-jede-andere-deutsche-supermarkt-kette-182848.

Bonner, Maike/Jacobs, Thorsten (2020): Studie: Treue Verbindung, http://www.deutschlandtest.de/de/wp-content/uploads/DT-2020-Kundentreue.pdf.

Borbonus, Rene (15.10.2014): Mit einem Lächeln zum Erfolg, https://www.marketing-boerse.de/fachartikel/details/1442-mit-einem-laecheln-zum-erfolg---warum-es-sich-lohnt-freundlich-zu-sein/49547.

Brandwatch (2019): Verbrauchertrends 2020, https://www.brandwatch.com/de/reports/verbrauchertrends-fuer-2020/view/

Codella, Daniel (15.06.2018): Die siegreiche Coca-Cola-Formel für eine erfolgreiche Kampagne, https://www.wrike.com/de/blog/die-siegreiche-coca-cola-formel-fuer-eine-erfolgreiche-kampagne/.

das.wirtschaftslexion.com (2016): Marketing, http://www.daswirtschaftslexikon.com/d/marketing/marketing.htm.

Decker, Allie (20.08.2018): The Ultimate Guide to Emotional Marketing, https://blog.hubspot.com/marketing/emotion-marketing.

DPMA (03.03.2021): Aktuelle Statistiken: Marken, https://www.dpma.de/dpma/veroeffentlichungen/statistiken/marken/index.html.

DZW, Studie zur Internetnutzung (2020): 20 Millionen Senioren bleiben auf der Strecke, https://www.dzw.de/studie-zur-internetnutzung-20-millionen-senioren-bleiben-auf-der-strecke.

Eberhardt, Henning (13.11.2019): Wie wichtig ist Purpose fürs Marketing und für Konsumenten? https://www.absatzwirtschaft.de/wie-wichtig-ist-purpose-fuers-marketing-und-fuer-konsumenten-167029/.

Eckel, Till (11.05.2020): Die Krise aus Sicht eines Kreativen: Warum Corona die Kreativität befreit, https://www.horizont.net/agenturen/kommentare/die-krise-aus-sicht-eines-kreativen-warum-corona-die-kreativitaet-befreit-182863.

Edelman (05.12.2018): 2019 B2B Thought Leadership Impact Study, https://www.edelman.com/research/2019-b2b-thought-leadership-impact-study.

Experience Economy (14.08.2019): Das Business der Zukunft hat Gefühle, https://www.computerworld.ch/technik/sap-schweiz/experience-economy-business-zukunft-gefuehle-1745780.html.

Friebe, Solvey (2020): TRUSTED BRANDS 2020 – Reader‹s Digest (rd-markengut.de), http://www.rd-markengut.de/trusted-brands/trusted-brands-2020SAP.

Gatterer, Harry (2019): Die 5 wichtigsten Megatrends für Unternehmen in den 2020er Jahren, https://www.zukunftsinstitut.de/artikel/die-5-wichtigsten-megatrends-fuer-unternehmern-in-den-2020ern/.

Guneliu, Susen (12.02.2014): Data proves: Word of Mouth Marketing works, https://aci.info/2014/02/12/data-proves-word-of-mouth-marketing-works-infographic/.

Harvey, Andrew (2017): European Marketing 2020, https://www.marketingverband.de/fileadmin/der_dmv/studien/European_Marketing_2020_-_Eine_Studie.pdf.

Hedinger, Kirsten (29.04.2020): Vertrauenswürdigste Marken 2020, https://www.presseportal.de/pm/32522/4583668.

Huber, Stefan (02.05.2016): Die Zukunft der Kreativbranche: Roboter vs. Mensch?, https://how2.expert/blog/roboter-vs-mensch.html.

Huppertz, Liesa (11.09.2018): 7 Marketing Gurus, die Sie und Ihr Unternehmen weiterbringen, https://blog.mynd.com/de/erfolgreiche-marketing-gurus.

JeScham (20.12.2019): Die 10 größten Marketing Online Lügen, https://hamsterradrebellin.de/online-marketing-luegen/.

Kirkpatrick, David (20.06.2016): Study: 59 % of readers will share this link on social media without actually reading it, https://www.marketingdive.com/news/study-59-of-readers-will-share-this-link-on-social-media-without-actually/421194/.

Kollat, Christopher (23.01.2019): 5 Dinge, die Marken authentisch machen, https://www.wuv.de/marketing/5_dinge_die_marken_authentisch_machen.

Kopp, Olaf (2018): Marketing Evolution von Werbung zu Content, von Push zu Pull, http://kopp.bohnline.net/marketing-evolution-von-werbung-zu-content-von-push-zu-pull.

Krutzler, David (14.09.2014): Ehrlich betrogen werden, https://www.derstandard.at/story/2000006052626/ehrlich-betrogen-werden.

Kuhlman-Rhinow, Inken (13.07.2020): 20 Content Marketing Experten die Sie kennen sollten, https://blog.hubspot.de/marketing/content-marketing-vordenker-aus-deutschland.

Kuntner, Bernhard (05.02.2021): Digital Marketing Trends 2021, Die wichtigsten Entwicklungen im Überblick, https://www.digital-minds.agency/digital-marketing-trends/.

Linatech GmbH (28.01.2019): Was wird 2022 sein? 14 Prognosen für das digitale Marketing, https://www.marketing-boerse.de/fachartikel/details/1905-was-wird-2022-sein-14-prognosen-fuer-das-digitale-marketing--infografik/153417.

Mai, Jochen (27.01.2021): Personal Branding: Karriere per Eigenmarke, https://karrierebibel.de/personal-branding/.

Manager Magazin (14.01.2020): Die wichtigsten Verbrauchertrends, https://www.manager-magazin.de/unternehmen/handel/top-10-global-consumer-trends-report-von-euromonitor-international-a-1304088.html.

Markowski, Vanessa (2020): 11 Qualitätsfaktoren im Content Marketing, https://www.omt.de/content-marketing/11-qualitaetsfaktoren-im-content-marketing/.

Marsden, Paul (07.02.2019): Diese 3 Trends bestimmen das Konsumverhalten 2019, https://www.horizont.net/agenturen/kommentare/in-zeiten-des-vertrauensverlusts-diese-3-trends-bestimmen-das-konsumverhalten-2019-172782.

Mattgey, Annette (22.11.2017): Ben & Jerry‹s: Drei mal höhere Produktbekanntheit dank Schönwetter-Werbung, https://www.wuv.de/tech/ben_jerry_s_drei_mal_hoehere_produktbekanntheit_dank_schoenwetter_werbung.

Mohsin, Maryam (26.11.2020): 10 TikTok Statistiken, die du kennen solltest, https://www.oberlo.de/blog/tiktok-statistiken#:~:text=TikTok%20hat%20weltweit%20800 %20Millionen,App%20Store%20von%20Apple%20ausgezeichnet.

Müller, Michael: Marktforschung mit Neuromarketing, http://www.marktforschung-mit-neuromarketing.de/seite-9.html.

Nielsen.com (19.10.2015): Ads With Impact: What Messaging Themes Speak Loudest To Consumers? https://www.nielsen.com/us/en/insights/article/2015/ads-with-impact-what-messaging-themes-speak-loudest-to-consumers/.

Peis, Nina (08/2005): Umdenken für das Marketing von Morgen, https://www. zukunftsinstitut.de/artikel/umdenken-fuer-das-marketing-von-morgen/.

Phocus Direct Communication (2020): Der neue Ton im B2B: Vertrieb und Marketing gemeinsam gegen bedeutungslose Inhalte, https://content-marketing.com/der-neue-ton-im-b2b-vertrieb-und-marketing-gemeinsam-gegen-bedeutungslose-inhalte/.

Posch-Aldrian, Denise: Das sind die Customer Journey Phasen, https://hub.aioma.com/de/ customer-journey/customer-journey-phasen.

Przybylskia, Andrew K./Murayamab, Kou/DeHaanc, Cody R./Gladwell, Valerie (09.04.2013): Motivational, emotional, and behavioral correlates of fear of missing out, https://www. sciencedirect.com/science/article/abs/pii/S0747563213000800.

Qualtrics (12/2018): Aus den richtigen Daten schlau werden, Experience Daten werden zum Dame Changer fürs Marketing, https://www.marketingverband.de/fileadmin/DMV_ MarketingSurveyReport_Dec2018.pdf.

Random Acts od Kindness Foundation (2021): The Science of Kindness, https://www. randomactsofkindness.org/the-science-of-kindness.

Rat für Nachhaltige Entwicklung (2020): https://www.nachhaltigkeitsrat.de/.

Reader's Digest (2020): 2020 – Die wichtigsten Leistungsdimensionen für das Markenvertrauen, http://www.rd-markengut.de/images/trusted_brands/2020/ Leistungsdimensionen.jpg.

Reinbach, Kristin (05.02.2018): Die verblüffend einfache Marketing Strategie eines Online Gurus, https://overw8.de/de/blog/die-verblueffend-einfache-marketing-strategie-eines-online-gurus/.

Richardson, Louise (19.10.2020): Positivität zahlt sich aus, https://business.pinterest.com/ de/content/it-pays-to-be-positive/.

Richter, Robert (2019): Online Marketing Herausforderungen 2020, https://www.imaos.de/ online-marketing-herausforderungen-2020/.

Saal, Marco (13.05.2020): Don‹t do it: Nike setzt ein berührendes Zeichen gegen Rassismus in den USA, https://www.horizont.net/marketing/nachrichten/dont-do-it-nike-setzt-ein-beruehrendes-zeichen-gegen-rassismus-in-den-usa-183350

Sander, Imke (05.11.2012): Multisensuale Markenführung: Potenziale häufig noch ungenutzt, https://www.springerprofessional.de/marketing---vertrieb/markenfuehrung/ multisensuale-markenfuehrung-potenziale-haeufig-noch-ungenutzt/6598576.

Scheppe, Michael/Steinharter, Hannah (17.08.2019): Hip und Grün – Unternehmen setzen verstärkt auf Nachhaltigkeit, https://app.handelsblatt.com/unternehmen/ karriere-hip-und-gruen-unternehmen-setzen-verstaerkt-auf-nachhaltigkeit/24904874. html?ticket=ST-11382814-xbuXrntYzPbsMF6h61NQ-ap3.

Schmidt, Armando García (24.10.2019): Tradition statt Disruption: Deutsche Unternehmen investieren nicht genug in die Zukunft, https://www.bertelsmann-stiftung.de/ de/themen/aktuelle-meldungen/2019/oktober/tradition-statt-disruption-deutsche-unternehmen-investieren-nicht-genug-in-die-zukunft/.

Schmidt, Cory (30.07.2020): Vorteile der Treue: Ein Leitfaden zur Markenloyalität, https:// www.canto.com/de/blog/markenloyalitaet/.

Schobelt, Frauke (15.01.2015): Konsumenten wünschen sich von Marken mehr Wertschätzung, https://www.wuv.de/marketing/konsumenten_wuenschen_sich_von_marken_mehr_wertschaetzung.

Schultz, Christoph (21.11.2019): Grünes Marketing: Wie nachhaltiges Ökomarketing Erfolg und Umweltschutz verbindet, https://www.careelite.de/gruenes-marketing/.

Schumann, Florian (02.09.2019): Aufmerksamer und erregter – Menschen reagieren stärker auf schlechte Nachrichten als auf gute, https://www.tagesspiegel.de/wissen/aufmerksamer-und-erregter-menschen-reagieren-staerker-auf-schlechte-nachrichten-als-auf-gute/24971938.html.

Sellin, Heiko (06.11.2013): 5 außergewöhnliche und erfolgreiche Startup Marketing Kampagnen, https://onlinemarketing.de/cases/5-aussergewoehnliche-und-erfolgreiche-startup-marketing-kampagnen.

Soroka, Stuart/Fournier, Patrick/ Nir, Lilach (17.09.2019): Cross-national evidence of a negativity bias in psychophysiological reactions to news, https://www.pnas.org/content/116/38/18888.

Ströer (22.02.2018): Die verschiedenen Phasen der Customer Journey, https://www.stroeer.de/blog/communication/die-verschiedenen-phasen-der-customer-journey.html.

Sutter, Peter (07.07.2016): 6 Gründe, warum Kundenzufriedenheit so wichtig ist, https://sevdesk.de/blog/6-gruende-warum-die-kundenzufriedenheit-wichtig-ist/.

TWT Digital Group (12.12.2019): Die 3 größten Marketing Challenges für 2020, https://www.twt.de/news/detail/die-3-groessten-marketing-challenges-fuer-2020.html.

Vacano, van Valentin (23.11.2018): Die 10 führenden Digital Marketing Trends 2019, https://www.shutterstock.com/de/blog/digital-marketing-trends-2019?kw=&gclsrc=aw.ds&gclid=CjwKCAjwiOv7BRBREiwAXHbv3K-jY_-0XEtA2Uz9lCYcb-LoD9Vqiz50zcGUfjMnBgUnnys4yq6xhoCwNIQAvD_BwE.

Veenstra, Bjorn (13.08.2018): Unternehmenskultur und Leadership (White Paper), https://www.companymatch.me/news/deutsch/unternehmenskultur-und-leadership-white-paper/.

Velten, Anne-Kathrin (19.11.2019): Coca-Cola, Ikea, KitKat: Beispiele für Erlebnismarketing, https://www.absatzwirtschaft.de/ist-experiential-marketing-die-zukunft-des-marketings-167136/.

Wagner, Gidon (2021): Warum Leser nicht rational entscheiden – und wie Sie trotzdem steuern können, https://wortliga.de/content-marketing-strategie-emotionen-entscheiden/.

Wolter, Ute (13.09.2019): Gallup Engagement Index 2019: Jeder sechste Mitarbeiter hat innerlich gekündigt, https://www.personalwirtschaft.de/fuehrung/artikel/deutsche-arbeitnehmer-bemaengeln-fehlende-unterstuetzung-bei-digitaler-weiterbildung.html.

Zeeland, van Eveline (23.11.2019): Besseres Morgen: 5 Trends im Konsumverhalten und ihre Schattenseiten, https://innovationorigins.com/de/besseres-morgen-fuenf-trends-im-konsumverhalten-und-ihre-schattenseiten/.

Zimoulis, Katherine: New Data on Brand Experience, https://www.freeman.com/insights/new-data-on-brand-experience.

zukunftsInstitut (2021): Dossier: Lebensstile, https://www.zukunftsinstitut.de/dossier/dossier-lebensstile/.

# Abbildungsverzeichnis

# Stichwortverzeichnis

# Die Autorin

 Anouk Ellen Susan (1975) ist geborene Niederländerin mit Kölner Herz.

Beruflich ist sie seit ihrem 27. Lebensjahr in Führungspositionen tätig als international strategische Marketing- und Tourismusexpertin, Director Business Strategy und als Deutschland-Direktorin beim NBTC Holland Marketing.

Zudem hat sie seit einigen Jahren ihr eigenes Unternehmen im Bereich Professional Speaking, Coaching, Consultancy & Moderation, auf das sie sich seit November 2019 fokussiert. Sie hält (Impuls-)Vorträge und gibt Masterclasses zu Themen wie »(Selbst-)Marketing«, »Present to impress – erfolgreich Präsentieren«, »The Next Level – für Unternehmen, die Frauen in Führungspositionen fördern & unterstützen« und »LEKKER anders – Deutschland & die Niederlande«.

Im Jahr 2020 hat sie bereits drei Bücher auf den Markt gebracht:
⇨ Upgrade yourself – Souverän und Selbstbewusst als Frau im Job (Haufe Verlag)
⇨ LEKKER anders – Deutschland und die Niederlande; Freunde mit Eigenarten (mediamixx Verlag)
⇨ From Blondy to Billionaire – Frauen und Finanzen (mediamixx Verlag)

Anouk Ellen Susan umarmt das Prinzip des lebenslangen Lernens. Nach ihrem Bachelor (1998), mit dem sie für den Joop-Jansen-Preis nominiert wurde, bekam sie ein Stipendium und konnte ihren Master im Marketing und Tourismus an mehreren Universitäten im Ausland (Niederlande, Spanien, Belgien, UK) machen. 2010 hat sie nochmals studiert und ihren Abschluss als Strategische Marketingexpertin (NIMA C) an dem Netherlands Institute of Marketing erlangt. 2016 hat sie das Studium bei der German Speakers Association in Kooperation mit der Steinbeis Hochschule in Berlin mit viel Freude abgeschlossen sowie 2020 eine Ausbildung zum Systemischen Coach am INeKO Institut der Universität Köln. Sie ist Vorstandsvorsitzende der Deutsch-Niederländischen Gesellschaft (DNG Köln) und unterstützt als External Examinator Studenten, indem sie deren Bachelor- und Masterarbeiten im Bereich Marketing an der Breda University liest und beurteilt.

Da Anouk Ellen Susan in ihrem Leben bereits 26-mal innerhalb Europas umgezogen ist, spricht sie vier Sprachen. Anouk Ellen Susan bewegt sich in einer Kultur, die großdenkend, international, positiv und mutig ist. Sie hat gelernt, das Schöne in etwas Einfachem zu sehen und Neues in etwas Unauffälligem.

Ihr Durchhaltevermögen ist sehr groß und sie verfügt über einen Optimismus, der eher selten ist. Sie ist immer offen für neue Herausforderungen, sei es der Jakobsweg, ein Triathlon oder ein Kochkurs für Anfänger.

Die Autorin ist unter Anouk Ellen Susan zu finden auf LinkedIn, Xing, YouTube, Instagram, Facebook, Twitter und WeChat. Sie hat zwei eigene Podcasts: ›Upgrade yourself – Glaub an Dich!‹ und ›LEKKER anders‹. Du kannst sie dir anhören auf iTunes, Spotify, Android Apps, YouTube, Deeze und über ihre Webseite www.anoukellensusan.de.